"双高"建设规划教材

高职高专"十四五"规划教材

冶金工业出版社

塑性变形与轧制技术

主　编　赵晓萍　张士宪　杨晓彩　陈　敏

副主编　李秀敏　付菁媛　白玉伟　吕　帆

　　　　陈　涛　王文涛

扫码输入刮刮卡密码
查看本书数字资源

北　京

冶金工业出版社

2024

内 容 提 要

本书以模块形式详细介绍和分析了轧钢生产中容易出现的问题和事故。全书共分 8 个模块，主要包括轧件的咬入问题、轧制产生的板形不良问题、金属在加工变形中的断裂问题、变形中的宽展问题、轧制压力问题、轧制厚度问题、轧制速度问题和摩擦问题。本书穿插了轧钢的历史、先进生产技术、名人事迹等内容，将劳动精神、奋斗精神、奉献精神、创造精神、勤俭节约精神等思政元素有机融入教材。除了基础知识之外，本书还包括实验参考内容，以提升学生专业能力及职业素养。

本书可作为职业院校金属压力加工、智能轧钢技术、金属材料工程、材料成型及控制工程等相关专业的教材，也可供轧制生产现场技术人员及操作人员阅读，并可作为金属轧制工的技能培训用书。

图书在版编目（CIP）数据

塑性变形与轧制技术／赵晓萍等主编 . -- 北京：
冶金工业出版社，2024. 9. --（"双高"建设规划教材
）. -- ISBN 978-7-5024-9968-6

Ⅰ. TG111.7；TG331

中国国家版本馆 CIP 数据核字第 2024K77X60 号

塑性变形与轧制技术

出版发行	冶金工业出版社	**电 话**	(010)64027926
地 址	北京市东城区嵩祝院北巷 39 号	**邮 编**	100009
网 址	www.mip1953.com	**电子信箱**	service@ mip1953.com

责任编辑 杜婷婷　美术编辑 吕欣童　版式设计 郑小利
责任校对 王永欣　责任印制 禹 蕊
三河市双峰印刷装订有限公司印刷
2024 年 9 月第 1 版，2024 年 9 月第 1 次印刷
787mm×1092mm　1/16；14.75 印张；326 千字；219 页
定价 56.00 元

投稿电话 （010）64027932　投稿信箱 tougao@cnmip.com.cn
营销中心电话 （010）64044283
冶金工业出版社天猫旗舰店 yjgycbs.tmall.com
（本书如有印装质量问题，本社营销中心负责退换）

"双高"建设规划教材

编 委 会

天津工业职业学院	张秀芳
天津工业职业学院	林 磊
邢台职业技术学院	赵建国
邢台职业技术学院	张海臣
新疆工业职业技术学院	陆宏祖
河钢集团钢研总院	胡启晨
河钢集团钢研总院	郝良元
河钢集团石钢公司	李 杰
河钢集团石钢公司	白雄飞
河钢集团邯钢公司	高 远
河钢集团邯钢公司	侯 健
河钢集团唐钢公司	肖 洪
河钢集团唐钢公司	张文强
河钢集团承钢公司	纪 衡
河钢集团承钢公司	高艳甲
河钢集团宣钢公司	李 洋
河钢集团乐亭钢铁公司	李秀兵
河钢舞钢炼铁部	刘永久
河钢舞钢炼铁部	张 勇
首钢京唐钢铁联合有限责任公司	王国连
河北纵横集团丰南钢铁有限公司	王 力

前　言

本书按照中国特色高水平高职学校重点建设专业智能轧钢技术专业的课程改革要求和教材建设规划，在对轧钢岗位操作员、技术员进行广泛调研的基础上，参照智能轧钢技术专业国家教学标准、冶金行业职业技能标准和职业技能鉴定规范，根据轧钢生产实际和岗位技能要求，与行业企业专家、技术能手合作编写而成。

本书以提升轧钢岗位技能为目标，紧密结合轧制生产实践，根据轧制生产时容易出现的问题和事故确定教学内容。全书分为 8 个模块，主要介绍了轧制时的咬入问题、板形不良问题、裂纹问题、宽展问题、轧制压力问题、轧制厚度问题、轧制速度问题、摩擦问题，每个模块都包括不同轧制问题的产生原因、影响因素及改善措施等金属轧制工必备的专业知识，内容贴近生产实际；设置了实训任务，理论与实践相结合，提升专业能力。

此外，本书设置了政策引领、钢铁工业简史、科技前沿、钢铁名人等特色模块，将习近平新时代中国特色社会主义思想和党的二十大精神引入教材，将我国钢铁工业的历史、科技前沿、优秀领军人物事迹以及劳动精神、奋斗精神、奉献精神、创造精神等思政元素融入教材，便于学习者在深入理解主要知识内容的同时，感受钢铁工匠精神，提升职业综合素养。

本书融入大量教学视频、动画等数字多媒体资源，以满足自主学习的需要；每个章节配有题库，便于及时对重点知识进行测试和巩固。

本书由河北工业职业技术大学赵晓萍、张士宪、杨晓彩、陈敏担任主编，李秀敏、付菁媛、白玉伟、吕帆、陈涛、王文涛担任副主编，参加编写的还有河钢集团信晓兵、李秀景、张华、殷向光、张海旺、刘振、步伟涛、郭平、王战辉，河北工业职业技术大学戚翠芬、曹磊、刘燕霞、高云飞、李爽、宋昱、高宇宁、石永亮、黄伟青、王杨、种雪颖、赵锦辉等。

　　本书由华北理工大学张贵杰教授、河北工业职业技术大学袁志学副教授主审，两位教授在百忙之中审阅了全书，并提出很多宝贵意见，在此表示衷心的感谢。

　　由于编者水平所限，书中不妥之处，敬请广大读者批评指正。

编　者
2024 年 2 月

目 录

课件下载

模块 1　轧件的咬入问题

任务背景

在实际生产中，咬入是否顺利，对轧钢的正常操作和产量有直接影响。尤其对于中厚板的轧制，压下量大了，轧件咬不进；压下量小了，虽然容易咬入，但又降低了轧制效率。在型钢轧制中，在换新槽轧制时，如果处理不当，经常出现轧件头部在新槽处咬不进轧机的问题而造成堆钢事故。为了使轧件顺利咬入轧机，需要学习轧制过程、轧制相关参数，了解咬入的实质及其影响因素，从而改善轧制中的咬入问题。

学习任务

认识轧制、轧制过程、简单轧制条件、轧制时变形的表示方法、轧制参数，掌握咬入条件、稳定轧制条件，针对轧钢时钢材头部咬不进轧机的情况，会分析影响咬入的因素，并提出改善咬入的措施。

关键词

轧制过程；绝对变形；一般相对变形；压下量；咬入角；咬入条件。

任务 1.1　认识轧制及其他塑性加工方法

金属塑性加工产品在我国国民经济中应用极其广泛。据统计，铁路运输行业所用金属塑性加工产品约占其金属制品的 96%，农业机械工业约占 80%，航空和航天工业约占 90%，机械制造业约占 70%，基本建设约占 100%。例如，建设一个较大的重工业工厂需要大量钢材，像钢筋、钢梁、屋面板等就需要用几千吨甚至上万吨；铺设 1 km 铁路，仅钢轨一项就要用 100 t 左右；制造一辆汽车，需要 3000 多种不同规格的钢材；一艘万吨轮船，要用近 6000 t 钢材；制造一门炮和一杆枪，需要 1000 多种形状不同、尺寸不等的钢材。

这些钢材都是通过怎样的加工方式生产的呢？接下来将介绍金属塑性加工方法。

金属塑性加工是利用金属能够产生塑性变形的能力，使其在外力作用下进行塑性成型的一种金属加工技术，也称为金属压力加工。

炼钢车间生产的连铸坯或钢锭，其内部组织比较疏松多孔，晶粒粗大且不均匀，偏析现象比较严重，因此一般都需要经过塑性加工使其成坯或成材，以满足机器制造业或其他工业的需要。通过压力加工使连铸坯或钢锭产生塑性变形，变形后不仅改变断面的形状和尺寸，而且也能改变其内部组织及性能。

　　金属塑性加工时，如果不计切头、切尾、切边和氧化烧损等损失，可以认为变形前后金属的质量相等。若忽略变形中金属的密度变化也可认为变形前后金属的体积不变，因此也把塑性加工称为无屑加工。

　　金属塑性加工和金属切削加工、铸造、焊接等其他加工方法相比，主要有以下优点：

　　（1）无废屑，可以节约大量金属，成材率较高；

　　（2）可以改善金属内部组织及性能；

　　（3）生产率高，适合于大批量生产。

　　常见的主要塑性加工方法有轧制、锻造、挤压、拉拔、冲压、拉伸成型等。如果按照加工时工件的受力和变形方式区分，则靠压力进行的加工方式主要有轧制、锻造和挤压；靠拉力进行的加工方式主要有拉伸、拉拔、冲压；靠弯曲和剪力进行的加工方式主要有弯曲变形和剪切。

1.1.1　轧制

微课　认识
轧制

　　轧制是一种重要的金属塑性加工方法，它以生产率高、产量大、产品种类多为优势，在各种塑性加工方法中应用最为广泛。

　　轧制指金属在两个旋转的轧辊间受到压缩进行塑性变形，改变金属的形状，断面减小、形状改变、长度增加，使金属获得一定组织和性能的过程。

　　目前，钢铁企业已经发展出继炼铁、炼钢生产工序之后的轧制生产线，形成了从半成品到各类成品如板带钢、型钢、钢管等的生产体系。目前，我国已经建设了大批先进的轧钢生产线，掌握了先进的轧制技术，生产出很多国民经济急需、具有国际先进水平的钢材产品，为我国经济与社会发展、人民幸福安康提供了重要的基础材料。

　　轧制产品的种类和规格达数万种。根据轧辊的布置形式、旋转方向、轧件的运动情况，轧制的基本方式大致分为纵轧、横轧和斜轧，如图 1-1~图 1-3 所示。

1.1.1.1　纵轧

　　如图 1-1 所示，两个轧辊平行，轧辊旋转方向相反，轧件在轧辊之间进行塑性变形，且轧件运动方向与轧辊轴线垂直。一般情况下，轧制后轧件厚度减小，而长度和宽度增加。不论金属是冷态还是热态均可进行这种轧制，它是轧制生产中应用最广泛的一种轧制方法，如各种型材和板带材的生产。

1.1.1.2　横轧

　　轧件在两个旋转方向相同的轧辊之间产生塑性变形称为横轧，如图 1-2 所示。横轧时，轧件只做旋转运动且与轧辊的旋转方向相反，故轧件与轧辊的轴线相互平行，因此这种轧制方式可以用来生产齿轮及车轮等产品。

1.1.1.3　斜轧

　　轧件在两个轴线相互成一定角度且旋转方向相同的轧辊之间产生塑性变形，轧件沿轧辊交角的中心水平线方向进入轧辊，并在变形时产生螺旋运动（既有旋转，又有前进）。斜轧应用很广，常用于轧制管材、钢球或变断面型材。斜轧的变形过程如图 1-3 所示。

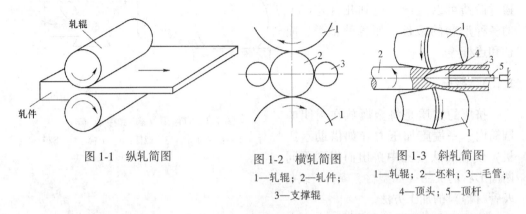

图 1-1　纵轧简图　　　　　　图 1-2　横轧简图　　　　　图 1-3　斜轧简图
　　　　　　　　　　　　　1—轧辊；2—轧件；　　　　1—轧辊；2—坯料；3—毛管；
　　　　　　　　　　　　　　3—支撑辊　　　　　　　　4—顶头；5—顶杆

通常，冶炼出来的钢，除少量采用铸造等方法制成成品外，其余绝大部分是经过塑性加工制成产品，而且 90% 以上都要经过轧制，以轧制钢材供给国民经济各个部门。某些个别钢材虽非直接由轧钢车间生产，但基本上都要由轧钢车间供料。由此可见，最后一个生产环节的轧钢生产，在整个国民经济中占据着非常重要的地位，对促进整个生产的发展起着十分重要的作用。轧钢已在大型化、连续化、自动化和高速化方面发展到很高水平。如冷热带钢连轧机已全部实现电子计算机控制，冷轧带钢已实现无头全连续轧制，H 型钢及其他异型钢材已能连轧，高速线材连轧机最高轧制速度已达 140 m/s，带钢冷连轧机轧制速度已达 41 m/s，而一套热带钢连轧机的年产量已达 600 万吨。同时，在轧钢领域内，不断采用新工艺、新技术，扩大产品品种规格、改善产品性能、提高劳动生产率、降低能耗和原材料消耗等方面，也已经取得很大进步。

近十年来，钢铁轧制的产量和规模在不断增大，其中轧钢技术的进步也取得了长足发展。中厚板平面形状控制技术和无切边技术在板带材生产上的应用，提高了对板厚和板形的控制能力和钢铁成材率，使得产品的质量档次有了明显的大幅提高。在型钢生产方面，H 型钢自由尺寸轧制、型钢多线切分轧制等技术也得到了广泛的应用。目前的技术发展集中在板形、板厚精度、温度和性能的精准控制上，钢铁轧制产品的质量在不断提高。

1.1.2　锻造

锻造是一种古老的金属塑性加工方法，俗称"打铁"，即用锻锤的往复冲击力或压力机的压力使金属改变成所需形状和尺寸的一种塑性加工方法，可以分为自由锻和模锻两种，如图 1-4 所示。

自由锻是在上下往复运动的平锤头或曲面锤头的冲击下，使金属产生塑性变形。通常下锤头是固定的，变形金属除了受到摩擦力外，切向不受其他外力。模锻是将金属放在锻模中，使金属产生塑性变形而获得与模腔一样的形状的锻造方法。

锻造对破碎金属的铸态组织极为有利，有益于提高金属的塑性和改善金属的质量，广泛应用于各工业部门。通过锻造可以生产几克到几百吨以上的各种形状的锻件，如各种轴类、曲柄和连杆等。

1.1.3 挤压

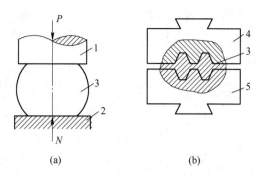

图 1-4　自由锻（a）和模锻（b）
1—锤头；2—砧座；3—锻件；4—上模；5—下模

挤压的实质是将金属放在封闭的圆筒内，一端施加压力（如借助水压机）使金属从模孔中挤出而得到不同断面形状的成品（如型材、棒材、线材及管材等）的加工方法。

挤压生产多用于有色金属的加工以及国防工业部门，近年来也用于挤压钢材，特别是耐热合金及低塑性金属的加工以及钛合金的挤压等。

挤压分正挤压和反挤压。正挤压时，挤压轴的运动方向和从模孔中挤出的金属前进方向一致；而反挤压时，挤压轴的运动方向和从模孔中挤出的金属前进方向相反。图 1-5 为正挤压简图。

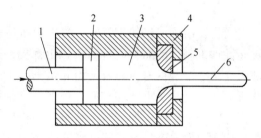

图 1-5　正挤压简图
1—挤压棒；2—挤压垫；3—坯料；
4—模座；5—模子；6—产品

1.1.4 拉拔

拉拔包括拔管及拉丝过程。拔管过程是在外力作用下将中空管坯通过模孔（用芯棒或不用芯棒）使管径变小、管壁减薄（或加厚）的过程；拉丝是使金属线材通过模孔，从而使金属断面缩小、长度增加的一种加工方法，如图 1-6 所示。

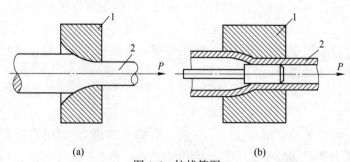

（a）　　　　　　　　　　　　（b）

图 1-6　拉拔简图
（a）拉丝；（b）拔管
1—模子；2—制品

拉拔一般多在冷状态下进行，可拔制断面较小的产品（如直径 0.015 mm 的金属丝，直径 0.3 mm 的金属管），且产品表面光洁，尺寸精确。拔制时由于产生加工硬化，金属的强度和硬度均有所增高。

1.1.5　冲压

冲压是靠压力机的冲头把厚度较小的板带顶入凹模中，冲压成需要的形状。用这种方法可以生产有底薄壁的空心制品，如图1-7所示。

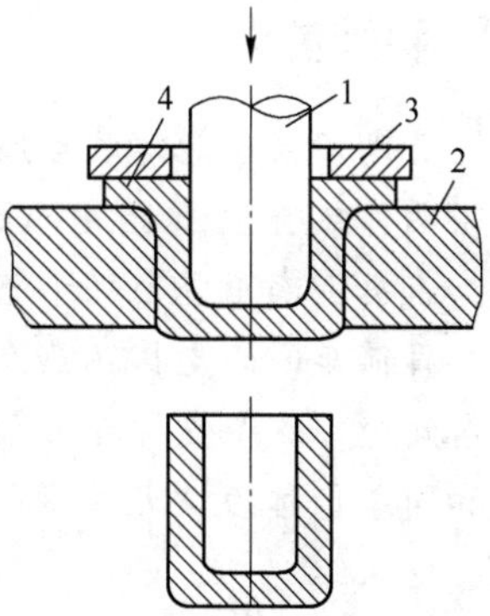

薄板冲压的产品有飞机零件、弹壳、汽车外壳、零件以及各种仪器的零件及日常生活用品，如碗、盆等。

1.1.6　其他加工方法

拉伸成型就是用拉伸法成型的塑性加工方法；弯曲就是靠弯矩作用使金属产生变形的塑性加工方法；剪切就是坯料在剪力作用下进行剪切变形的塑性加工方法。

目前，除了以上几种应用较广的塑性加工方法外，随着国民经济的发展需要和科学技术的不断进步，又出现了各种新型的塑性加工方法，如粉末金属压力加工、爆破加工成型、振动加工、液态铸轧、液态冲压等，这些方法的联合使用为新产品、新技术、新工艺的推动起着重大作用。

各种加工方法有时还会联合使用。就轧制来说，有轧挤过程（挤压和轧制的组合），它扩大了对坯料的适应性，降低了产品的缺陷；拔轧过程（拉拔和轧制的组合），它能生产各种断面的产品，减少轧制力；辊弯过程（轧制和弯曲的组合），它可以生产各种断面的冷弯型材和管材；搓轧过程（轧制和剪切的组合），或者称为异步轧制，这种轧制可显著降低轧制力。上述各种组合轧制如图1-8所示。

图 1-7　冲压简图
1—冲头；2—模子；
3—压圈；4—产品

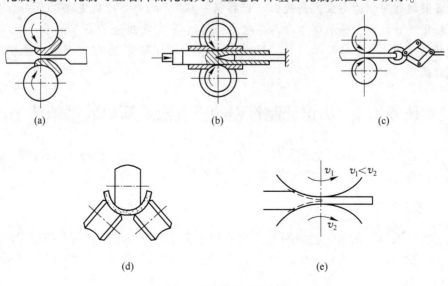

图 1-8　组合加工变形方式
（a）锻轧；（b）轧挤；（c）拔轧；（d）辊弯；（e）搓轧

⚛ 科技前沿

济南伊莱特能源装备股份有限公司（以下简称"伊莱特"），在 2019 年成功制作了两件热态直径 15.8 m 的世界上最大的无焊缝整体不锈钢环形锻件。锻件体型巨大，占据济南市整个经十路一半车道而引起轰动。

目前车间的支撑环热态直径 16 m，吊在空中的炉盖直径长达 19 m，巨大的体型让人震撼。这个支撑环常被作为技术带头人的伊莱特副总裁、技研中心总经理任秀凤和同事们称为"乾坤圈"，这个体型巨大、下料质量 250 t 的环件应用于中国第四代核电机组。

"乾坤圈"部件是核反应堆的"底座"，上面要承受整个反应堆 7000 多吨的质量。一旦安装，在核电站运行的 60 年里不可更换。为了最大限度保证核电站的安全，首先就要提高这个"底座"自身的可靠性。为了实现这样的效果，一方面要尽量减少焊缝，最好一体成型；另一方面，部件所用材料的内部化学成分要尽可能均匀，避免因为偏析导致的强度差异。

实现一体成型的过程非常艰难。任秀凤与中国科学院金属研究所的合作，首先从实验室验证金属构筑成型技术是否可靠开始，验证完之后再将这种技术应用到大一点的工程件上，最开始做到 2 m 环上，而后到 5 m 环、等截面环、15 m 碳钢环，最后才应用到真正的工程件上。

经过任秀凤与中国科学院金属研究所李依依院士团队长达三年多的联合研发，他们最终用"金属构筑增材制造+整体轧制近净成型"的方案，在世界范围内首次实现了直径 15.6 m 核电支撑环的一体化制造。"乾坤圈"近 50 m 的周长上没有一道焊缝，整体强度、使用性能及寿命指数都得到提高。

得益于技术创新，伊莱特已从 20 世纪 70 年代的村办小厂发展为我国重要的高端装备关键部件制造企业，制造出"世界第一环"，成为全球风电法兰巨头。支撑环、轮带、替打环、轴承环等产品在核电、海工等领域创造了多项纪录。近年来，伊莱特持续加快动能转换的步伐，2021 年至今已累计投资 26 亿元用于产业投建和装备升级。

任务 1.2　认识轧制过程的三阶段及简单轧制条件

从轧件与轧辊接触开始到轧件被甩出为止，这一整个过程称为轧制过程。轧制过程可分为三个阶段：咬入阶段、稳定轧制阶段和甩出阶段。

1.2.1　咬入阶段

微课 轧制 过程

轧件前端与轧辊接触的瞬间起，到前端达到变形区的出口断面（轧辊中心连线）止，这一阶段称为咬入阶段。如图 1-9 所示，在此阶段的某一瞬间有如下特点：

（1）轧件的前端在变形区有三个自由端（面），仅轧件后端有不参与变形的外端（或称刚端）；

（2）变形区的长度由零连续地增加到最大值；

（3）变形区内的合力作用点、力矩皆不断变化；

（4）轧件对轧辊的压力 P 由零值逐渐增加到该轧制条件下的最大值；

（5）变形区内各断面的应力状态不断变化。

由于此阶段的变形区参数、应力状态与变形都是变化的，是不稳定的，因此称为不稳定的轧制过程。

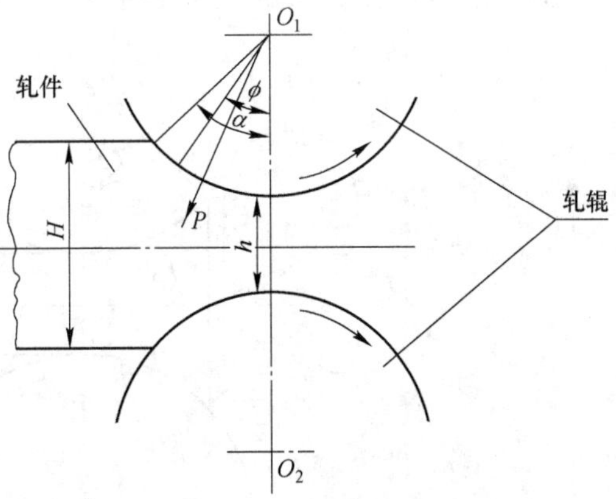

1.2.2 稳定轧制阶段

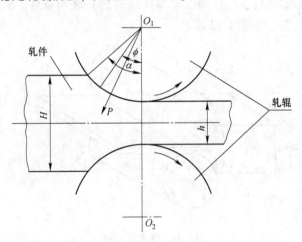

图 1-9 轧制时的咬入阶段

从轧件前端离开轧辊轴心连线开始，到轧件后端进入变形区入口断面止，这一阶段称为稳定轧制阶段。

此阶段中的情况与咬入阶段不同。变形区的大小、轧件与轧辊的接触面积、金属对轧辊的压力、变形区内各处的应力状态等都是均衡的，这就是此阶段的特点。因此称此阶段为稳定轧制阶段，如图 1-10 所示。

图 1-10 轧制时的稳定轧制阶段

1.2.3 甩出阶段

从轧件后端进入入口断面时起到轧件完全通过辊缝（轧辊轴心连线），称为甩出阶段，如图 1-11 所示。

这一阶段的特点类似于第一阶段，即：

（1）轧件的后端在变形区内有三个自由端（面），仅前面有刚端存在；

（2）变形区的长度由最大变到最小——零；

（3）变形区内的合力作用点、力矩皆不断地变化；

（4）轧件对轧辊的压力由最大变到零；

（5）变形区内断面的应力状态不断地变化。

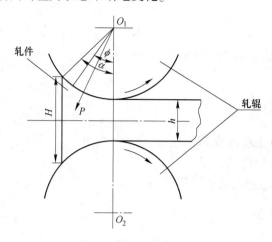

图 1-11　轧制时的甩出阶段

1.2.4　简单轧制条件

实际的轧制过程是比较复杂的，为了简化轧制理论的研究，将复杂的轧制过程附加一些假设的限定条件，即所谓的简单（或理想）轧制条件。满足下列条件的轧制过程称为简单轧制，如图 1-12 所示。

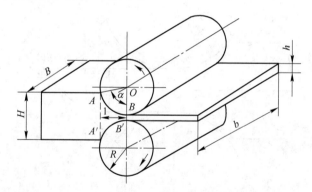

图 1-12　轧制示意图

（1）对轧辊的要求。两个轧辊都为电机直接传动的平辊，其两轧辊的直径与转速均相同，转向相反，材质与表面状况亦相同，轧辊弹性变形量可略去不计。

（2）对轧件的要求。轧制前与轧制后轧件的断面为矩形或方形，轧件内部各部分结构和性能相同，轧件表面特别是与轧辊接触的表面状况一样。总之轧件变形是均匀的。

（3）对工作条件的要求。轧件以等速离开轧辊，除受轧辊的作用力外，不受其他任何外力的作用。轧辊的安装与调整要正确（轴线相互平行，且在同一垂直平面内）。

凡不满足上述条件的轧制过程称为非简单轧制。在生产中有许多非简单轧制的情况：

（1）单辊传动；

（2）带张力轧制；

（3）轧制速度在一道次内变化；

（4）轧辊直径不等；

（5）孔型中轧制等。

同时，在实际轧制过程中绝非完全符合前面的假定条件，这是因为：

（1）变形沿轧件断面高度和宽度不可能是均匀的；

（2）金属质点沿轧件断面高度和宽度的运动速度不可能是完全均匀的；

（3）轧制压力和摩擦力沿接触弧长度上分布也不可能是均匀的；

（4）作为变形工具的轧机也不可能是绝对刚性的，它要产生弹性变形。

因此，简单轧制过程可以说是为了方便所设计的理想轧制过程模型。通过对简单轧制的讨论、分析，可以了解轧制时所发生的运动学、变形、力学以及咬入条件等，说明轧制的基本现象，建立轧制过程的基本概念，从而指导生产，提高产品的产量和质量。

本书中凡没有特别指明的轧制，一般都是指简单轧制。

任务 1.3　认识轧制变形的表示方法

1.3.1　绝对变形量

绝对压下量、绝对宽展量和绝对延伸量用以分别表示变形前后轧件在高度、宽度及长度三个方向上的线变形量。

绝对压下量，简称压下量

$$\Delta h = H - h \tag{1-1}$$

绝对宽展量，简称宽展

$$\Delta b = b - B \tag{1-2}$$

绝对延伸量

$$\Delta l = l - L \tag{1-3}$$

式中　H，B，L——矩形或方形断面轧件变形前的高度、宽度与长度，mm；

　　　h，b，l——轧件变形后的高度、宽度与长度，mm。

上述绝对变形量这种表示方法的最大优点，就是计算简单、能够直观地反映出物体尺寸的变化，因此在生产实践中，以压下量 Δh 和宽展量 Δb 应用最为广泛。

但是它们不能正确地反映出物体的变形程度。例如，有两块金属在宽度和长度上相同，而高度分别为 $H_1 = 4\ mm$ 和 $H_2 = 10\ mm$，经过加工后高度分别为 $h_1 = 2\ mm$ 和 $h_2 = 6\ mm$，这两块金属的压下量分别为 $\Delta h_1 = 2\ mm$ 和 $\Delta h_2 = 4\ mm$，这能说明第二块金属比第一块的变形程度大吗？

要回答这个问题，就必须要考虑高度方向的变形量占金属整个高度的百分比是多少，为此将压下量与金属原来的高度的比值做一个比较，即第一块金属为 $\Delta h_1/$

$H_1 = 2/4 = 50\%$，第二块金属为 $\Delta h_2/H_2 = 4/10 = 40\%$，从这两个比值可以清楚地看到，第一块金属较第二块金属的变形程度大，它说明绝对的变形量不能正确地反映出物体的变形程度，这是因为它没有考虑物体的原始尺寸和变形后的尺寸。

1.3.2　相对变形量

一般相对变形量可以比较全面地反映出变形程度的大小，它是三个方向的绝对变形量与各自相应线尺寸的比值所表示的变形量。最常用的是高度上的相对压下量，即：

相对压下量

$$e_1 = \frac{\Delta h}{H} \times 100\% = \frac{H - h}{H} \times 100\% \tag{1-4}$$

有时也采用

$$e_1 = \frac{\Delta h}{h} \times 100\%$$

此外，还有以下几种不常用的表示方法。

相对宽展

$$e_2 = \frac{\Delta b}{B} \times 100\% = \frac{b - B}{B} \times 100\%$$

相对延伸（伸长率）

$$e_3 = \frac{\Delta l}{L} \times 100\% = \frac{l - L}{L} \times 100\%$$

在拉拔生产中，经常采用断面收缩率来表示相对变形。

$$\psi = \frac{F_0 - F}{F_0} \times 100\% \tag{1-5}$$

式中　ψ——断面收缩率；

F_0，F——轧件变形前后的断面积，mm^2。

为了确切地表示轧件某一瞬间的真实变形程度，又可用对数方法表示轧件的变形程度，即：

$$\varepsilon_1 = \ln \frac{h}{H} \tag{1-6}$$

$$\varepsilon_2 = \ln \frac{b}{B} \tag{1-7}$$

$$\varepsilon_3 = \ln \frac{l}{L} \tag{1-8}$$

这种变形的表示方法，由于考虑了变形的整个过程，即尺寸在不同时间的瞬时变化，因此称为真变形。虽然真实变形程度能反映出变形过程中的实际情况，但在实际应用中，除了要求计算精确度较高的变形情况外，一般采用一般相对变形。

1.3.3　变形系数

在轧制计算中，也常使用变形系数表示变形量的大小。变形系数也是相对变形的另一种表示方法。与上述方法的不同在于用变形前与变形后（或变形后与变形前）相应线尺寸的比值来表示。

按照体积不变定律有

$$\frac{bhl}{BHL} = 1$$

故

$$\frac{H}{h} = \frac{b}{B} \times \frac{l}{L}$$

即

$$\eta = \omega \times \mu$$

式中　$\eta = \dfrac{H}{h}$——压下系数；

　　　$\omega = \dfrac{b}{B}$——宽度变形系数；

　　　$\mu = \dfrac{l}{L}$——延伸系数。

很显然，η 和 μ 通常在轧制过程中总是大于 1 的数值。而 ω 则不然，在有宽展的轧制条件下 $b > B$，即 $\omega > 1$，而在无宽展或宽展很小的条件下 $b \approx B$，即 $\omega \approx 1$，此时

$$\eta \approx \mu$$

此外，值得说明的是，在实际的轧制过程中很少使用宽展变形系数 ω，而真正关心的是绝对宽展 Δb 的数值，因而使用另一种形式的指标——宽展系数 β 来表示宽度变形量的大小，即

$$\beta = \frac{\Delta b}{\Delta h} \tag{1-9}$$

在一定的轧制条件下，宽展量 Δb 的大小与其相应的压下量 Δh 之间有密切的关系，宽展系数 β 值可以根据实际经验数值确定，这样可以很方便地确定（近似的）Δb 的数值。

1.3.4　总延伸系数、部分延伸系数与平均延伸系数

轧制时从原料到成品需经过逐道压缩多次变形而成。其中每一道次的变形量都称为部分变形量，逐道变形量的积累即为总变形量。二者间的关系如下。

根据体积不变定律，可以写出总延伸系数 μ_z 为

$$\mu_z = \frac{l_n}{L} = \frac{BH}{b_n h_n} = \frac{F_0}{F_n}$$

式中　L，l_n——原料与成品的长度；

　　　F_0，F_n——原料与成品的断面面积；

　　　n——轧制道次，可为 1，2，…，n。

相应轧件的逐道的延伸系数各为

$$\mu_1 = \frac{l_1}{L} = \frac{F_0}{F_1}$$

$$\mu_2 = \frac{l_2}{l_1} = \frac{F_1}{F_2}$$

$$\vdots$$

$$\mu_n = \frac{l_n}{l_{n-1}} = \frac{F_{n-1}}{F_n}$$

将逐道延伸系数相乘，得

$$\mu_1 \times \mu_2 \times \cdots \times \mu_n = \frac{F_0}{F_1} \times \frac{F_1}{F_2} \times \cdots \times \frac{F_{n-1}}{F_n} = \frac{F_0}{F_n} = \frac{l_n}{L}$$

故可得出结论：总延伸系数 μ_z 等于相应各部分延伸系数的乘积，即

$$\mu_z = \frac{F_0}{F_n} = \mu_1 \times \mu_2 \times \cdots \times \mu_n \qquad (1\text{-}10)$$

按式（1-10），可以写出总延伸系数与平均延伸系数间的关系为

$$\mu_z = \frac{F_0}{F_n} = \overline{\mu}^n$$

故平均延伸系数应为

$$\overline{\mu} = \sqrt[n]{\mu_z} = \sqrt[n]{\frac{F_0}{F_n}} \qquad (1\text{-}11)$$

由此可得出轧制道次与断面积及平均延伸系数的关系为

$$n = \frac{\ln F_0 - \ln F_n}{\ln \overline{\mu}} \qquad (1\text{-}12)$$

任务 1.4 认识轧制变形区的主要参数

1.4.1 变形区的概念

纵轧时，轧制时轧件从两个旋转方向相反的轧辊间通过而获得变形，如图 1-13 所示。

轧件承受轧辊作用发生塑性变形的空间区域称为变形区。变形区由两部分组成：直接承受轧辊作用发生变形的部分称为几何变形区，如图 1-13 中的 $ABB'A'$；在非直接承受轧辊作用，仅由于几何变形区的影响发生变形的部分称为物理变形区，有时也称变形消失区。

显然，在轧制条件下，变形区仅为轧件长度的一部分，随着轧辊的转动和轧件向前运动，变形区在轧件长度上连续地改变着自己的位置，并且在轧辊中重复着同

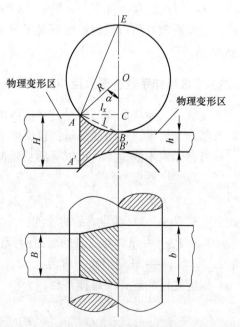

图 1-13 轧制时的变形区

一的变形和应力状态；因此可以只研究任一瞬间变形区各部分的变形和应力状态。

由于物理变形区尚难确定，且变形和应力状态也较为复杂，因此本书仅对几何变形区内的变形和应力状态做一定的介绍。

1.4.2　变形区的主要参数

已知轧辊的工作直径 D_k、轧前与轧后轧件高度（H 与 h）、轧前与轧后轧件宽度（B 与 b）。变形区的有关参数确定如下。

微课　轧制变形区的主要参数

1.4.2.1　接触弧及其所对弦长

轧辊与轧件的接触弧 AB 或 $A'B'$，又称咬入弧，可以近似地用其所对的弦长 $\overline{AB}$ 或 $\overline{A'B'}$ 表示。按图 1-13 所示几何关系可知：

$$\triangle ABC \backsim \triangle EBA$$

$$\overline{AB}^2 = BE \times BC$$

式中，$BE = 2R$。

$$BC = \frac{H - h}{2} = \frac{\Delta h}{2}$$

代入上式即得

$$l = \overline{AB} = \sqrt{\Delta h R} \tag{1-13}$$

式中　l——接触弧所对的弦长。

1.4.2.2　接触弧的水平投影

在实际计算中，经常使用的不是接触弧所对应的弦长，而是接触弧的水平投影长度（变形区长度），按图 1-13 可得

$$AC = \sqrt{AB^2 - BC^2}$$

接触弧的水平投影为

$$l_x = AC = \sqrt{R\Delta h - \frac{\Delta h^2}{4}} \tag{1-14}$$

为了简化计算，通常可认为

$$l_x \approx l \approx \sqrt{R\Delta h} \tag{1-15}$$

这里很明显地看出，变形区长度与轧辊半径 R 有关，同时还与轧制的绝对压下量 Δh 有关。

1.4.2.3　咬入角与压下量

咬入角指轧件和轧辊刚刚接触的点和上下轧辊中心线连线所对的圆心角。如果轧件为矩形件，那么稳定轧制时接触弧所对应的圆心角就是咬入角。在实际生产中不同条件下允许的最大咬入角不同。最大咬入角的大小与轧辊表面状态、轧制温度以及轧辊转速等因素有关，即与轧辊轧件间的摩擦系数有关。

在轧制过程中轧件的长高宽三个尺寸都发生了变化。轧制后轧件高度的减少量，称为压下量。即

$$\Delta h = H - h$$

式中　Δh ——压下量，mm；

　　　H ——轧件的轧前高度，mm；

　　　h ——轧件的轧后高度，mm。

由图 1-13 可知：

$$\cos\alpha = \frac{OC}{OA} = \frac{R - BC}{R} = 1 - \frac{\Delta h}{2R}$$

把上式变换形式可得到计算压下量的公式，即

$$\Delta h = H - h = D(1 - \cos\alpha) \tag{1-16}$$

当咬入角的数值不大时，可认为接触弧与其所对应的弦长相等，由此可得

$$R\alpha \approx \sqrt{\Delta h R}$$

$$\alpha \approx \sqrt{\frac{\Delta h}{R}} \ (\text{rad}) \tag{1-17}$$

$$\alpha \approx 57.29\sqrt{\frac{\Delta h}{R}} \ (°) \tag{1-18}$$

实践证明，当 $\alpha < 30°$ 时，用精确公式与近似公式计算的咬入角十分接近，见表 1-1。

表 1-1　近似公式与精确公式计算结果的比较

$\Delta h/D$	0	0.01	0.03	0.05	0.08	0.11	0.134
按精确公式计算	0°	8°61′	14°5′	18°12′	23°4′	27°8′	30°
按近似公式计算	0°	8°6′	14°2′	18°7′	22°55′	26°53′	29°41′

1.4.3　平均工作直径与平均压下量

前文得到的各有关计算公式，均是对在平辊上轧制矩形（或方形）断面轧件而言，即适用于平均压缩时的变形条件。当存在有不均匀压缩时，各式中的有关参量必须采用等效值——平均工作直径与平均压下量。

1.4.3.1　平均工作直径

轧辊与轧件相接触处的直径称为工作直径，取其半径则为工作半径。与此工作直径相应的轧辊圆周速度，称为轧制速度，可将其视为轧件离开轧辊的速度（忽略前滑时）。

如图 1-14 所示，轧制矩形或方形断面轧件时，其工作直径为

$$D_K = D - h \quad \text{或} \quad D_K = D' - (h - s) \tag{1-19}$$

式中　D_K ——工作直径；

　　　D ——假想直径；

D'——辊环直径。

相应的轧制速度为

$$v = \frac{\pi n}{60} D_K \ (\text{m/s}) \tag{1-20}$$

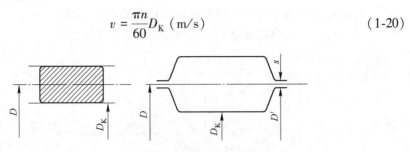

图 1-14 在平辊或矩形断面孔型中

在实际的轧制条件下，经常遇到沿轧辊与轧件接触部分的轧辊工作直径为一变值，如图 1-15 所示。由于轧件为一整体，在这种情况下轧件的任一断面均以某一定速度——平均轧制速度 $\overline{v}$ 离开轧辊，称与 $\overline{v}$ 相应的工作直径为平均工作直径，即

$$\overline{v} = \frac{\pi n}{60} \overline{D}_K \tag{1-21}$$

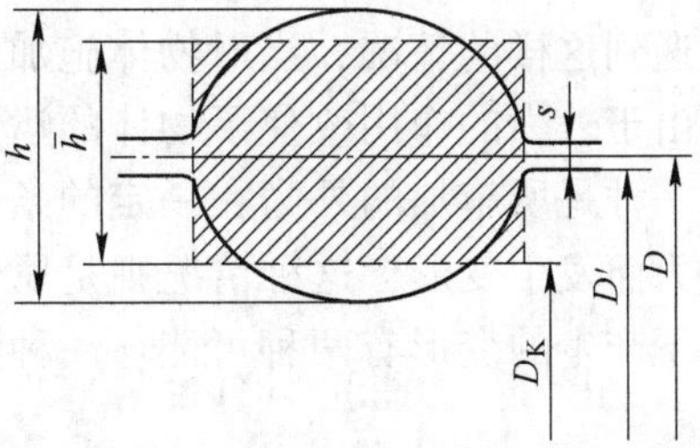

图 1-15 在非矩形断面孔型中轧制时平均工作辊径计算示意图

通常用平均高度法近似确定平均工作辊径，即把断面较为复杂的孔型的横断面积 F 除以该孔型的宽度 B_h，得该孔型的平均高度 $\overline{h}$，图 1-15 中的 $\overline{h}$ 对应的轧辊直径即为平均工作辊径：

$$\overline{D}_K = D - \overline{h} = D - \frac{F}{B_h}$$

或

$$\overline{D}_K = D' - \left(\frac{q}{b} - s \right) \tag{1-22}$$

式中　$\overline{h}$ ——非矩形断面孔型的平均高度；

　　　B_h ——非矩形断面孔型宽度；

　　　F ——非矩形断面孔型的面积。

即任一形状断面的平均高度，可视为其面积与宽度均保持不变的矩形高度。

1.4.3.2 平均压下量

轧制前与轧制后轧件的平均高度差为平均压下量。轧件的平均高度为与轧件断面积和宽度均相等的矩形的高度。图 1-16 所示的不均匀压缩时的平均压下量为

$$\overline{\Delta h} = \overline{H} - \overline{h} = \frac{F_0}{B_0} - \frac{F}{B_h} \qquad (1\text{-}23)$$

式中　F_0，B_0——非矩形断面原料的断面积和原料的宽度；

　　　　F，B_h——轧制后非矩形断面的面积和轧件的宽度。

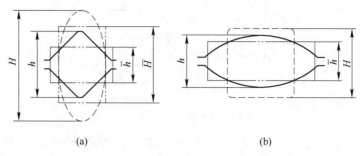

图 1-16　不均匀压缩时的平均压下量

（a）方形孔轧制；（b）椭圆孔轧制

任务 1.5　分析塑性加工时所受的外力

在日常生活中，经常遇到这样的情况，当对物体施加外力作用，一般可能产生两种不同的结果：一种是由于外力的作用改变了物体的运动状态，这种情况是属于刚体力学研究的范围；另一种是所施加的外力在一定的条件下，造成该物体运动受到阻碍，使物体内产生内力而发生变形，这种情况则是属于塑性加工方面的研究内容，不过物体在这种情况下产生的变形有两种可能：一种是弹性变形；另一种则是塑性变形。

金属在发生塑性变形时，作用在变形物体上的外力有两种，即作用力和约束反力。

由于体积力与塑性加工受力相比较小，因此一般计算时忽略。

1.5.1　作用力

通常把压力加工设备可动工具部分对变形金属所作用的力称为作用力或主动力。

例如，锻压时锤头对工件的压力［见图 1-17（a）中的 P］；挤压加工时活塞对金属推挤的压力［见图 1-17（b）中的 P］；拉拔加工时，工件所承受的拉力［见图 1-17（c）中的 P］。

压力加工时的作用力可以实测或用理论计算，以用来验算设备零件的强度和设备功率。

1.5.2　约束反力

工件在主动力的作用下，其运动将受到工具阻碍而产生变形。金属变形时，其质点的流动又会受到工件与工具接触面上摩擦力的制约，因此工件在主动力的作用下，其整体运动和质点流动受到工具的约束时就产生约束反力。这样，在工件和工具的接触表面上的约束反力就有正压力和摩擦力。

微课　塑性
加工时所
受的外力

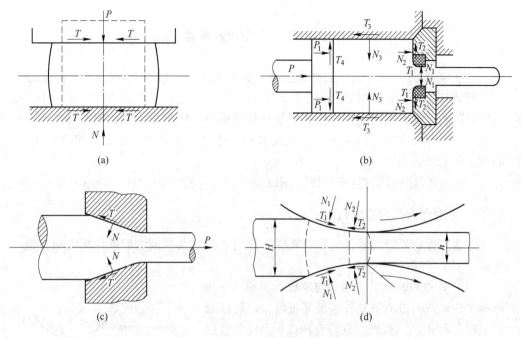

图 1-17　基本压力加工过程的受力图和应力状态图

（a）镦粗；（b）挤压；（c）拉拔；（d）轧制

1.5.2.1　正压力

正压力是沿工具和工件接触表面法线方向阻碍工件整体移动或金属流动的力，它的方向和接触面垂直，并指向工件，如图 1-17 中的 N。

1.5.2.2　摩擦力

摩擦力是沿工具和工件接触面切线方向阻碍金属流动的力，它的方向和接触面平行，并与金属质点流动方向和流动趋势相反，如图 1-17 中的 T。

值得指出的是，不能把约束反力同物理学中的反作用力的概念混淆，摩擦力虽然发生于工具与工件的接触面上，但其影响随距离接触面间距离的增加而逐渐减弱。

轧制情况比较特殊，轧制时金属所受外力要更复杂一些，不同轧制过程、不同部位的金属质点受力不同，在这里仅作简要描述。如图 1-17（d）所示，在轧制时通常靠两个相反方向转动的轧辊给轧件以摩擦力使其进入辊缝，而摩擦力的产生又必须有正压力的存在，因此轧制时哪些是主动力就不好划分，在实际计算中也没有必要划分哪些是主动力。轧件充满辊缝后进行稳定轧制时，在轧件和轧辊的接触表面上只有正压力 N 和摩擦力 T。N 是沿接触面法向压缩轧件的力，T 是沿接触面切向阻碍轧件质点流动的力。轧件对轧辊总的正压力和摩擦力的合力的值等于轧辊对轧件的总压力，轧件对轧辊总压力的垂直分力一般叫轧制力，也就是轧机压下螺丝承受的力。一般用这个力来计算轧辊及轧机其他零件的强度和电机功率。关于轧制力将在模块 5 轧制压力问题章节具体介绍。

任务 1.6　分析咬入条件

为了实现轧制过程，首先必须使轧辊咬着轧件，然后才能使金属充填于辊缝之间。

所谓咬入是指轧辊对轧件的摩擦力把轧件拖入辊缝的现象。在实际生产中，咬入是否顺利，对轧钢的正常操作和产量有直接影响。压下量大了，咬不进；压下量小了，虽然容易咬入，但又降低了轧制效率，这是一个矛盾。为了解决这个矛盾，必须了解咬入的实质。

首先分析轧件开始被咬着时的作用力。

1.6.1　咬着时的作用力分析

分清轧件对轧辊或者是轧辊对轧件的作用力，以及判别它们的作用方向，是一个很重要的问题。

（1）轧件对轧辊的正压力与摩擦力。如图 1-18 所示，在辊道的带动下轧件移至轧辊前，使轧件与轧辊在 A 和 A' 两点接触，轧辊在两接触点受轧件的径向压力 N' 的作用，并产生与 N' 垂直的摩擦力 T'。因轧件企图阻止轧辊转动，故 T' 的方向应与轧辊转动方向相反。

（2）轧辊对轧件的正压力与摩擦力。根据牛顿第三定律，两个物体相互之间的作用力与反作用力大小相等、方向相反，并且作用在同一条直线上。

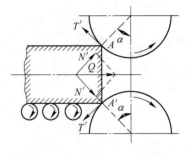

图 1-18　轧件对轧辊的作用力

因此，轧辊对轧件将产生与 N' 大小相等、方向相反的法向力 N 以及在 N 作用下产生与 T' 方向相反的切向摩擦力 T，如图 1-19 所示。法向力 N 有阻止轧件继续运动的作用，切向摩擦力 T 则有将轧件拉入轧辊辊缝的作用。

1.6.2　摩擦力、摩擦系数与摩擦角

在分析咬入条件以前，需要了解一下摩擦力、摩擦系数和摩擦角的关系。

如图 1-20 所示，随斜面 OA 倾角 θ 的增加，当重力 P 沿 OA 方向下滑的分力 P_x 等于与其作用方向相反的摩擦阻力 T_x 时，该物体即产生下滑运动的趋势。此刻总反力 F 与法向反力 N 之间的夹角 β 称为摩擦角。

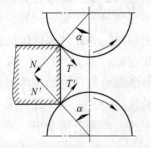

图 1-19　轧辊对轧件的作用力

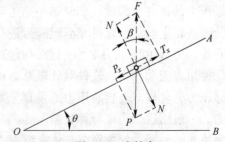

图 1-20　摩擦角

摩擦角与摩擦系数的关系如下。

物体下滑分力：

$$P_x = P\sin\beta$$

摩擦阻力：

$$T_x = fN = fP\cos\beta$$

当 $P_x = T_x$ 时，则可得

$$f = \tan\beta \tag{1-24}$$

通过以上讨论得出结论：摩擦角的正切等于摩擦系数。

1.6.3 轧辊咬入轧件的条件

1.6.3.1 用力表示的咬入条件

在生产实践中，有时因压下量过大或轧件温度过高等原因，轧件不能被咬入，而只有实现咬入并使轧件继续顺利通过辊缝才能完成轧制过程。

为判断轧件能否被轧辊咬入，应将轧辊对轧件的作用力和摩擦力做进一步分析。如图 1-21 （a） 所示，作用力 N 与摩擦力 T 分解为垂直分力 N_y、T_y 和水平分力 N_x、T_x。垂直分力 N_y、T_y 对轧件起压缩作用，使轧件产生塑性变形，有利于轧件被咬入；N_x 与轧件运动方向相反，阻止轧件咬入；T_x 与轧件运动方向一致，力图将轧件拉入辊缝。显然 N_x 与 T_x 之间的关系是轧件能否咬入的关键，两者可能有以下三种情况。

（1） 若 $N_x > T_x$，则轧件不能咬入，如图 1-21 （b） 所示。

（2） 若 $N_x < T_x$，则轧件可以咬入。

（3） 当 $N_x = T_x$ 时，轧件处于平衡状态，是咬入的临界条件。若轧件原来水平运动速度为零，则不能咬入；若轧件原来处于运动状态，在惯性力作用之下，则可能咬入。

1.6.3.2 用角度表示的咬入条件

由图 1-21 可得到

$$T_x = T\cos\alpha = fN\cos\alpha$$
$$N_x = N\sin\alpha$$

（1） 当 $T_x > N_x$ 时：

$$fN\cos\alpha > N\sin\alpha$$
$$f > \tan\alpha$$
$$\tan\beta > \tan\alpha$$
$$\beta > \alpha$$

这就是轧件的咬入条件。

（2） 当 $T_x < N_x$ 时，可推得 $\beta < \alpha$，轧件不能咬入轧机。

（3） 当 $T_x = N_x$ 时，可推得 $\beta = \alpha$，是轧件咬入的临界条件。

由此可得出结论：咬入角小于摩擦角是咬入的必要条件；咬入角等于摩擦角是

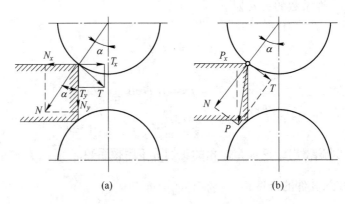

图 1-21　作用力与摩擦力的分解

咬入的极限条件，即可能的最大咬入角等于摩擦角；如果咬入角大于摩擦角，则不能咬入。

通常将咬入条件定为

$$\alpha \leqslant \beta \qquad\qquad (1\text{-}25)$$

1.6.4　孔型对咬入的影响

轧件在孔型中咬入时，因孔型侧壁的作用，使轧辊对轧件作用力的方向较平辊咬入时发生变化，故咬入条件也不同。现以矩形断面轧件在箱形孔型中轧制为例，对孔型中轧制的咬入条件加以分析。

轧件开始进入孔型时，最先与孔型侧壁接触并实现咬入，这是咬入的第一阶段；随后轧件继续前进，到轧件前端接触孔型槽底开始进入咬入的第二阶段，直至轧件前端出辊缝建立稳定轧制阶段为止。

在第一阶段，当以某种方式使轧件端部与孔型侧壁表面 A 点接触（见图 1-22），轧辊对轧件在 A 点的法线方向有作用力 N，并沿轧辊转动的切线方向作用有摩擦力 T。为分析问题方便，以轧制方向、轧件宽度和高度方向为轴线，建立 xyz 坐标系。显然，摩擦力 T 作用在轧件侧平面，即 xOz 平面内。

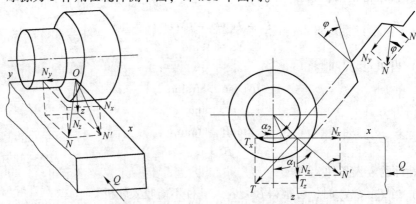

图 1-22　在孔型中咬入时轧件所受的力

把 N 力沿三个坐标轴分解为 N_x、N_y、N_z 三个分力，其中 N_z 与下辊相应的力相平衡，并且在高度方向压缩轧件；N_y 与孔型另一侧壁对应的力相平衡，并在宽度方向压缩轧件；N_y、N_z 均与咬入无关，这里不必考虑。只有 N_x 与咬入有关，它力图将轧件推出轧辊。

同样，摩擦力 T 也可以分解为 T_x 和 T_y。也只有 T_x 与咬入有关，它力图将轧件拉入轧辊。

这样，可得咬入条件为

$$T_x \geqslant N_x$$

$T_x = N_x$ 为极限咬入条件。

因 T、T_x 均在 xOz 坐标平面内，故

$$T_x = T\cos\alpha_1$$

式中 α_1——A 点对应的咬入角。

N_x 要进行二次投影才能算出。先求出 N 力在 xOz 平面上的投影 N'：

$$N' = N\sin\varphi$$

式中 φ——孔型的侧壁斜角。

而 N' 对 x 轴的投影即为 N_x：

$$N_x = N'\sin\alpha_1 = N\sin\varphi \cdot \sin\alpha_1$$

由咬入条件可得

$$T\cos\alpha_1 \geqslant N\sin\varphi \cdot \sin\alpha_1$$

因

$$T = fN$$

故

$$fN\cos\alpha_1 \geqslant N\sin\varphi \cdot \sin\alpha_1$$

简化得

$$\tan\alpha_1 \leqslant \frac{f}{\sin\varphi}$$

当 α_1 及 $f = \tan\beta$ 均较小时，$\tan\alpha_1 \approx \alpha_1$，$f = \tan\beta \approx \beta$，故上式可简化为

$$\alpha_1 \leqslant \frac{\beta}{\sin\varphi} \qquad (1\text{-}26)$$

式（1-26）便为孔型中咬入的第一阶段的咬入条件。一般孔型侧壁斜角 φ 为 $2° \sim 22°$，无论如何 $\varphi < 90°$，故 $\sin\varphi < 1$。可见，与平辊咬入条件 $\alpha \leqslant \beta$ 相比，孔型中的咬入能力是平辊咬入能力的 $\dfrac{1}{\sin\varphi}$ 倍。侧壁斜度越小，咬入能力改善程度越大。

当轧件与孔型侧壁接触并满足式（1-26）的条件时，轧件开始进入辊缝。当轧件前进到前端接触孔型槽底时，开始咬入的第二阶段。设在槽底接触点对应的咬入角为 α_2，则类似平辊咬入条件，若能满足

$$\alpha_2 \leqslant \beta$$

就能继续进行轧制。但应注意到此时轧件与轧辊从侧壁接触点开始到前端接触孔型槽底，已有相当大的接触面，并已产生相当大的剩余摩擦力来促进第二阶段的咬入，因而第二阶段的咬入，一般不会有什么困难。

在利用式（1-26）来判断孔型中轧制时的轧件能否被咬入，必须正确计算 α_1 和

φ 这两个参数。由公式 $\Delta h = H - h = D(1 - \cos\alpha)$，可计算孔型中咬入时的咬入角 α_1：

$$\alpha_1 = \arccos\left(1 - \frac{H_j - h_j}{\overline{D_j}}\right) \tag{1-27}$$

式中　H_j，h_j——轧件与轧辊开始接触点处轧件的轧前与轧后厚度；

　　　　$\overline{D_j}$——接触点处轧辊平均直径。

$$\overline{D_j} = \frac{D_{js} + D_{jx}}{2}$$

式中　D_{js}，D_{jx}——接触点处上辊和下辊的直径。

以上各尺寸的含义如图 1-23 所示。

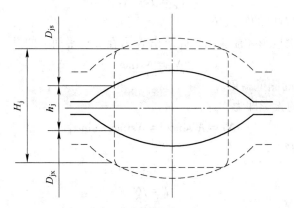

图 1-23　孔型中轧制时咬入角的确定

孔型侧壁斜角 φ 为开始接触点处孔型的切线与轧辊半径的夹角。

以上讨论的仅为轧件最先与孔型侧壁接触时的咬入条件。若方轧件宽度小于箱形孔型槽底宽度，轧件不与侧壁接触，此时的咬入条件与简单轧制时的咬入条件完全相同，孔型侧壁对轧件没有夹持作用。

为简化计算，常采用平均咬入角来计算孔型中轧制时的咬入条件。平均咬入角可用式（1-28）计算：

$$\overline{\alpha} = \arccos(1 - \overline{\Delta h}/\overline{D_K}) \tag{1-28}$$

式中　$\overline{\Delta h}$——平均压下量；

　　　　$\overline{D_K}$——平均工作辊径。

任务 1.7　分析剩余摩擦力的产生和稳定轧制条件

1.7.1　剩余摩擦力的产生

轧件咬入后，金属与轧辊接触表面不断增加，假设作用在轧件上的正压力和摩擦力都是均匀分布，其合力作用点在接触弧中点，如图 1-24 所示。随轧件逐渐进入辊缝，轧辊对轧件作用力的作用点所对应的轧辊圆心角由开始咬入时的 α 减小为 $\alpha-\delta$，在轧件完全充填辊缝后，减小为 $\alpha/2$。

为便于比较，暂且假定轧件是在临界条件下被咬入。在开始咬入瞬间，合力 P 的作用方向是垂直的。随轧件充填辊缝，$\alpha-\delta$ 角减小，摩擦力水平分量 $T\cos(\alpha-\delta)$ 逐渐增大，正压力水平分量 $N\sin(\alpha-\delta)$ 逐渐减小，合力 P 开始向轧制方向倾斜，其水平分量为

$$P_x = T_x - N_x = fN\cos(\alpha-\delta) - N\sin(\alpha-\delta)$$
$$(1-29)$$

由开始时的零而逐渐加大，到轧件前端出辊缝后，即稳定轧制阶段为

$$P_x = fN\cos\frac{\alpha}{2} - N\sin\frac{\alpha}{2} \qquad (1-30)$$

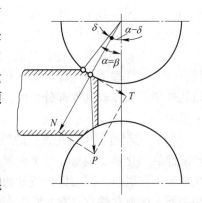

图 1-24　轧件在 $\alpha=\beta$ 条件下充填辊

这说明随着轧件头部充填辊缝，水平方向摩擦力 T_x 除克服推出力 N_x 外，还出现剩余。把用于克服推出力外还剩余的摩擦力的水平分量 P_x 称为剩余摩擦力。

前已述及，在 $\alpha<\beta$ 条件下开始咬入时，有 $P_x = T_x - N_x > 0$。即此时就已经有剩余摩擦力存在，并随轧件充填辊缝而不断增大。

轧件充填辊缝过程中有剩余摩擦力产生并逐渐增大，只要轧件一经咬入，轧件继续充填辊缝就变得更加容易。

由剩余摩擦力表达式可看出，摩擦系数越大，剩余摩擦力越大；而当摩擦系数为定值时，随咬入角减小，剩余摩擦力增大。

1.7.2　建立稳定轧制状态后的轧制条件

轧件完全充填辊缝后进入稳定轧制状态。如图 1-25 所示，此时径向力的作用点位于整个咬入弧的中心，剩余摩擦力达到最大值。

继续进行轧制的条件仍为 $T_x \geq N_x$，它可写成：

$$T\cos\frac{\alpha}{2} \geq N\sin\frac{\alpha}{2}$$

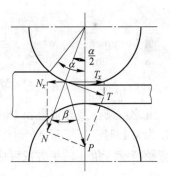

而
$$\frac{T}{N} \geq \tan\frac{\alpha}{2}$$

图 1-25　稳定轧制阶段 α 和 β 的关系

由此得出　　　　　　$\beta \geq \dfrac{\alpha}{2}$　或　$\alpha \leq 2\beta$ 　　　　(1-31)

式（1-31）是轧件进入稳定轧制阶段继续进行轧制的条件。

这说明，在稳定轧制条件已建立后，可强制增大压下量，使最大咬入角 $\alpha \leq 2\beta$ 时，轧制仍可继续进行。这样，就可利用剩余摩擦力来提高轧机的生产率。

但是实践和理论都已证明，这种认识是错误的，这是因为这种观点忽略了前滑区内摩擦力的方向与轧件运动方向相反这一根本转变。在前滑区内摩擦力发生了由

咬入动力转变成咬入阻力的质的变化。大量实验研究还证明，在热轧情况下，稳态轧制时的摩擦系数小于开始咬入时的摩擦系数。

产生此现象的原因为：

（1）端部温度和其他部分温度不同，摩擦系数不同。轧件端部温度较其他部分低，由于轧件端部与轧辊接触，并受冷却水作用，加之端部的散热面也比较大，所以轧件端部温度较其他部分为低，因而使咬入时的摩擦系数大于稳定轧制阶段的摩擦系数。

（2）轧制过程中氧化铁皮的影响。由于咬入时轧件与轧辊接触和冲击，易使轧件端部的氧化铁皮脱落，露出金属表面，所以摩擦系数提高，而轧件其他部分的氧化铁皮不易脱落，因而保持较低的摩擦系数。影响摩擦系数降低最主要的因素是轧件表面上的氧化铁皮。在实际生产中，往往因此造成在自然咬入后过渡到稳定轧制阶段发生打滑现象。

综上所述，由于温度和氧化铁皮的影响，使轧件其他部分摩擦系数显著降低，所以最大咬入角为 1.5～1.7 倍摩擦角，即 $\alpha = (1.5 \sim 1.7)\beta$。

在冷轧时，可近似地认为摩擦系数无变化。但由于轧件被咬入后，随轧件前端在辊缝中前进，轧件与轧辊的接触面积增大，在轧制过程产生的宽展越大，则变形区的宽度向出口逐渐扩张，合力作用点越向出口移动，所以冷轧情况下，稳态轧制时的最大咬入角 $\alpha = (2 \sim 2.4)\beta$。

1.7.3　稳定轧制时轧辊直径 D、压下量 Δh 和咬入角 α 之间的关系

由公式（1-16）可得到它们之间的关系：

$$\Delta h = D(1 - \cos\alpha)$$

而 $1 - \cos\alpha = 2\sin^2\dfrac{\alpha}{2}$，当 α 较小时，可近似地认为 $\sin\dfrac{\alpha}{2} \approx \dfrac{\alpha}{2}$，所以有

$$\Delta h = D\left(2\sin^2\frac{\alpha}{2}\right) \approx R\alpha^2 \tag{1-32}$$

由此可见，当轧辊直径 D 不变时，压下量与咬入角的平方成正比关系；当咬入角 α 为常数时，压下量 Δh 与轧辊直径 D 的大小成正比；当压下量 Δh 为常数时，轧辊直径与咬入角 α 的平方成反比。

任务 1.8　计算最大压下量

根据压下量、轧辊直径及咬入角三者之间的关系 $\Delta h = D(1 - \cos\alpha)$ 可知，在轧辊直径一定的条件下，可用下述方法计算最大压下量。

1.8.1　按最大咬入角计算最大压下量

当咬入角的数值为摩擦条件允许的最大值时，相应的压下量为最大：

$$\Delta h_{\max} = D(1 - \cos\alpha_{\max}) \tag{1-33}$$

在生产实际中，不同轧制条件所允许的最大咬入角见表 1-2。

表 1-2　不同轧制条件下的最大咬入角

轧　制　条　件	摩擦系数 f	最大咬入角 α_{max} /(°)	$\dfrac{\Delta h}{R}$
在有刻痕或堆焊的轧辊上热轧钢坯	0.45~0.62	24~32	$\dfrac{1}{6} \sim \dfrac{1}{3}$
热轧型钢	0.36~0.47	24~32	$\dfrac{1}{8} \sim \dfrac{1}{7}$
热轧钢板或扁钢	0.27~0.36	24~32	$\dfrac{1}{14} \sim \dfrac{1}{8}$
在一般光面轧辊上冷轧钢板或带钢	0.09~0.18	24~32	$\dfrac{1}{133} \sim \dfrac{1}{33}$
在镜面光泽轧辊上冷轧板带钢	0.05~0.08	24~32	$\dfrac{1}{350} \sim \dfrac{1}{130}$
在镜面光泽轧辊上用蓖麻油等润滑	0.03~0.06	24~32	$\dfrac{1}{600} \sim \dfrac{1}{200}$

1.8.2　按摩擦系数计算最大压下量

由摩擦系数与摩擦角的关系及咬入条件

$$\tan\beta = f \quad 和 \quad \alpha_{max} = \beta$$

知

$$\tan\alpha_{max} = \tan\beta = f$$

而由三角函数间的数学关系有

$$\cos\alpha_{max} = \frac{1}{\sqrt{1 + \tan^2\alpha_{max}}} = \frac{1}{\sqrt{1 + f^2}}$$

将上式代入到 $\Delta h_{max} = D(1 - \cos\alpha_{max})$ 中可得出

$$\Delta h_{max} = D\left(1 - \frac{1}{\sqrt{1 + f^2}}\right) \tag{1-34}$$

式中，轧制时的摩擦系数 f 可由公式计算或由表 1-2 及其他相关资料查找。

例 1-1　假设热轧时轧辊直径 $D = 800$ mm，摩擦系数 $f = 0.3$，求咬入条件下所允许的最大压下量，以及建立稳定轧制过程后利用剩余摩擦力可以达到的最大压下量。

解：（1）咬入条件下允许的最大压下量：

$$\Delta h_{max} = 800\left(1 - \frac{1}{\sqrt{1 + 0.3^2}}\right) = 34 \text{ mm}$$

（2）在建立稳定轧制过程后，利用剩余摩擦力可达到的最大压下量 $\Delta h'_{max}$。

取

$$\alpha = 1.5\beta = 1.5\arctan 0.3 = 1.5 \times 16.7° = 25°$$

因此

$$\Delta h'_{max} = 800(1 - \cos 25°) = 75 \text{ mm}$$

1.8.3　型材轧制时的压下量

在孔型中轧制的主要目的是得到一定断面形状和尺寸的产品，因此设计和轧制时主要考虑横断面尺寸的变化。也就是说，考虑给多大的压下量能产生多大宽展。为了提高轧机的生产能力，减少轧制道次，希望压下量要大一些。但是每一道次的压下量最大能给多少，除受 α_{max} 或 f 值的限制外，还将受孔型轧制这一特点及其他条件的限制。

在开坯机或型钢轧机的粗轧道次，由于轧件的温度高、断面大，即使采取较大压下量，也不会造成断辊或电机过载，而主要是受 α_{max} 的限制。但必须注意，在轧制高合金钢时，也要考虑材料的塑性，避免出现裂纹问题。

在成品孔轧制时，不能采用过大的压下量，以免造成压力和摩擦力的增大，加剧孔型的磨损，影响轧件的表面质量和光洁度，同时使换孔或换辊的次数增多，影响轧机产量，并增加轧机调整时造成的次品和废品量，这时孔型磨损成了限制压下量的主要因素。

在轧制异型钢材时，中间的各个造型孔，为了满足一定的形状要求，并不追求过大的压下量，主要目的是造型。因此，给定多大压下量是为了造型的需要。只有在轧件很宽或轧制强度极限很高的硬钢材时，轧辊强度和电机功率才是限制因素。

前面已经叙述，在平辊上轧制矩形断面轧件时，压下量是轧前高度和轧后高度的差值，$\Delta h = H - h$，这是容易计算的，而在孔型中压下量的计算方法就比较复杂。

在简单断面孔型中，常以轧件送入时的最高尺寸减去孔型的最高尺寸来计算压下量，如图 1-26 所示。

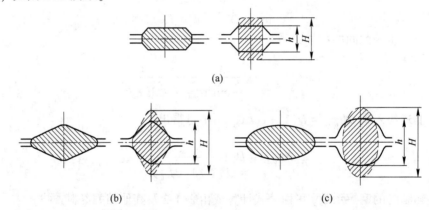

图 1-26　孔型中压下量的确定
（a）箱—方孔型；（b）菱—方孔型；（c）圆孔型

在复杂断面的孔型中，如有较宽的腰部时，则按送入轧件的腰厚与孔型腰厚之差来计算压下量，如图 1-27 所示。

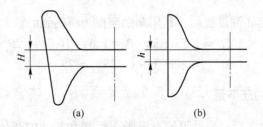

图 1-27　工字钢压下量的确定
（a）轧制前腰厚；（b）轧制后腰厚

微课 影响咬入的因素及改善措施

任务 1.9 分析影响咬入的因素及改善咬入的措施

在轧制时,有些条件有利于轧件被咬入,而另一些条件则不利于轧件被咬入。了解影响轧件被咬入的因素,在实际轧钢生产中有着重要的作用。

1.9.1 影响咬入的因素

1.9.1.1 轧辊直径 D、压下量 Δh 对咬入的影响

(1) 压下量不变时,随着轧辊直径的增大,咬入角 α 将减小,有利于咬入。

(2) 轧辊直径不变时,随着压下量的减小,咬入角 α 也减小,有利于咬入。

1.9.1.2 作用在水平方向上的外力对咬入的影响

凡顺轧制方向的水平外力,一般都有利于咬入。在实际生产中,这些外力包括作用在轧件上的推力、轧件运送时的惯性力及带钢轧制时受到的前张力等。

凡是逆轧制方向作用在轧件上的外力,都不利于轧件的咬入。

1.9.1.3 轧制速度对咬入的影响

提高轧辊的圆周速度,不利于轧件被咬入。降低轧制速度,有利于轧件被咬入。这是由于提高轧制速度,使轧辊与轧件间的摩擦系数 f 值下降;另一方面的原因是轧辊速度较大,相对于轧件来说,轧件的惯性滞后作用将妨碍轧件被咬入。因此,对于压下量较大的可逆式初轧机或中厚板轧机,由于咬入角较大,必须采用低速咬入,咬入后再提高轧制速度的方法来进行轧制。

1.9.1.4 轧辊表面状态对咬入的影响

轧辊表面越粗糙,则摩擦系数越大,因而越有利于轧件咬入。

1.9.1.5 轧件的形状对咬入的影响

轧件前端形状对轧件咬入的影响很大。轧件前端与轧辊接触面越大,轧件越容易咬入。

轧制钢锭时,一般多以小头先进入轧辊,这正是从便于咬入考虑的。在中小型轧制中,坯料端切成楔形,使得轧件容易被咬入,这种方法是利用减小开始时的咬入角来实现的。

1.9.1.6 孔型形状对咬入的影响

型钢轧机的孔型有较小的孔型侧壁斜度时,对轧件的咬入是有利的。这时轧件宽度大于孔型底部宽度,孔型侧壁对轧件起到夹持作用,使咬入变得容易。随侧壁斜度增大,孔型的夹持作用减小,轧件的咬入变得困难。

菱形轧件进入方形孔轧制时容易咬入,因为轧件的前端容易被孔型侧壁夹持,

所以轧件容易咬入。

椭圆形轧件进入圆孔轧制时就不容易咬入，因为轧件前端不容易被孔型侧壁夹持，所以咬入困难。

1.9.2　改善咬入的措施

通过增大摩擦角 β（即增大摩擦系数 f）和减小咬入角 α 可以改善咬入。

1.9.2.1　提高摩擦系数的措施

（1）轧辊刻痕、堆焊或用多边形轧辊的方法，可使压下量提高 20% ~ 40%。轧辊刻痕或堆焊多用于初轧机上、开坯机及型钢轧机的开坯孔型中。多边形轧辊用于中小型轧机上，它所以能改善咬入条件，主要是由于改变了作用力方向，使作用力状态有利于咬入。

（2）合理使用润滑剂。这里指的是增加咬入瞬间的摩擦系数，而稳定轧制阶段的摩擦系数并不增加。

（3）清除炉尘和氧化铁皮。一般在开始几道中，咬入比较困难，此时钢坯表面有较厚的氧化铁皮。实践证明，钢坯表面的炉尘、氧化铁皮，可使最大压下量降低 5% ~ 10%。

（4）在现场不能自然咬入的情况下，撒一把沙子或冷氧化铁皮可改善咬入。

（5）当轧件温度过高，引起咬入困难时，可将轧件在辊道上搁置一段时间，使钢温适当降低后再喂入轧机。

（6）增大孔型侧壁对轧件的夹持力可改善轧件的咬入。例如，在轧制 5 号角钢时，由于第 8 孔型（立轧孔）中的轧件宽度小，在孔型中的夹持力小，换槽后前 1~2 根轧件在此孔型中经常出现打滑现象。解决的办法之一是减小前面孔型的压下量，使得翻钢后进入第 8 孔型（立轧孔）中的轧件宽度大，在孔型中的夹持力大，改善了咬入条件。

（7）合理调整轧制速度。利用随轧制速度降低而摩擦系数加大的规律，在直流电机传动的轧机上，采用低速咬入，建立稳定轧制过程后，再提高轧制速度，使之既能增大咬入角，又能合理利用剩余摩擦力。实验指出，咬入速度在 2 m/s 以下，摩擦系数就已经基本稳定到最大值，因此咬入速度再降低也无意义。

1.9.2.2　减小咬入角的措施

（1）使用合理形状的连铸坯，可以把轧件前端制成楔形或锥形。

（2）强迫咬入，用外力将轧件顶入轧辊中，由于外力的作用，轧件前端压扁，合力作用点内移，从而改善了咬入条件。

（3）减小本道次的压下量可改善咬入条件。例如，减小来料厚度或使得本道次辊缝增大。

在生产实践中，上述改善咬入的方法往往可以同时使用。

钢厂实例

某钢厂粗轧偶尔出现连铸坯头部咬入打滑的情况,解决办法如下:

(1) 头部前端由于撞击,可以去除掉氧化铁皮,头部前端能容易地进入轧辊,由于氧化铁皮没有除净,轧辊在接触到带有残留的氧化铁皮的坯料表面时,造成咬入的摩擦系数降低,所以要保证除鳞水的压力符合要求。

(2) 由于出炉温度低,坯料硬,在撞击轧辊时变形小,出现的楔形小;当出炉温度高后,坯料变软,在撞击轧辊时变形大,出现的楔形大,容易咬入。

(3) 咬入速度太高,采用的是 2 挡速度,$n = 180$ r/min,使得摩擦系数降低;此时可以采用 1 挡速度,$n = 90$ r/min 咬钢,增大了摩擦系数,可以咬入。然后再升速为 2 挡速度,$n = 180$ r/min 进行轧钢。

问题拓展

某钢厂轧钢车间在钢坯出炉后立即进行轧制,发现不能咬入轧机,但是将轧件在辊道上搁置一会儿,即可咬入。如果你是轧钢工,分析出现这种情况的原因。

政策引领

党的二十大报告指出:"教育、科技、人才是全面建设社会主义现代化国家的基础性、战略性支撑。必须坚持科技是第一生产力,人才是第一资源,创新是第一动力,深入实施科教兴国战略、人才强国战略、创新驱动发展战略、开辟发展新领域新赛道,不断塑造发展新动能新优势。"

实验任务

轧钢时钢材头部咬不进轧机,分析原因并提出改善措施

一、实验目的

通过模拟轧件头部咬不进轧机实验,进一步加深对咬入角、摩擦系数、轧制过程等基本概念的理解,测出试件的最大咬入角和摩擦系数,利用所学知识改善咬入,建立轧制过程。

二、实验仪器设备

ϕ130 mm/150 mm 实验轧机,游标卡尺,试件。

三、实验原理

(1) 用力表示的咬入条件:若 $N_x > T_x$,则轧件不能咬入;若 $N_x < T_x$,则轧件可以咬入;当 $N_x = T_x$ 时,轧件处于平衡状态,是咬入的临界条件。若轧件原来水平运动速度为零,则不能咬入;若轧件原来处于运动状态,在惯性力作用之下,则可能咬入。

（2）用角度表示的咬入条件：$\alpha \le \beta$，由此得到可能的最大咬入角等于摩擦角，根据最大咬入角可求出在此刻轧制时的摩擦系数 f 或摩擦角 β。

四、实验方法与步骤

（1）取 10 mm×25 mm×75 mm 铅试件三块，用砂纸除去毛边，然后测量试件尺寸。

（2）实验前把轧辊擦净，使轧辊压靠。

1）把试件放在入口的导板上，将其用木块推到入口处。

2）开动轧机，缓慢抬起轧辊，同时，使试件前端与上下辊面保持接触，直到察觉试件抖动（此时要注意不要过早轧入），随后再稍用一点力试件即可咬入。

3）测量轧后的试件高度及轧辊直径，由下面公式算出最大自然咬入角：

$$\cos\alpha = 1 - \frac{H - h}{D}$$

式中　　D——轧辊直径，mm；

　　　　H——轧前轧件高度，mm；

　　　　h——轧后轧件高度，mm。

4）根据咬入临界状态关系求出摩擦系数。

（3）依照上述同样方法用第二块试件做人工后推实验。在以上辊缝的基础上减小辊缝，把试件放在入口的导板上，将其用木块推到入口处，然后用力将轧件推入，直到试件咬入。

（4）用第三块试件，以第二块的辊缝在轧辊的麻面上做增大摩擦系数实验，实验要求是自然咬入（可以采用厚度更大的试件）。

（5）将实验所得数据填入表 1-3。

表 1-3　实验数据

试件号	材料	实验条件	H	h	Δh	α	f	D
1								
2								
3								

五、注意事项

（1）操作前，要检查轧机状态是否正常，排查实验安全隐患。

（2）每块试件前端（喂入端）形状应正确，各面保持90°，无毛刺，不弯曲。

（3）喂入料时，切不可用手拿着喂入轧机，需手持木板轻轻推入。

（4）做润滑实验时，实验前在轧辊表面上少涂一层润滑油，实验后应用棉纱或汽油将辊面擦净，但不可在开车时用手拿棉纱擦。

完成实验后，撰写实验报告。

本章习题

一、选择题

(1) 用钳子把金属料从一定形状和尺寸的模孔中拉出是以下哪种压力加工方法？（　　）

  A. 挤压   B. 拉拔   C. 冲压   D. 拉伸

(2) 以下属于热加工的是（　　）。

  A. 钢的常温轧制   B. 铅的常温轧制

  C. 钢在 100 ℃ 轧制   D. 钢在 400 ℃ 轧制

(3) 以下不属于纵轧特点的是（　　）。

  A. 两个轧辊转动方向相反   B. 两个轧辊转动方向相同

  C. 轧件的轴线与轧辊轴线垂直   D. 轧件做平动

(4) 可生产车轮、轮箍、齿轮、轴承内外圈及各种断面的轴件的轧制方式为（　　）。

  A. 纵轧   B. 横轧   C. 斜轧

(5) 可生产型钢、钢板和一些异型钢材的轧制方式为（　　）。

  A. 纵轧   B. 横轧   C. 斜轧

(6) 可生产无缝钢管和钢球的轧制方式为（　　）。

  A. 纵轧   B. 横轧   C. 斜轧

(7) 以下不属于斜轧特点的是（　　）。

  A. 轧辊的转动方向相同

  B. 轧件轴线与轧辊轴线平行

  C. 轧件轴线与轧辊轴线在垂直面上的投影成一定的倾斜角

  D. 轧件既旋转又前进

(8) 以下不属于横轧特点的是（　　）。

  A. 横轧时两个（或三个）工作轧辊的旋转方向相同

  B. 轧件轴线与轧辊轴线平行

  C. 轧件在轧辊间做螺旋运动

  D. 轧件在轧辊间转动

(9) 以下不符合简单轧制对工作条件要求的是（　　）。

  A. 轧件以等速离开轧辊

  B. 轧件只受轧辊的作用力

  C. 轧件除了受轧辊的作用力，还受其他外力

  D. 轧辊的安装与调整正确

(10) 以下不符合简单轧制对轧件要求的是（　　）。

  A. 轧制前后轧件的断面为矩形或方形

  B. 轧制前后轧件的断面为圆形

  C. 轧件内部各部分结构和性能相同

D. 轧件表面状况一样

（11）咬入角不变，轧辊直径增大，则压下量（　　）。

　　A. 增大　　　　　　B. 减小　　　　　　C. 不变

（12）轧制时，摩擦力 T 与摩擦系数 f 之间的关系是（　　）。

　　A. $T=fN$　　　　B. $T>fN$　　　　C. $T<fN$　　　　D. $T_x=fN$

（13）轧件承受轧辊作用发生塑性变形的空间区域称为（　　）。

　　A. 咬入弧　　　　B. 变形区　　　　C. 压下区　　　　D. 接触弧

（14）轧制前后轧件的厚度差称为（　　）。

　　A. 压下率　　　　B. 宽展量　　　　C. 压下量　　　　D. 延伸量

（15）以下属于咬入阶段特点的是（　　）。

　　A. 轧件的后端在变形区内有三个自由端（面），仅前面有刚端存在

　　B. 变形区的大小不变

　　C. 轧件与轧辊的接触面积不变

　　D. 变形区内的合力作用点、力矩皆不断地变化

（16）以下属于甩出阶段特点的是（　　）。

　　A. 轧件的前端在变形区内有三个自由端（面），仅后面有刚端存在

　　B. 变形区的长度由零变到最大

　　C. 变形区内的合力作用点、力矩皆不断地变化

　　D. 轧件对轧辊的压力不变

（17）以下不属于咬入阶段特点的是（　　）。

　　A. 变形区的大小不变

　　B. 轧件对轧辊的压力由零值逐渐增加到该轧制条件下的最大值

　　C. 变形区内各断面的应力状态不断变化

　　D. 变形区内的合力作用点、力矩皆不断变化

二、判断题

（1）纵轧时两个轧辊转动方向相反，轧件的轴线与轧辊轴线垂直，轧件做平动。

　　　　　　　　　　　　　　　　　　　　　　　　　　　　　　（　　）

（2）采用纵轧方式可生产车轮、轮箍、齿轮、轴承内外圈及各种断面的轴件。

　　　　　　　　　　　　　　　　　　　　　　　　　　　　　　（　　）

（3）斜轧的特点之一为轧件既旋转又前进。　　　　　　　　　　（　　）

（4）横轧与纵轧相同的特点之一是上下两个轧辊的轴线平行。　　（　　）

（5）横轧和斜轧的共同特点是轧辊转动方向相同。　　　　　　　（　　）

（6）常见靠拉力加工的基本方法有锻造、拉拔、拉伸等。轧件刚刚咬入轧辊时，摩擦力促进轧件咬入轧辊。　　　　　　　　　　　　　　　　（　　）

（7）摩擦角的正切等于摩擦系数。　　　　　　　　　　　　　　（　　）

（8）甩出阶段变形区的长度由最大变到零。　　　　　　　　　　（　　）

（9）变形区内的合力作用点、力矩皆不断地变化是甩出阶段的特点之一。

　　　　　　　　　　　　　　　　　　　　　　　　　　　　　　（　　）

（10）从轧件前端离开轧辊轴心连线开始，到轧件后端进入变形区入口断面止，这一阶段称为稳定轧制阶段。（　　）

（11）稳定轧制阶段轧件对轧辊的压力由最大变到零。（　　）

（12）其他条件不变，咬入角增大，压下量减小。（　　）

（13）轧件靠轧辊对轧件的正压力（支持力）把轧件拖入辊缝。（　　）

（14）压下率是轧制前后轧件厚度的差。（　　）

（15）延伸量是轧制后与轧制前轧件长度的比值。（　　）

（16）轧件轧制前后的厚度差称为宽展量。（　　）

（17）咬入角是指轧件开始轧入轧辊时，轧件和轧辊最先接触的点和轧辊中心连线所构成的圆周角。（　　）

（18）轧件前端与轧辊接触的瞬间起到前端达到变形区的出口断面（轧辊中心连线）称为稳定轧制阶段。（　　）

（19）当咬入角的数值为摩擦条件允许的最大值时，相应的压下量为最大。（　　）

（20）冷氧化铁皮改善咬入，高温下氧化铁皮对咬入不利。（　　）

（21）增大来料厚度可以改善咬入。（　　）

（22）减小本道次的辊缝可改善咬入。（　　）

（23）用外力将轧件顶入轧辊中利于咬入。（　　）

（24）把轧件前端制成楔形或锥形不利于轧件的咬入。（　　）

（25）当轧件温度过高时，将轧件在辊道上搁置一段时间，使钢温适当降低后不利于咬入。（　　）

（26）撒沙子或冷氧化铁皮可改善咬入。（　　）

（27）清除炉尘和氧化铁皮有利于咬入。（　　）

（28）增大摩擦角 β 和减小咬入角 α 都可以改善咬入。（　　）

（29）把摩擦力的水平分量 P_x 称为剩余摩擦力。（　　）

（30）用于克服推出力外还剩余的摩擦力的水平分量 P_x 称为剩余摩擦力。（　　）

三、填空题

（1）挤压轴的运动方向和从模孔中挤压出金属的前进方向一致的挤压方式称为（　　）挤压。

（2）纵轧时两个轧辊转动方向相反，轧件的轴线与轧辊轴线（　　），轧件做平动。

（3）横轧时两个（或三个）工作轧辊的旋转方向相（　　），轧件轴线与轧辊轴线（　　），轧件在轧辊间转动。

（4）在再结晶温度以上进行的加工称为（　　）。

四、名词解释

（1）摩擦角。

（2）咬入。

（3）作用力。

（4）约束反力。

（5）剩余摩擦力。

（6）咬入角。

（7）纵轧。

五、问答题

（1）分析热轧稳定轧制时最大咬入角为什么是 $(1.5\sim1.7)\beta$ ，而不是 2β 。

（2）轧辊咬入轧件的必要条件用力来表示和用角度来表示分别是什么，理论上稳定轧制的条件是什么？

（3）轧制时板带厚度逐道次变化为 10 mm→8 mm→6 mm，求各道次压下量、压下率、总压下率及各道次厚度方向的真变形。

（4）已知轧辊直径 $D=460$ mm，轧前厚度为 90 mm，轧后厚度为 67 mm，求轧件的咬入角及变形区长度 l 。

（5）有时钢坯出炉后立即进行轧制，不能咬入，将轧件在辊道上搁置一会儿，即可咬入，为什么？

（6）轧制生产中通过哪些措施可以改善咬入条件？列举 5 个。

（7）轧辊表面状态、轧制速度对咬入有什么影响？解释说明。

（8）影响咬入的主要因素有哪些？列举 5 个。

模块 2　轧制产生的板形不良问题

📋 任务背景

在薄带钢轧制时，若沿轧制方向的压应力过大，变形不均匀，会造成板形不良。严重的板形不良还会造成产品的报废。这是由于金属塑性变形时，物体内的变形是不均匀分布的，由于物体内各层的不均匀变形受到物体整体性的限制，从而引起其间产生附加应力。在大变形的部位将产生附加压应力，在小变形的部位将产生附加拉应力。

本章节将在学习不均匀变形、内力、应力、应力状态的基础上学习金属内部变形及应力不均匀分布的原因，分析影响金属内部变形及应力不均匀分布的因素，然后进而提出改善板形不良问题的措施。

📝 学习任务

认识板形不良的情况，认识均匀变形及不均匀变形；熟悉内力及应力的概念；会分析各种金属塑性加工方法中的内力情况；掌握轧制过程中由于变形不均匀而出现的浪形情况，分析具体原因，然后对轧机进行调整，避免浪形的产生。

📑 关键词

板形不良；内力；应力；应力状态；主应力图示；变形图示；均匀变形与不均匀变形；金属内部变形及应力不均匀分布的原因；影响金属内部变形及应力不均匀分布的因素。

任务 2.1　认识板形不良的概念及原因

2.1.1　板形的定义

板形是指板、带材的平直度，即浪形、瓢曲或旁弯的有无及程度。在来料板形良好的条件下，它决定于伸长率沿宽度方向是否相等，即压缩率是否相同，亦即轧件的变形是否相同。若边部伸长率大，则产生"镰刀弯"。对于所有板、带材都不允许有明显的浪形和瓢曲，要求其板形良好。

板形不良即指板、带的平直度不符合产品标准。它对于轧制操作也有很大影响，会导致勒辊、轧卡、断带、撕裂等事故的出现，使轧制操作无法正常运行。

轧制时常常出现双边浪、单边浪和中间浪。以中间浪为例，其产生原因是由于中间变形大，两边变形小，且中间部分在宽度上占比较大（占主体地位），此时两边给中间以附加压应力，使中间出现浪形。双边浪、单边浪的产生原因以此类推。也就是说，板形不良的根本原因是不均匀变形引起了应力分布不均匀。下面分析不均匀变形的情况，透过现象看本质，进而来分析板形不良的根本原因。

2.1.2　均匀变形的定义

物体不仅在高度方向上变形均匀，并且在宽度方向上（从而也是在长度方向上）变形也均匀时，方能称为均匀变形。用公式表示就是：$\dfrac{H_x}{h_x}=\dfrac{H}{h}$，$\dfrac{B_x}{b_x}=\dfrac{B}{b}$。

И. Я. 塔尔诺夫斯基曾指出，为了实现均匀变形必须满足以下条件：

（1）受变形的物体是等向性的；

（2）在物体内任意质点处的物理状态完全均匀，特别是物体内任意质点处的温度相同、变形抗力相等；

（3）接触面上任意质点的绝对及相对压下量相同；

（4）整个变形物体同时处于工具的直接作用下，即变形时在没有外端的情况下进行；

（5）接触面上完全没有外摩擦，或者没有由外摩擦所引起的阻力。

从这些条件可以看出，严格来说，充分实现均匀变形是不可能的。在采取特殊措施进行实验时，也只能近似地接近于均匀变形。可见，在实际的金属压力加工时，变形不均匀分布是客观存在的，它对实现加工过程及产品质量有着重大的影响。因此，必须对金属塑性变形的不均匀性进行研究，以便采取各种有效措施来防止或减轻其不均匀变形的不良后果。

2.1.3　研究变形分布的方法

在金属塑性加工中，常用网格法、螺钉法、硬度法、比较晶粒法等来研究变形体内变形的分布。

2.1.3.1　网格法

网格法是研究金属塑性加工中的变形分布、变形区内金属流动情况等最广泛的一种方法。网格法的实质是：变形前在试样表面或在内部剖分平面上采用画、铸、嵌等做出方格或者同心圆，待变形后观测其变化情况，来确定各处的变形大小，判断物体内的变形分布情况。

图 2-1 为刻有同心圆的由圆片组成的圆柱体试样的变形情况。为了研究变形体的变形情况，常用铅试样在变形体某部位或某截面上刻上网格，然后用熔点比铅低得多的伍德合金（熔点为 70 ℃的伍德合金成分为：Pb26.7%，Sn13.3%，

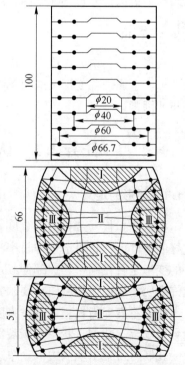

图 2-1　组合圆柱体压缩

Bi50%，Cd10%）把切开的试样焊上，以防变形时错动，变形后把伍德合金熔化去掉，显示出网格的变化情况。

这种方法的优点是可以直接测出变形体内各部分的变形情况。但应该注意的是，在刻画网格时应使比例有足够大的数值和使刻画线条精细，否则会影响测量精度。

2.1.3.2　螺钉法

螺钉法是在变形前在物体的适当位置钻螺孔，并旋入螺钉，在变形后沿着螺钉轴将变形体剖开，然后测量螺距变化来观察变形情况。

这种方法的缺点是破坏了金属的完整性，以及由于不均匀变形使螺杆歪扭，往往得不到所要求的剖面。

也有研究者改良了螺钉法，在变形前物体的钻孔中插入同样材料的芯棒，在变形后沿着芯棒轴剖开，通过观察芯棒位置及形状尺寸的变化，以及与基体金属发生缝隙的情况，来定性地判断变形分布与金属流动情况，以及在不同位置产生附加应力的种类。

2.1.3.3　硬度法

硬度法依据金属与合金经变形后产生加工硬化的原理，变形程度越大，加工硬化越强，因而硬度也就越高。因此，对经过充分退火的金属与合金进行冷变形，然后在所研究的截面上进行硬度试验；硬度大的部位就表示这里的变形程度大。

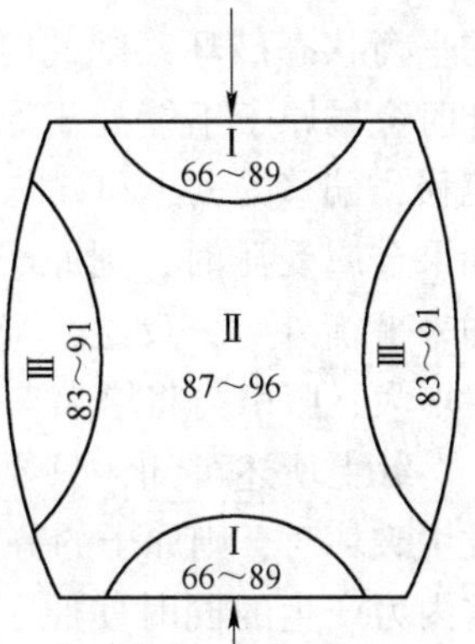

图 2-2　冷镦粗铝合金后垂直截面上洛氏硬度的变化

使用硬度法研究金属变形的分布时要注意，对欲进行硬度试验的截面受机械加工后，应经电解腐蚀和抛光，以消除因切削加工所引起的加工硬化的影响。例如镦粗铝合金的圆柱体试样，在对称垂直截面上洛氏硬度的变化情况，如图 2-2 所示。

硬度法的特点是，能够比较简便直观地测定出材料的不均匀变形分布情况。但是它比较粗略，并且只能对冷变形金属定性地反映变形的分布情况。这是因为只有加工硬化强烈的金属随着变形程度的增加，才能使其硬度发生明显的增长。此外，由于硬度的变化也是非线性的，所以这种情况将影响实验的效果与精确度。

2.1.3.4　比较晶粒法

根据预先的变形量对再结晶退火后晶粒的大小几乎呈正比关系的原理来设计比较晶粒法实验。变形越大，再结晶后晶粒越小。因此，根据冷变形后经过再结晶退火的试样各处晶粒的大小，来判断物体内在加工变形时变形的分布情况。这种方法也只能定性地显示变形的分布情况。利用再结晶图，近似得出变形体内某点处的变形程度。

应当指出，当变形程度较大时，随着变形程度的增加，晶粒大小的变化已不明显，此时比较晶粒法将不再适用。

任务 2.2　认识内力和应力

微课　内力
和应力

2.2.1　内力的产生

金属或合金都是结晶体，组成晶体点阵的各原子间具有吸引力和排斥力。如果没有吸引力则晶体将被分离，如果无排斥力，则晶体点阵将会紧密得没有一点空隙。实际上，金属或合金是能够被拉伸和压缩而发生塑性变形的。如果金属不受外力的作用时，则其原子间的吸引力和排斥力应相互平衡，即各原子的势能处于最小值，此时内力为零，如图 2-3 所示。

当金属或合金受外力的影响时，将会使上述的平衡状态破坏，则此时的内力将不为零，由于此时金属原子不能处于原来的平衡位置而发生了偏移，偏移的大小和方向与施加的外力大小有关。如果金属受压时，则原子间距减小，排斥力将增加来平衡外力，反之，当金属受拉伸时，原子间距增大，吸引力将增大来平衡拉力。

综上所述可知，只要在原子间力的平衡关系发生破坏时，则原子的势能就要升高而产生内力，在内力产生的同时使原子间距发生了改变，即产生了变形。

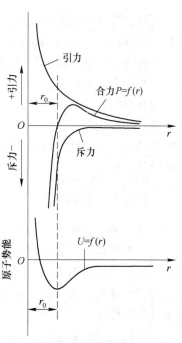

图 2-3　原子间的作用力和势能同
原子间距（r）的关系

在下述两种情况下可能导致内力的产生。

（1）为了平衡外部的机械作用所产生的内力。当外力作用于金属并使金属产生塑性变形时，则在金属内一定会产生与作用力、约束反力及摩擦力相互平衡的内力。

（2）由于物理或物理-化学过程所产生的相互平衡的内力。在金属塑性加工（如轧制）过程中，由于不均匀变形、不均匀加热或冷却（物理过程）及金属内的相变（物理-化学过程）等，都可以促使金属内部产生内力。

图 2-4 中，一块金属受到不均匀加热，右边温度高，左边温度低。于是右边金属的伸长就要受到左边金属一定程度的限制，而左边金属也要受到右边金属的影响而拉长一些。在这种情况下，右边金

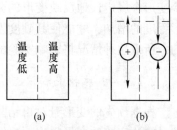

图 2-4　加热不均引起的内力
（a）加热前；（b）加热后

属则受到压缩内力作用，而左边金属受到拉伸内力作用，两部分内力互相平衡存在

于金属内。当拉伸内力达到很大的数值时，甚至会导致金属产生变形、破裂。

又如金属在轧制前的加热。由于炉筋管的作用，在加热时一般金属下表面的温度较上表面温度要低，靠近炉筋管的温度更低。根据热胀冷缩原理，上表面在加热时比下表面和靠近炉筋管的膨胀要大，但由于金属是一个整体，金属内各部分的相对膨胀（伸长）将相等。因此，在整体金属中，上表面的伸长受到限制而承受压缩内力，下表面将被迫拉伸而承受拉伸内力，而拉伸内力与压缩内力在整个金属中相互平衡。

由此，对于塑性较低的金属，在轧制变形完成后冷却时，应该特别注意，金属表面的冷却速度不能太快或强迫冷却，否则，在钢材的表面将出现由于收缩而产生的拉应力而导致表面裂纹或发裂等。

2.2.2　应力

内力的强度称为应力，或者说内力的大小以应力来度量，即以单位面积上所作用的内力大小来表示。

为了平衡外部机械力作用而产生的内力强度称为显应力；由物理或物理-化学过程而产生的内力强度称为隐应力。

当所研究的截面上其应力为不均匀分布时，内力与该截面面积的比值称为平均应力。在这种情况下，若要求出截面上某一处 M 的实际应力，可以用以下方法来表示。如图 2-5 所示，ΔP 为微小面积 ΔF 上的总内力、$\Delta \tau$ 为 F 面切线方向的分内力，ΔN 为 F 面法线方向分内力。ΔP 与 ΔF 比值的极限，即为

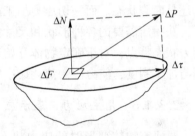

图 2-5　作用在微小面积上的力

$$\sigma = \lim_{\Delta F \to 0} \frac{\Delta P}{\Delta F} \qquad (2\text{-}1)$$

称 σ 为 M 处的总应力。

当内力均匀地分布于所研究的截面上时，则可以以截面上某一点的应力来表示该截面上应力数值的大小。如果内力分布不均匀，则不能用某点的应力表示所研究的截面上的应力，而只能用内力与该截面的比值来表示。此值被称为平均应力，即

$$\sigma_{\text{平均}} = \frac{P}{F} \qquad (2\text{-}2)$$

式中　　$\sigma_{\text{平均}}$——平均应力；

P——总内力；

F——内力作用的面积。

应力的单位为 Pa 或 MPa。

2.2.3　应力集中

当金属内部存在应力，其表面又有尖角、缺口、结疤、折叠、划伤、裂纹等缺

陷存在时，应力将在这些缺陷处集中分布，使这些缺陷部位的实际应力比正常的应力高出数倍，这种现象叫作应力集中。

　　金属内部的气泡、缩孔、裂纹、夹杂物等对应力的反映与物体的表面缺陷相同，在应力作用下，也会发生应力集中。

　　应力集中在很大程度上降低了金属的塑性，金属的破坏往往从应力集中的地方开始。

任务 2.3　认识应力状态及应力图示、变形图示

2.3.1　应力状态的概念、研究意义及表示方法

2.3.1.1　应力状态的定义

　　外力的作用破坏了物体内部各原子间的稳定平衡状态，因而产生了内力和应力。所谓物体处于应力状态，就是物体内的原子被迫偏离其平衡位置的状态。

2.3.1.2　研究金属的应力状态的意义

　　金属内部的应力状态，决定了金属内部各质点所处的状态是弹性状态、塑性状态还是断裂状态。而一切压力加工的目的均是在外力的作用下，使金属产生塑性变形，获得所需要的各种形状和尺寸的产品。因此，了解各种压力加工中金属内部的应力状态特点，对于确定物体开始产生塑性变形所需的外力，以及采用什么样的工具与加工制度，使力能的消耗最小等方面都具有重要的实际意义。

2.3.1.3　用主应力来表示应力状态

　　要研究物体变形时的应力状态，首先就必须了解物体内任意一点的应力状态，由此推断出整个变形物体的应力状态。为此可在变形物体内某点附近取一无限小的单元六面体（可视为一点），为了确定一点的应力状态，只要在主坐标系（加工时的长、宽、高方向）的条件下（见图2-6），研究主应力的大小和方向就足够了。这是因为知道作用于一点的三个相互垂直的主

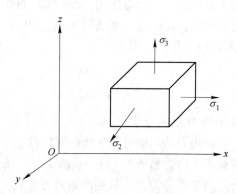

图 2-6　主应力状态

应力后，通过该点的任何方向的应力，都可以用数学的方法计算出来（这里对计算不详加讨论）。三个主应力分别用符号 σ_1、σ_2、σ_3 表示，并规定 σ_1 是最大主应力，σ_3 是最小主应力，σ_2 是中间主应力，一般按代数值进行排列，即 $\sigma_1 > \sigma_2 > \sigma_3$。对于主应力作用的平面称为主平面，因此，沿着主应力方向产生的变形称为主变形。

2.3.2　应力图示

　　应力图示就是用来表示所研究的点（或所研究物体的某部分）在各主轴方向

上，有无主应力存在及其主应力方向如何的定性图。如果变形物体内各点的应力状态相同，则这时的点应力状态图就可以表示整个变形物体的应力状态。

这样的应力状态图可以简单而清晰地描述物体变形时所承受的应力状态形式。从一个轴向看，所能产生的主应力，不外乎拉应力（箭头向外指）和压应力（箭头向内指）两种。

按主应力的存在情况和主应力的方向，主应力图示共有九种可能的形式。其中，线应力状态两种，面应力状态三种，体应力状态四种，如图 2-7 所示。

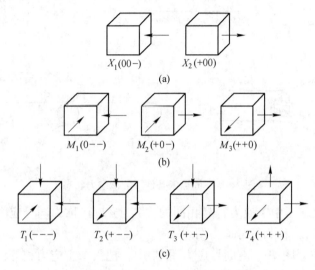

图 2-7　可能的应力状态图示
（a）线应力状态；（b）面应力状态；（c）体应力状态

大量的实践表明，在金属塑性变形过程中，拉应力最易导致金属的破坏，压应力则有利于减小或抑制破坏的发生与发展。下面就压力加工中可能的九种应力状态加以分析。

（1）线应力状态。只有两种图形，一种为压缩（X_1），一种为拉伸（X_2），如图 2-7（a）所示。型材、棒材、薄板等拉伸矫直时，离夹头稍远一点的部分，与拉伸试验时在试样未开始缩颈时的应力状态均为拉应力状态，即 X_2 图示。而 X_1 图示，只有在受压的表面没有摩擦，或者摩擦很小可以忽略不计时才能出现。

（2）面应力状态。在面应力状态的三种形式［见图 2-7（b）］中，M_1 最有利于金属塑性的发挥；M_3 最不利，但能产生一些很小的塑性变形；M_2 介于二者之间。面应力状态在金属压力加工的各种方法中，只见于某些个别情况，如薄板的冲压、弯曲等。

（3）体应力状态。在金属压力加工中，最常见的是体应力状态图形。如图 2-8 所示，平辊轧制、平锤头锻造、模孔挤压、拉拔、带张力轧制带钢等都属于体应力状态。镦粗、挤压、轧制均属三向压应力状态。镦粗时，σ_1、σ_2 主要由摩擦力的作用引起，σ_3 主要由主动力和正压力作用引起，σ_3 是绝对值最大的压应力，其代数值最小。挤压时主动力、正压力、摩擦力都会引起压应力，因此，挤压时的三个主应力都是绝对值相当大的三向压应力状态，也叫作三向压应力状态很强烈。平辊轧制时也是三向压应力状态，σ_1 主要由阻碍金属纵向流动的摩擦力引起，σ_2 主要由阻碍金属横向流动的摩擦力引起，σ_3 主要由轧辊的压力引起。张力轧制时，轧制方向（纵向）较大的张力克服了摩擦力的影响，使变形区内纵向主应力为拉应力 σ_1。

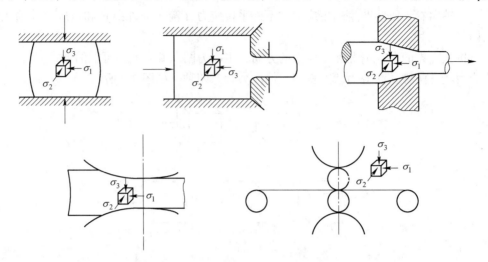

图 2-8　不同加工条件下的体应力状态

在体应力状态图中，应力符号相同的（T_1 与 T_4）称为同号应力图；应力符号不同的（T_2 与 T_3）称为异号应力图。

（1）同号应力图 T_1。在同号应力图 T_1 中，把三个主应力相等，即 $\sigma_1 = \sigma_2 = \sigma_3$（相当于三向均匀压缩）的压缩应力，称为静水压力。如果金属内部没有空隙，疏松和其他缺陷，在静水压力作用下则不会产生滑移（完全没有自由度），从理论上讲是不可能产生塑性变形的。但三向均匀压缩，可迫使金属内部缝隙贴紧，特别是在高温下，借助原子的扩散，消除裂缝等内部缺陷，有利于提高金属的强度和塑性性能。

在金属压力加工过程中，要使金属产生塑性变形，不可能采用 $\sigma_1 = \sigma_2 = \sigma_3$ 的 T_1 应力状态，即直接应用纯静水压力的应力状态；但对粉末制品的压力成型，或对提高金属的塑性变形效果，静水压力型的应力状态则能显示出一定的优越性。压力加工中的挤压方法和在封闭的模型中锻造，都可近似地认为是运用了静水压力的优点进行的塑性变形过程，虽然这种变形过程具有很强的三向压应力，但它是处于三向不等的压缩应力之中，因此其静水压力用三个主应力的平均值来表示，即

$$\sigma_{\mathrm{m}} = \frac{\sigma_1 + \sigma_2 + \sigma_3}{3} \tag{2-3}$$

一般静水压力的强度越大，一次加工所能获得的变形程度也越大。这一点德国科学家 T. Karman 早在 20 世纪初用脆性很高的白色大理石和红砂石做成的圆柱形试件进行的镦粗试验就给予了证明（压缩变形程度可达 10% 以上）。

（2）同号应力图 T_4。在 T_4 中，无论三个拉伸应力彼此相等或者不相等，都不能产生较大的塑性变形，因为金属受各向拉伸应力作用时，容易在塑性变形还不大的情况下就发生断裂，或者马上形成明显的应力集中而断裂。因此，在压力加工中

的塑性变形，直接采用 T_4 应力状态是有害无益的。

（3）异号应力图 T_2 与 T_3。在 T_2 与 T_3 中，不论三个应力数值相等或不等，均可产生塑性变形。其中 T_2 应力图在压力加工中应用最为普遍，例如：棒材、线材、管材及型材等通过模孔的拉拔、带张力的板带轧制、斜轧穿孔等，都是在 T_2 应力的状态下完成的。T_3 应力图在压力加工中比较少见，带底的冲压成型的底部应力状态为 T_3，锻造中的开口冲孔也属这种应力状态的例子。

微课　主应
力状态的
影响因素

2.3.3　影响主应力状态、应力图示的因素

2.3.3.1　外摩擦的影响

众所周知，理想的光滑无摩擦的情况是不存在的。特别是压力加工过程中，工件在外力作用下，工件和工具接触表面间产生摩擦力更是不可忽略的。由于该摩擦力的作用往往会改变金属内部的应力状态，例如镦粗时，工件与工具接触表面在光滑无摩擦的条件下，其应力为单向压应力状态［见图 2-9（a）］，金属将均匀变形（实际上这种情况是不存在的）。事实上因摩擦力的存在，金属内部应力状态为三向压应力状态。摩擦力的作用可由圆柱体镦粗后变为"单鼓形"而得到证明，如图 2-9（b）所示。

2.3.3.2　变形物体形状的影响

做拉伸试验时，开始阶段是单向拉伸主应力图示［见图 2-10（a）］，当出现细颈以后在细颈部分变成三向拉应力主应力图示，如图 2-10（b）所示。

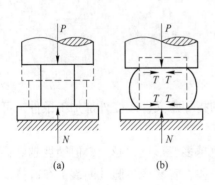

图 2-9　摩擦力对应力图示的影响

（a）无摩擦时；（b）有摩擦时

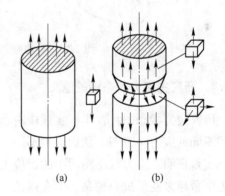

图 2-10　拉伸实验时出细颈前后的应力图示

（a）出细颈前；（b）出细颈后

2.3.3.3　工具形状的影响

如当用凸形工具压缩金属时（见图 2-11），由于作用力方向改变，所以主应力状态图示相应地也随之改变。由图 2-11 可知，当摩擦力的水平分力 $T_x >$ 作用力的水平分力 P_x 时，则为三向压应力状态，当 $T_x < P_x$ 时为二向压应力一向拉应力状态；当 $T_x = P_x$ 时为二向压应力状态。

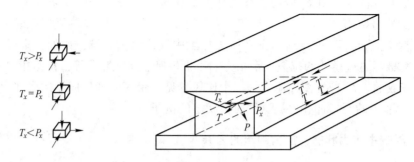

图 2-11　凸形工具对应力图示的影响

2.3.3.4　不均匀变形的影响

由于某种原因产生了不均匀变形的，也能引起主应力状态图示的变化，如图 2-12 所示，用凸形轧辊轧制板材时，由于中部变形大，两边缘变形小，金属为保证其完整性，金属内部产生了相互平衡的内力，此时中部为三向压应力状态，而边部可能为二向压应力一向拉应力状态。

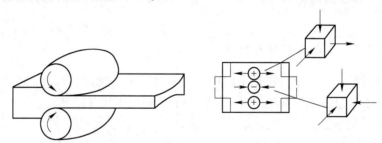

图 2-12　不均匀变形对应力图示的影响

2.3.4　研究主应力状态图的意义

研究应力状态图，在生产实践中有很大的指导意义，改变外部加工条件，可以得到不同的应力状态图，从而得到不同的生产效果。

实践证明，应力状态图示中的压应力个数越多变形抗力越大，但塑性越好；拉应力个数越多变形抗力越高，但金属的塑性最差，容易产生脆性断裂；在有拉、压应力存在的应力状态时，变形抗力较低，而塑性处于中等。由此可得异号应力图较同号应力图可以节省加工时的力能消耗，这是因为拉应力存在时，在一定程度上可以帮助金属变形。

例如，将 10 mm 的红铜圆棒坯采用拉拔或挤压的方法加工成 8 mm 的圆铜棒，如图 2-13 所示。采用拉拔生产时，其应力状态为 T_2（+--），需要的作用力为 10290 N；当采用挤压生产时，应力状态为 T_1（---），需要的作用力为 34594 N。不过，在选择加工条件时，还要看金属的本身性质。一般来说，塑性小（差）的金属，应尽可能选用三向压应力状态的加工条件。

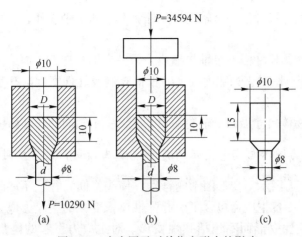

图 2-13 应力图示对单位变形力的影响

（a）拉拔生产；（b）挤压生产；（c）压力加工剖面

2.3.5 变形图示

微课 变形
图示

2.3.5.1 变形图示的概念

为了定性地说明变形区某一小部分或整个变形区的变形情况，常采用主变形状态图示（简称变形图示）。所谓变形图示就是在小立方体素的面上用箭头表示三个主变形是否存在（如拉伸时箭头向外指，压缩时箭头向内指），但不表示变形大小的图示。如变形区大部分都是某种变形图示，则此种变形图示就能代表工件整个加工变形过程的变形图示。

2.3.5.2 塑性加工中的变形图示

在金属塑性变形的过程中，尽管加工方式各有不同，但就金属的变形方式而言，由于受塑性变形时工件体积不变条件的限制，归纳起来只有三种可能的变形方式，可分别用符号 D_1、D_2、D_3 表示。下面具体讲述，如图 2-14 所示。

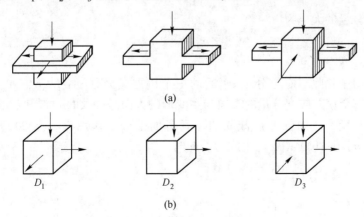

图 2-14 三种可能的变形图示

（a）变形方式；（b）变形图示

（1）D_1——物体尺寸沿一个轴向被压缩，其余两个轴向伸长，如有宽展情况的轧制和自由锻压。

（2）D_2——物体尺寸沿一个轴向缩短，另一个轴向伸长，而第三个方向保持不变。它又称平面变形图示，如宽度较大的板带轧制或轧件宽度与孔型宽度相等时的轧制等。

（3）D_3——物体尺寸沿两个轴向缩短，沿第三个轴向伸长，如挤压和拉拔等。

2.3.5.3　应力图示与变形图示的符号（箭头指向）的不一致性

应该注意，应力图示与变形图示的符号（箭头指向）往往不一致，这种不一致是由于在应力图示中各主应力包含了引起弹性体积变化的主应力成分；而变形图示中的主变形是指塑性变形而不包括弹性变形。对主应力引起的体积变化（弹性变形）的应力成分，称为平均应力（或球应力、静水压力），而使几何形状发生变化（塑性变形）的成分，称为偏差应力，它是主应力与平均应力的差值。这个差值能反映在主应力的方向上所发生塑性变形的方向和大小上。

从各主应力中把导致发生体积变化的应力成分——静水压力，又称球应力分量 σ_m 扣除，余下的应力分量便是与遵守体积不变条件的塑性变形相对应，即与三种主变形图示相对应，如图 2-15 所示。

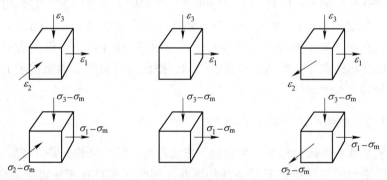

图 2-15　与主变形相对应的应力图示

球应力分量的大小为

$$\sigma_m = \frac{\sigma_1 + \sigma_2 + \sigma_3}{3}$$

从主应力中扣除球应力分量 σ_m 后的三个偏差应力分量各为 $\sigma_1 - \sigma_m$、$\sigma_2 - \sigma_m$、$\sigma_3 - \sigma_m$。此三个偏差应力分量的方向与主变形的方向是一致的，如图 2-15 所示。

例如，从变形体内任一点截取的体素各面上分别作用有 $\sigma_1 = 500$ MPa、$\sigma_2 = -500$ MPa、$\sigma_3 = -2100$ MPa 的主应力。此时

$$\sigma_m = \frac{\sigma_1 + \sigma_2 + \sigma_3}{3}$$

$$= \frac{1}{3} \times \left[500 + (-500) + (-2100) \right]$$

$$= -700 \text{ MPa}$$

$$\sigma_1 - \sigma_m = 500 - (-700) = 1200 \text{ MPa}$$

$$\sigma_2 - \sigma_m = -500 - (-700) = 200 \text{ MPa}$$

$$\sigma_3 - \sigma_m = -2100 - (-700) = -1400 \text{ MPa}$$

可见，与这三个偏差应力相对应的变形图示：ε_1 和 ε_2 是伸长，而 ε_3 是缩短，为 D_1 图示。

又如轧制板带时 $\varepsilon_2 = 0$，与此对应的 $\sigma_2 - \sigma_m = 0$，即

$$\sigma_2 - \frac{\sigma_1 + \sigma_2 + \sigma_3}{3} = 0$$

或

$$\sigma_2 = \frac{1}{2}(\sigma_1 + \sigma_3)$$

因此，在平面变形情况下，并不是在没有主变形方向上没有主应力，而在此方向上的应力为

$$\sigma_2 = \frac{1}{2}(\sigma_1 + \sigma_3)$$

这是平面变形条件下的应力特点之一。

2.3.5.4　主变形图对金属塑性的影响

主变形图可以影响到金属的塑性。从保证发展金属最大变形角度来看，最容易发挥金属塑性的是具有两个压缩变形的 D_3，而最不利于发挥金属塑性的则是 D_1 变形图示。主变形图示不同，则加工后金属内部的组织结构亦是不同的，由于组织结构的不同，金属的各种性能也将有很大的差异。在有两个主轴方向的压缩变形情况下，金属内所存在的各种弱点（易熔或脆性杂质等）只在一个延伸方向才能暴露，因而降低了弱点对塑性的危害程度，而对于有两个主轴方向的延伸变形来说，就有两个方向暴露了其弱点，因而就增加了对塑性变形的危害程度。由此可知，主变形图对于金属内部的各种缺陷有直接的影响，并且这种影响直接关系着加工后金属的组织和性能。因此，在生产实践中，往往借助于主变形图来判断金属的组织和性能的变化情况。图 2-16 所示为一金属在加工前内部含有夹杂缺陷等，如果采用轧制或镦粗压缩变形，由于这两种加工方法，均存在两个方向延伸变形，因而杂质在加工后之变形如图 2-16（c）所示状态，如果采用挤压加工方法，则主变形有两个方向的压缩变形 D_3，因而加工后的杂质变形如图 2-16（b）所示的状态。由此可见，前两种加工方法的变形图 D_1，对降低金属材料的强度和塑性较 D_3 变形图示要大些。因此，当金属含有低强度的夹杂物时，采用挤压加工，不仅能发挥金属的塑性，而且也能提高产品的强度。但应该指出，金属在塑性加工时所发生的变形图示，将取决于加工工具的形状，而与应力状态的类型无关。例如，通过模孔的挤压或拉伸圆料的过程，其主应力图示分别为 T_1 和 T_2，而两者的主变形图示，则均为 D_3。

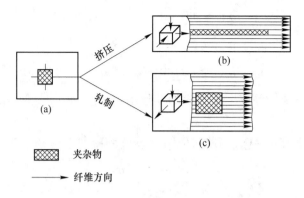

夹杂物

纤维方向

图 2-16　主变形图对夹杂物状态的影响

任务 2.4　认识金属塑性变形时应力和变形的不均匀性

2.4.1　基本应力、附加应力、工作应力和残余应力

2.4.1.1　基本应力

由外力作用所引起的应力叫作基本应力。

金属塑性变形时物体内变形的不均匀分布，不但能使物体外形歪扭和内部组织不均匀，而且还使变形体内应力分布也不均匀，因此除基本应力之外还产生附加应力。

微课　附加
应力

2.4.1.2　附加应力

由于物体内各层的不均匀变形受到物体整体性的限制，而引起其间相互平衡的应力叫作附加应力。

在塑性变形时，物体为了保持其整体性，其所有各层都是彼此相互联系的，不能单独自己变形；故在趋向于较大延伸的金属层中就产生了附加压应力，而在趋向于较小延伸的金属层中就产生了附加拉应力。这些附加拉应力与附加压应力彼此平衡，形成彼此平衡的内力，因此也就决定了附加应力的数值。如图 2-17 所示，以在凸形轧辊上轧制矩形坯为例说明。轧件边缘 a 部分的变形程度小，而中间部分 b 的变形程度大。若 a、b 部分不是同一个整体时，则中间部分将比边缘部分产生更大的纵向延伸（见图 2-17 中虚线）。但因轧件实际上是一个整体，虽然各部分的压下量不同，但纵向延伸趋向于相等。由于金属整体性迫使延伸均等，故中间部分将给边缘部分施以拉力使其增加延伸，而边缘部分将给中间部分施以压力使其减少延伸，因此产生相互平衡的内力。即中间部分发生附加压应力，而边缘部分发生附加拉应力。

2.4.1.3　工作应力

基本应力与附加应力的代数和即为工作应力。当附加应力等于零时，则基本应

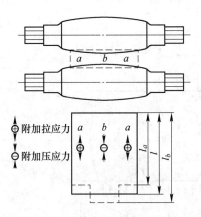

图 2-17　在凸形轧辊上轧制矩形坯的情形

l_a—若边缘部分自成一体时轧制后的可能长度；l_b—若中间部分自成一体时轧制后的可能长度；l—整个轧件轧制后的实际长度

力等于工作应力；当附加应力与基本应力同号时，则工作应力的绝对值大于基本应力；当附加应力与基本应力异号时，则工作应力的绝对值小于基本应力。因此，在一般情况下，当塑性变形产生后，工作应力等于基本应力与附加应力的合应力。

2.4.1.4　残余应力

如果塑性变形结束后附加应力仍残留在变形物体中时，这种应力即称之为残余应力。

2.4.2　变形及应力不均匀分布的原因

引起变形及应力不均匀分布的原因主要有接触面上的外摩擦、变形区的几何因素、沿宽度上压缩程度的不均匀、变形物体的外端、变形体内温度的不均匀分布以及变形金属的性质等。这些因素的单独作用，或者几个因素的共同影响，可使变形不均匀的表现很明显。下面分别讨论这些因素对变形及应力分布的影响。

微课　变形及应力不均匀分布的原因1

2.4.2.1　接触面上外摩擦的影响

图 2-18 为塑压圆柱体时外摩擦对变形及应力分布的影响。在变形力 P 的作用下，金属坯料受到压缩而高度减小、横断面积增加。若接触面无摩擦力影响（假设材料性能均匀）则发生均匀变形。由于接触面上有摩擦力存在，使接触表面附近金属变形流动困难，从而使圆柱形坯料转变成鼓形。在此种情况下，可将变形金属整个体积大致分为三个区域，如图 2-18 所示。现对三个区域的变形特点加以分析讨论。

（1）Ⅰ区：为工具与变形金属接触处摩擦的作用而引起的变形区域，摩擦的作用越大，则对该区域的影响深度和广度也就越大。摩擦的作用是阻止金属变形，因此，在该区域所形成的应力状态为三向压应力状态，三向压应力的强弱与摩擦力作用的大小有关，摩擦力越大，则产生的三向压应力状态就越强，该区域的变形也就

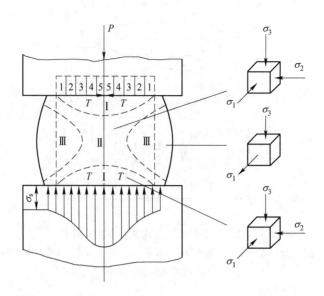

图 2-18　镦粗时摩擦力对变形及应力分布的影响

越困难，因此，该区域有"难变形区"之称。

（2）Ⅱ区：从图 2-18 中可以看出，该部位是处于变形体的中心部位。由于该部位距接触表面较远，故摩擦力对该区域的影响较小，虽然该区域也处于主体的三向压应力状态，但是三个主应力之间的差值较大；另外，由于该区域变形时，又处于有利的变形方位，即作用力与金属产生滑移变形的方位有 45°或接近 45°的关系，因此，该区域相对Ⅰ区来说，其变形要大得多，故该区域变形有"大变形区"之称。

（3）Ⅲ区：该区域虽然处于外力作用范围之外的部分，但外力在该区域引起的应力近似于轴向压缩。当Ⅱ区变形时要产生向外扩张，而外层的Ⅲ区域，则像一套筒把Ⅱ区套住而限制了Ⅱ区域变形的向外扩张。由于Ⅱ区与Ⅲ区相互作用，在Ⅲ区之外侧表面，便产生了较强的环向附加拉应力，当该应力大到一定程度后，将会导致金属在纵向产生裂纹，如图 2-19 所示。从图 2-19 还可以看到，该区域变形后的侧面形成鼓形，故在加工变形时有单鼓形变形之说。由于鼓形侧面在变形时，不断翻转到接触面上去，故该区又有"自由变形区"之称。

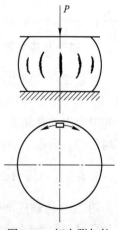

图 2-19　切向附加拉应力引起的纵裂纹

2.4.2.2　变形区几何因素的影响（H/d）

在金属压力加工中由于外摩擦存在，变形的不均匀分布情况与变形区的几何因素（例如轧件高度、宽度、接触弧长度、锻件的高度与直径之比等）有密切关系。例如在镦粗试件时，当 $H/d \leqslant 2.0$，即压缩低件时，将产生单鼓的不均匀变形；当 $H/d > 2.0$，即压缩高件时，将产生双鼓的不均匀变形，如图 2-20 所示。当 H/d（或 H/l、H/B）越大，黏着区越大；当摩擦系数一定时，随着 H/d 值的减小，黏着区减小，如果摩擦系数较小，而 H/d 值减小到一定限度时，黏着区可能完全消失，接触表面完全由滑动区组成。

2.4.2.3　工具和工件的影响

工具和工件影响的实质就是造成某方向上所经受的变形大小不一致，从而使物体内的变形与应力分布不均匀。

A　工具的影响

a　工具的轮廓形状造成变形不均匀

对于轧制生产来说，工具的轮廓形状对不均匀变形的影响，是指钢板轧制时辊型的形状和型钢轧制时孔型的形状。下面举例说明。

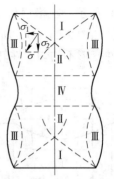

微课　变形及应力不均匀分布的原因 2

图 2-20　当镦粗高件时不同区域的变形分布情况

例 2-1　在钢板轧制时，由于辊型凸度控制不当，会产生舌形和鱼尾形，其变形的情况如图 2-21 所示。

图 2-21 (a) 为凸形轧辊轧制时的情况，由于中间部位的压下量比边部的压下量大，因此，中部的自由延伸就比边部的自由延伸大，因而产生变形不均匀是不可避免的。钢板轧制后所产生的瓢曲、中部波浪形、边部的拉裂以及舌形，均与这种辊型的不同凸度有关。

图 2-21 (b) 为凹形轧辊轧制时的情况，采用这种凹形轧辊轧制钢板时，如果控制不当，将易使钢板边部产生波浪形和鱼尾形。在轧制中，有时中间被拉裂就是这方面的原因。

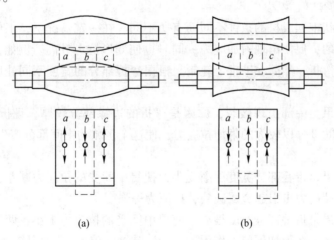

图 2-21　不同凸度的轧辊对轧制变形的影响
(a) 凸辊轧制；(b) 凹辊轧制

例 2-2　在椭圆孔型中轧制方坯时，如图 2-22 所示，由于工具的凹形轮廓形状，使沿轧件宽度上的变形分布不均匀。此时中部的压下系数比边缘部分小，按照自然延伸，边部的应比中部的大。由于金属的整体性和轧件外端的影响，结果使轧件各部分延伸趋向一致。因此，在中部将产生附加拉应力，而边部产生附加压应力。结果使应力产生不均匀分布。

b　变形的不同时性造成变形不均匀

例如，菱形轧件进方孔时，垂直方向的对角线两点首先受到压缩，如图 2-23
（a）所示；在槽钢孔型中轧制时，往往是腿部金属先受到压下，腰部金属后受到压
下，如图 2-23（b）所示。正是由于轧件变形的不同时性，使得在每一变形瞬间的
轧件变形不均匀，在轧件内部产生自相平衡的附加应力，造成应力分布也不均匀。

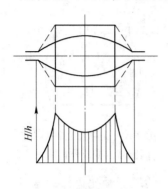

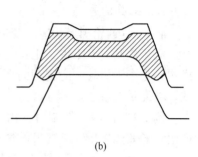

（a）　　　　　　　　　（b）

图 2-22　沿孔型宽度上　　　　　　　图 2-23　变形的不同时性
　　　　延伸分布图

c　轧辊轴线安装不平行造成沿轧件宽向上压下量不均匀

这种情形，如遇轧制窄带钢，轧件将产生旁弯现象；如遇轧制宽带钢时，在延
伸大的一边将产生浪弯。

B　工件形状的影响

工件的形状根据成材的条件不同而有所不同。在一定情况下，工件的形状能使
应力分布不均匀，促使出现附加应力，同时也使变形抗力升高。例如，把一块矩形
铅板两边向里弯折，然后在平辊上轧制。根据弯折部分的宽度不同轧后会出现三种
结果。

第一种结果是中部出现破裂，原因是弯折的边缘部分较厚，且折叠部分较宽，
边缘部分给中间部分以较大的附加拉应力，使这个区域的中间部分产生周期性破裂，
如图 2-24 所示。

第二种结果是折叠部分宽度逐渐变小，使得中间受的拉应力减小，两边受的压
应力增加，但拉应力未引起金属破裂，近似为等强度。

第三种结果是折叠部分宽度很小，使得中间受的拉应力更小，两边受的压应力
更大了，边缘部分在附加压应力作用下，产生皱纹（浪形），如图 2-25 所示。

图 2-24　中部周期性破裂　　　图 2-25　边部在附加压应力作用下产生皱纹(浪形)示意

以上的这种现象在实际生产中，当轧制断面形状不同，造成沿轧件宽度上的压

下量不均匀时，则产生不均匀延伸，从而使轧件在大变形的部位产生皱纹或在小变形的部位产生破裂，如轧制槽钢、工字钢、角钢时均常见。

微课 变形及应力不均匀分布的原因 3

2.4.2.4　变形体温度分布不均匀的影响

变形体内温度分布不均匀对变形与应力分布有重要的影响。高温部分金属的变形抗力小，低温部分金属的变形抗力大，在同一外力作用下，此两部分金属产生的变形必然不同，并会引起附加应力。另外，变形体内温度分布不均匀，还加强了物体内各处的应力不均匀分布。由于温度不同，金属将产生不均匀的膨胀，从而引起物体内互相平衡的附加热应力，这两种附加应力叠加的结果，在变形体内某些区域可能产生较大的附加拉应力，对塑性较低的金属，在此区域将会造成断裂。

例 2-3　利用钢锭做原料轧制时，若均热时间不足，造成钢锭中间部分温度较低，则在该区产生拉伸的热应力；在轧制的开始阶段，由于表面变形较大，中间变形较小，在中间区域也要形成附加拉应力，这两种拉应力叠加在一起，容易超过金属的断裂强度而在钢锭中心区产生裂纹。这对塑性较低的金属与合金危险性更大。

例 2-4　在实际生产中，坯料在加热时要放在炉筋管的两条滑轨上。由于滑轨的管子是用循环水冷却的，因此必然会使坯料与炉筋管接触处的加热温度较其他部位低，故坯料在轧制时，温度低的部位其变形也就困难，即在高度方向的压缩量，尽管在同一辊缝中轧制，但低温处的真正压缩量较高温处的小，结果会导致轧件沿轧制方向（长度方向）的变形不均匀。这也是在正常轧制条件下，钢板在纵向上产生同板差的重要因素之一。

例 2-5　在实际生产中还经常见到由于加热不足而造成钢坯的上面温度高，下面温度低，在轧制中沿高向产生压缩不均匀，致使钢坯上部延伸大于下部延伸，造成坯料向下弯曲，甚至造成缠辊事故，如图 2-26 所示。

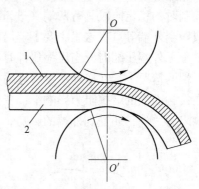

图 2-26　由于上部金属比下部金属延伸大而造成的弯曲现象
1—高温的上部金属；2—低温的下部金属

2.4.2.5　金属本身性质不均匀的影响

当金属内部化学成分、组织结构、杂质以及加工硬化状态等分布不均匀时，都促使变形体内应力及变形分布不均匀，这是因为金属各部分的组织结构不均匀，必然会使各个部分的屈服极限值不相同，对于屈服极限值较小的部分容易变形，而对于屈服极限值较高的地方，则变形就比较困难，这种性能上的差异，产生不均匀变形将是不可避免的。

例 2-6　在多相合金中，晶粒的组织结构是不同的，因而屈服极限值对不同的晶粒也是不同的。含碳量低的亚共析钢，在两相区轧制时，铁素体晶粒的变形较珠光体晶粒容易。不过应该指出的是，即使变形体处于单相奥氏体区，虽然晶粒的大小较均匀，其屈服极限值也较一致，但在变形时，由于晶粒所处的方位不同，变形的难易程度也是不一样的。处于有利变形方位的晶粒变形就比较容易；而处于不利变形方位的晶粒的变形就比较困难，就整个变形体来说，由于晶粒的变形不均匀而使变形体的变形不均匀。

例 2-7 在变形过程中，当晶粒的大小不相同时，一般粗大的晶粒先破碎成较小的晶粒，而小晶粒则在大晶粒破碎后才发生变形，而使晶粒大小均匀化。如果晶粒的几何形状不相同，则变形先后也是不一样的，一般等轴晶粒先于细长晶粒变形，这是因为前者变形抗力小而后者变形抗力大。上述的几种情况，由于变形均有先后，因而必然会使变形不均匀。

例 2-8 组织结构不同在轧制钢板时是常见的，例如复合板的轧制，由于几层之间的性质不同，因此使变形有难易之分，故整个复合钢板在轧制时产生不均匀变形。

例 2-9 在受拉伸的金属内存在一团杂质，如图 2-27 所示，夹杂物与其基体晶粒的变形能力不同，因此便产生了夹杂物与周围晶粒的变形不均匀，在夹杂物处产生附加拉应力；又由于在夹杂物处产生应力集中现象，所以在轧制时夹杂物处最容易产生裂纹，这种现象在合金钢中表现得尤其突出。

微课 变形
及应力不均
匀分布的
原因 4

2.4.2.6 变形物体外端的影响

变形物体的外端一种是封闭形外端（外区），一种是非封闭形的外端。例如，轧制时的稳定阶段具有两端（进口端与出口端）形式的外端；局部锻造时具有两个或一个外端等。在这里主要了解局部压缩时外端对变形及应力分布的影响。

无外端压缩时，当压缩低件时，将产生单鼓形，如图 2-28 所示。而当存在前后外端的情况下，在离外端足够远的横断面上，金属的变形条件与无外端的情况相似，在接触面上的摩擦阻力影响下，变形后可形成单鼓形，而邻近外端处，金属除受摩擦阻力之外，还受到外端的影响。

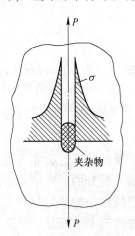

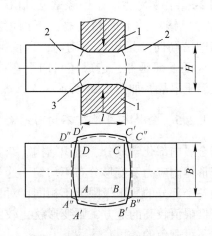

图 2-27 杂质对应力   图 2-28 局部压缩时外端对延伸及宽展的影响
      分布的影响   1—工具；2—外端；3—变形区

已知在发生单鼓变形时，沿高度上处于中间的区域高向变形最大，而靠近接触表面的区域高向变形逐渐减少，甚至不发生塑性变形。根据体积不变条件，这种高向变形的不均匀会导致纵横变形的不均匀，即在高向变形大的部位产生的自由延伸与宽展也大，在高向变形小的部位产生的自由延伸与宽展也小。由于金属是一个整体，这种自由延伸会受到外端的限制，而使纵向延伸趋于一致，即外端对纵向变形有强迫"拉齐"作用。结果，在自由延伸大的部位受到纵向附加压应力，而在自由延伸小的部位受到纵向附加拉应力。由于各层的纵向变形在外端的作用下而被迫"拉齐"，高向变形的不均匀必然会导致横向变形的不均匀。因而高向变形大的部位在纵向压应力的作用下而被迫宽展，而高向变形小的部位在纵向拉应力的作用下轧件宽度会受到拉缩。于是，带外端压缩低件时，在高向变形大的中间层宽展最大，而高向变形小的靠近表面的区域宽展最小。由此可见，由于外端的强迫"拉齐"作用，使纵向变形不均匀性减小，横向变形不均匀性增加。

现在由水平截面图形做进一步分析。如图 2-28 所示，当无外端压缩时，$ABCD$ 变形后要变成 $A'B'C'D'$ 的形状，而在有外端影响时，将变成 $A''B''C''D''$ 的形状。发生这种变化是由于在外端的强迫拉齐作用下，沿宽度的中间部分将出现纵向附加压应力，使其延伸减少，而在边部出现纵向附加拉应力，使延伸增加，结果使纵向变形趋于均匀。若从横变形来看，邻近外端的金属，除受摩擦阻力外还受外端的影响，使之不能横向自由流动，并距离外端越远此影响逐渐减弱，从而加剧了横变形的不均匀性。

还应指出，由于外端对金属横向流动的限制作用，当高向压下量一定时，将使宽展减小，延伸增大。距离外端越远外端对金属横向流动的限制作用越减弱，可见变形区越长，外端对宽展的影响越小。

2.4.2.7　变形物体内残余应力的影响

如变形物体内有 ±10 MPa 残余应力，由外力作用产生的基本应力为 −50 MPa，而变形金属屈服点为 45 MPa，则变形金属右半部先达到屈服点而先变形；左半部未达到屈服点而未变形。因此，物体内产生应力和变形的不均匀分布，如图 2-29 所示。

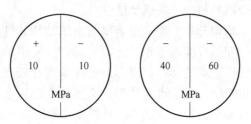

图 2-29　残余应力对应力分布的影响

2.4.3　变形及应力不均匀分布的后果

2.4.3.1　使单位变形力增高

由于不均匀变形时造成各部分金属相互制约和影响，使物体内产生相互平衡的附加应力，从而使变形抗力增加，单位变形力增高。另外，当应力不均匀分布时，还将使变形体内三向同号应力状态加强，也会使变形抗力增加，从而使单位变形力升高。

2.4.3.2　使塑性降低

金属受力产生塑性变形时,当某处的工作
应力达到金属的断裂强度时,则在该处将产生
破裂。由于变形及应力分布不均匀会使单位变
形力升高,使某处可能在变形中较早达到金属
的断裂度而发生破裂,导致塑性降低。例如
拉伸某塑性金属的真实应力曲线,如图 2-30 所
示。一般冷加工时的真实应力随变形程度增加
而升高,当达到与 AB 线相交点时,即达到断
裂强度,使物体发生破坏。真应力与 AB 线相
交点的横坐标为物体断裂时的变形程度,其数

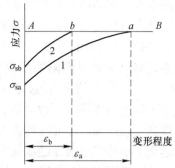

图 2-30　拉伸时真应力与变形程度的关系
1—无缺口试样拉伸时的真应力曲线;
2—有缺口试样拉伸时的真应力曲线

值决定了拉伸时金属塑性的大小;图 2-30 中曲线 1 为无缺口试样拉伸时真应力曲
线;曲线 2 为有缺口试样拉伸时真应力曲线。有缺口试样在拉伸时产生应力及应变
的不均匀分布,使单位变形力升高,因此曲线 2 位于曲线 1 之上而较早与 AB 线相
交,由横坐标决定的 ε_b 比 ε_a 小。

2.4.3.3　使产品质量降低

轧制钢板时由于变形不均匀使产品出现弯曲、皱纹、浪形、瓢曲等,使尺寸不
精确而造成同板差。

由于变形不均匀使物体内产生附加应力,若变形后温度较低,不足以消除此附
加应力时,则将残留于物体内而成为残余应力,残余应力的存在使产品质量降低。
具有残余应力的金属不仅加工时会产生不均匀变形,而且使用时会出现事故。例如
某金属材料内具有残余拉应力,当该金属材料在使用时的拉应力方向与残余拉应力
方向相同时,则会使该金属材料提前发生断裂而破坏,这是因为在计算金属材料所
受拉力时,并未考虑金属材料内存在残余拉应力。

因变形和应力的不均匀分布,使变形金属的组织结构和性能也不均匀。这是因
为变形金属多个部位的变形程度均不相同,即容易产生变形的部位,变形后晶粒组
织比较细小而均匀;变形困难的部位,变形后的晶粒则比较大也不均匀,对整个变
形体来说,其内部的组织结构也不可能均匀,必然使变形后金属的性能不均匀。就
其内部来说,对于晶粒细小且均匀的部位,其强度和硬度均较晶粒粗大部位的高。

2.4.3.4　工具磨损不均匀,操作技术复杂

在变形体内应力分布不均匀,使加工工具各部分受力情况也不同,以致工具的
弹性应变和磨损情况都不一致。这样就使工具设计、制造以及使用维护工作复杂化。

例如,在椭圆孔中轧制方断面坯料时,如图 2-22 所示,沿轧件宽向产生应变与
应力不均匀分布,边缘部分压下量大、单位压力大、摩擦力大;而中部比边缘部分
的压下量小、单位压力小、摩擦力小,因而造成孔型磨损不均。有时由于不均匀变
形,使轧件从轧辊出来后发生弯曲,造成导卫装置安装复杂化。若卫板未安装好,

甚至可能产生缠辊事故，给操作带来很大困难。另外，不均匀变形金属进行热处理时，也使热处理规程制定工作复杂化。

2.4.4　减轻应力及变形不均匀分布的措施

由于不均匀变形会带来一系列危害，所以在塑性加工生产中要尽量采取措施减少不均匀变形。为了克服或减轻变形及应力不均匀分布的有害影响，可以从影响不均匀变形的因素中，找出减少不均匀变形的方法，通常采取如下措施。

2.4.4.1　选择合理的变形温度

合理的变形温度，应该是使变形金属自始至终在单相区内完成轧制变形。因为单相区内的金属组织结构相对均匀，在变形时产生的附加应力也较小，所以不均匀变形的程度也相对减小。

在轧制中，最重要的是对终轧温度的合理选择，也就是说，在完成轧制时的最后一个道次的轧制温度合理与否，在很大程度上可以决定产品的组织结构和性能好坏。如果终轧温度太高，使金属内部的晶粒长大较快，结果使产品内的组织为粗大的晶粒结构，这样会导致产品的力学性能降低；但如果终轧温度太低（如两相区），会因不均匀变形产生附加应力，或者因温度低而产生加工硬化。因此，合理的终轧温度，应该是使轧件在轧制以后，其内部的晶粒不会长大太快，而且晶粒的大小也较均匀，这样的组织结构将使附加应力减少或消除，因此，产品必然会具有较好的性能，即具有较好的力学性能和塑性指标。

要保证合理的变形温度，更重要的是保证金属加热时，应该有合理的加热制度，即要有合理的加热速度，要尽量使坯料加热时，使断面的温度均匀，这样才能保证轧件在轧制时的温度均匀，从而减小轧制变形时的附加应力，使不均匀变形减少。

根据生产实践的总结，最适宜的加工温度范围——低碳钢、中碳钢、低合金及中合金结构钢为 800～1200 ℃，在该温度范围内，变形金属不仅具有较好的塑性和低的变形抗力，而且变形的均匀性也比较好。常见的一些加工金属材料，其轧制温度的范围可见表 2-1。

表 2-1　常见合金与金属的热加工温度范围

钢及合金	成分、型号	开轧温度/℃	终轧温度/℃
碳素钢	0.1%～0.3% C	1200～1150	800～850
	0.3%～0.5% C	1150～1100	800～850
	0.5%～0.9% C	1100～1050	800～850
	0.9%～1.45% C	1050～1000	800～850
合金钢	低合金	1100	825～850
	中合金	1100～1150	850～875
	高合金	1150	875～900

从表 2-1 中可清楚地看出，轧制的开始至终了，其轧制变形均是在单相奥氏体区内完成的。

2.4.4.2　选择合适的变形速度

以镦粗为例来说明如何选定变形速度制度。

随着镦粗时变形速度的增加，变形在很大程度上集中于接触表面附近。因此，当镦粗 H/d 比值较大的锻件时，在速度较小的压力机上进行是合适的。这样会使变形向距接触面较远处传播，减小图 2-20 所示的Ⅳ区和Ⅲ区的直径差，使变形的不均匀性减小。而在镦粗低件时，则应采用比较大的变形速度，这样可减小变形向距接触面较远处传播，使锻件的鼓形程度减小。上述这些原则，对加工塑性较低的金属时更应该注意。否则，由于变形速度选择得不适当而造成变形分布很不均匀，导致产生较大的环向拉应力，使锻件的侧面上可能发生断裂。

变形速度的选择是个比较复杂的问题。从工艺性能角度来看，提高变形速度可以降低摩擦系数，从而降低变形抗力，改善变形的不均匀性，提高工件质量；同时，提高变形速度可减少热成型时的热量散失，减少毛坯温度下降和温度的不均匀分布，改善变形的不均匀性。冷加工时，增加变形速度，使变形热可保留在变形体中而升高变形体温度，有利于回复产生使加工硬化下降，减轻变形不均匀性；而热加工的变形速度过高，会使再结晶不完全，导致附加应力增加而使变形不均匀。

这一切说明，在具体选定变形速度时，要考虑工件形状、冷加工、热加工、金属性质等因素，才能得到比较正确的结论。

2.4.4.3　选择合适的变形程度

变形程度越小，越容易产生表面变形。为了防止产生表面变形，应增大变形程度。轧制时，每道次的相对压下量越小，越容易造成表面变形。随着相对压下量的增加，沿高度上变形不均匀程度减少；如果相对压下量达到 60% ~ 70% 以后，由不均匀变形所引起的附加应力近似于零。

2.4.4.4　合理设计加工工具形状

要正确选择与设计轧辊孔型及其他工具，使其形状与坯料断面很好配合，以保证变形与应力分布比较均匀。例如，在热轧薄板时，由于轧制过程中轧辊辊身中部温升较大，使轧辊变成凸形，为了使轧件沿宽度方向上压下均匀，应将轧辊设计成凹形（冷状态下）。这样在轧制过程中，轧辊受热膨胀值与设计的凹形值得以抵消，减轻了不均匀变形。而在冷轧薄板时，轧制力比较大，轧辊受力作用产生的弹性弯曲与弹性压扁也比较大，使轧辊变成凹形，因此应将轧辊设计成凸形。

在型钢生产中，断面比较复杂，而使用的异型坯是极少的，大部分坯料断面是简单断面（方形或矩形）。要把方形或矩形断面坯料轧制成角钢、工字钢等复杂断面的产品，则不均匀压下是不可避免的。开始几道轧件的温度较高，塑性较好，因此不均匀变形可以大些，即变形系数可分配大些，并尽量轧成异型坯，使其断面形状和成品相似。例如，轧工字钢时采用的切入孔等。越往后不均匀变形应当越小，即变形系数分配时越往后越小，成品道次最小，几乎只起一个平整作用。孔型越往后越和成品相似，如轧角钢的蝶式孔等。

2.4.4.5　尽可能保证变形金属的成分及组织均匀

这一点，从轧钢生产的本身是无法解决的，要解决这方面的问题，则轧钢生产应根据产品的用途与要求，向冶炼部门提出，以求从冶炼的角度解决。要使变形金属的化学成分及组织结构均匀，不仅需要提高冶炼方面的技术水平，而且还需要提高浇铸方面的技术质量和强有力的工艺措施，特别是对浇铸温度和浇铸速度方面的控制，这对组织的均匀性将有重要意义。

对于某些合金钢，由于其塑性较差，为了保证合金钢锭在轧制时，既不产生裂纹，又能提高塑性，使其不均匀变形程度降低，往往在轧制前，将钢锭采用高温退火的办法，使其化学成分和组织结构的均匀性得到改善，而使不均匀变形程度降低将收到较好的效果。

2.4.4.6　尽量减小接触表面上外摩擦的有害影响

摩擦对不均匀变形的影响是十分明显的，改善工具与变形金属之间的接触状况，对减少摩擦系数是有重要意义的。减少轧制过程中的摩擦系数，主要是采用润滑以减少其有害影响。目前在轧制生产中，除冷轧生产采用润滑剂外，在热轧生产中已开始采用高温润滑剂。不过热轧中采用水的冷却，它不仅保证了轧辊的强度和轧辊表面硬度；而且由于表面硬度的保证使其磨损较缓慢。同时水的冲洗保证了表面的光洁，因此说水在某种程度上确实起到了一定润滑剂的作用，故水的作用对摩擦系数的变化是有利的。

对于变形金属的表面状况，从保证钢板的质量出发，则希望其表面光洁。但是，在轧制过程中轧件表面的氧化物是不断变化的，即有炉生氧化物和再生氧化物。炉生氧化物（加热炉中生成的）出炉后，不仅很厚，而且较脆硬。这种氧化物与金属机体的联系较松弛，它不仅给咬入带来了困难，而且将给钢板的表面质量造成不同程度凹坑或麻点。因此，炉生氧化物往往在进入第一道轧制前，应将其炉生氧化物去掉，一般采用除鳞高压水去除。由于轧制是在高温下进行的，因此，在轧制过程中，在轧制的表面仍然会生成氧化物，这种在轧制过程中生成的氧化物称为再生氧化物，由于该氧化物较致密又与金属机体紧密相连，因而这种氧化物在轧件表面较光滑，故在某种程度上能起到润滑作用。由此说明，只要变形金属表面光洁，对摩擦系数减小是有利的。

2.4.4.7　制定合理的操作规程

在轧制生产的过程中，如果各个环节的操作或配合不合理，在轧制过程中使金属变形趋向于均匀也是不可能的。如果加热和压下制度及其他方面的操作规程制定都比较合理，然而它们之间的相互配合不当或不协调，要使金属轧制变形时不均匀相对减少是不可能的，这一点在轧钢生产中是经常可以见到的。例如，坯料加热后提前出炉，将使坯料在进入轧机前停留的时间太长，造成表面温度较坯料内的温度低，再有轧制时冷却水的作用，使轧件的表面温降比内部更大，结果导致钢板表面产生微裂纹，这个微裂纹就是内外层变形不均匀而在表面产生附加拉应力的结果。

🏅 钢铁名人

宝山钢铁股份有限公司中央研究院首席研究员王利，30 年来扎根汽车钢材研发一线，勇挑重担、创新不倦，他研发的技术使宝钢的汽车钢跻身世界一流行列。1996 年至今，一串串数据、一块块钢板，圈画出这位全国优秀共产党员科技强国、钢铁报国的赤诚之心。

之前国内汽车用钢全靠进口。王利所在研究所自从提出自研汽车用钢后，他们就下定决心，顶住压力，一点点摸索，常年守在生产线旁。钢板一轧出来，就赶紧剪下，骑车飞奔到实验室做试验。凭着这股奋发勤勉、不服输的劲头，王利等人用七八年时间就做出了汽车厂商需要的合格钢材。在王利力主争取下，研究所引进先进实验设备，逐步建立起完善的科研体系，从只有十几人的小所成长为现在有 80 多位科研人员的大机构。

2005 年，宝钢打算引进国外成熟的高强钢产线。然而，国外能提供先进生产线的公司都不愿意将设备卖给宝钢。"买不来，就自己建。"王利提出自主设计高强钢生产线的设想，带领团队潜心试验，开发出生产先进高强度钢的两项关键核心技术，创新设计了各种先进高强度钢的退火工艺。2009 年，世界首条年产近 30 万吨的柔性超高强钢连退—热镀复合生产线在宝钢顺利投产，并获 2012 年度国家技术发明奖二等奖。

他们一边自建生产线，一边"超前"研制先进高强钢。王利带领团队深入研判，选定国际上还未产业化的淬火配分钢（QP）作为主攻方向。这个新钢种家族高强、高成型性的优点突出，但新的成分和退火工艺无处借鉴，研发失败风险很大。王利团队在 5 年里经过无数次试验，取得了初步成功，终于在 2012 年，淬火配分钢（QP）成功出炉，完成全球首发。该钢种的应用为汽车厂零件减重 10%～20%，为我国汽车工业的安全、节能奠定了材料基础，也成为我国汽车用钢实现从"跟跑"到局部"领跑"的重要标志。

⚗️ 实验任务

板带钢轧制时出现板形不良

一、实验目的

通过实验掌握轧制过程中，由于变形的不均匀而出现的裂纹情况和浪形情况，分析出具体原因，然后对轧机进行调整，避免裂纹和浪形的产生。

二、实验仪器设备

ϕ130 mm/150 mm 实验轧机，测量尺寸的工具，铅板和铝板试件。

三、实验说明

金属塑性变形时，物体内的变形是不均匀分布的，由于物体内各层的不均匀变形受到物体整体性的限制，从而引起其间的附加应力。在大变形的部位将产生附加压应力，在小变形的部位将产生附加拉应力。在薄带钢的轧制时，附加压应力将造成板形不良，附加拉应力将造成裂纹的出现。

四、实验步骤

轧件的形状使得轧制出现裂纹和浪形、上轧辊不水平出现的浪形和跑偏。

（1）准备好四块完全相同的矩形铅板，铅板的厚度为 0.5 mm。如果铅板的厚度较厚，应该先在轧机上轧成所需要的尺寸，但是，在轧制过程中如果轧件的厚度较大，需轧几道次轧到所需的尺寸，不允许一次轧成。

（2）把第一块矩形铅板一边向里弯折，且折叠部分较窄，调整轧机的辊缝为 0.2 mm，然后在平辊上对中轧制，观察轧制后轧件出现什么现象。

（3）把第二块矩形铅板两边向里弯折，且折叠部分较窄，然后在平辊上对中轧制，观察轧制后轧件出现什么现象。

（4）把第三块矩形铅板横向折叠，且折叠部分较窄，然后在平辊上对中轧制，观察轧制后轧件出现什么现象。

（5）调整轧机的压下螺丝，使得操作侧和传动侧的辊缝不一样大，把第四块宽铅板在平辊上轧制，观察轧制后轧件出现什么现象；用一块窄铅板重复刚才的过程，观察轧制后轧件出现什么现象。

根据轧钢过程中出现的板形不良，分析原因，找出解决方案，并对轧机进行调整。

五、注意事项

（1）操作前，要检查轧机状态是否正常，排查实验安全隐患。

（2）每块试件前端（喂入端）形状应正确，各面保持 90°，无毛刺，不弯曲。

（3）喂入料时，切不可用手拿着喂入轧机，需手持木板轻轻推入。

完成实验后，撰写实验报告。

本章习题

一、单选题

（1）拉伸出现颈缩后的应力状态表示为（　　　）。

    A.（+ − −）　　　　B.（+ + 0）　　　　C.（+ 0 0）　　　　D.（+ + +）

（2）型棒材、薄板拉伸矫直时，离夹头稍远一点的部分，可以视为（　　　）应力状态。

    A.（+ − −）　　　　B.（+ + 0）　　　　C.（+ 0 0）　　　　D.（+ + +）

（3）在受压的表面没有摩擦，或者摩擦很小可以忽略不计时，可以视为以下哪种应力状态？（　　　）

    A.（− − −）　　　　B.（+ + −）　　　　C.（0 − −）　　　　D.（0 0 −）

（4）拉拔属于哪种应力状态？（　　　）

A. （+ + +）　　B. （+ + -）　　C. （+ - -）　　D. （- - -）

（5）模孔挤压属于以下哪种应力状态？（　　）

A. （0 0 -）　　B. （0 - -）　　C. （+ - -）　　D. （- - -）

（6）平锤头锻造属于哪种应力状态？（　　）

A. （+ + +）　　B. （+ - -）　　C. （+ + -）　　D. （- - -）

（7）轧制宽带钢时，如果一边变形小，延伸小，一边变形大，延伸大，小变形占主导地位，在金属塑性良好的情况下，将产生（　　）。

A. 中间浪　　B. 双边浪　　C. 单边浪　　D. 瓢曲

（8）轧制时，如果两边变形大，延伸大，中间变形小，延伸小，且中间占主导地位，在金属塑性良好的情况下，将产生（　　）。

A. 中间浪　　B. 单边浪　　C. 双边浪　　D. 瓢曲

（9）轧制时，如果两边变形小，延伸小，中间变形大延伸大，且两边占主导地位，在金属塑性良好的情况下，将产生（　　）。

A. 中间浪　　B. 旁弯　　C. 双边浪　　D. 单边浪

（10）轧制宽板带时为平面变形，则中间主应力 σ_2 的值为（　　）。

A. $\sigma_1 + \sigma_3$　　B. $\frac{1}{2}\sigma_1 + \sigma_3$　　C. $\frac{1}{3}\sigma_1 + \sigma_3$　　D. $\frac{1}{4}\sigma_1 + \sigma_3$

（11）在金属变形时，金属内部的三个主变形方向受到三个主应力 σ_1、σ_2、σ_3 的作用，问最大主应力是下面哪一个？（　　）

A. σ_1　　B. σ_2　　C. σ_3　　D. σ_s

（12）用下面的加工方式加工相同的原料生产棒材，哪种加工方式所体现出来的金属塑性最好？（　　）

A. 拉拔　　B. 挤压　　C. 拉伸　　D. 轧制

（13）镦粗 45 号圆钢，坯料断面直径为 50 mm，$\sigma_s = 400$ MPa，$\sigma_2 = -98$ MPa，若接触表面主应力均匀分布，下面哪个压缩力能使得金属开始塑性变形？（　　）

A. 677325 N　　B. 777325 N　　C. 877325 N　　D. 977325 N

（14）轧制时，轧件垂直方向的应力状态为主应力状态中的（　　）。

A. σ_1　　B. σ_2　　C. σ_3

二、判断题

（1）无外端压缩时，当压缩低件时，将产生单鼓形。　　　　　　　　（　　）

（2）变形过程中，晶粒的大小不同时，一般是晶粒粗大的先破碎成较小的晶粒，而小晶粒则在大晶粒破碎后才发生变形，而使晶粒大小均匀化。　　（　　）

（3）如果轧辊轴线安装不平行，轧制窄带钢，轧件将产生旁弯现象；如果轧制宽带钢时，在延伸大的一边将产生浪弯。　　　　　　　　　　　　（　　）

（4）菱形轧件进方孔，垂直方向的对角线两点首先受到压缩，先受到压缩的给后受到压缩的部分以压应力。　　　　　　　　　　　　　　　　（　　）

（5）凹形轧辊轧制钢板时，如果控制不当，将易使钢板边部产生波浪形和鱼尾形。　　　　　　　　　　　　　　　　　　　　　　　　　　（　　）

（6）镦粗圆柱体时试样原始高度与直径比 $H/d \leqslant 2.0$ 时发生单鼓形不均匀变形。（　　）

（7）接触面摩擦力将变形金属整个体积分成的三个区域里有两个区域受三向压应力。（　　）

（8）接触面摩擦力将变形金属整个体积分成的三个区域里有一个区域的应力是（＋0－）。（　　）

（9）当附加应力与基本应力异号时，则工作应力的绝对值小于基本应力。（　　）

（10）菱形轧件进方孔，垂直方向的对角线两点首先受到压缩，先受到压缩的给后受到压缩的部分以拉应力。（　　）

（11）一块金属受到不均匀加热，右边温度高，左边温度低。则右边受压缩内力的作用，左边受到拉伸内力的作用，两部分内力互相平衡存在于金属内。（　　）

（12）当金属内部存在应力，金属表面或内部又有缺陷存在时，应力将在这些缺陷处集中分布，产生应力集中。（　　）

（13）应力图示就是用来表示所研究的点（或物体某部分）在各主轴方向上，有无主应力存在及其主应力方向如何的定性图。（　　）

（14）应力图示中，拉应力箭头指向外，压应力箭头指向内。（　　）

（15）拉应力易导致金属的破坏；压应力利于减小或抑制破坏的发生与发展。（　　）

（16）九种可能的应力图示中，平面应力状态有三种。（　　）

（17）四种体应力状态中，（＋＋＋）应力状态可迫使金属内部的气孔、缩孔、空洞得以焊合，消除裂缝等内部缺陷，有利于提高金属的强度和塑性性能。（　　）

（18）金属受各向拉伸应力作用时，容易在塑性变形还不大的情况下就发生断裂。（　　）

（19）做拉伸试验时，开始阶段是单向拉伸主应力图示，当出现细颈以后在细颈部分变成三向拉应力主应力图示。（　　）

（20）用凸形工具压缩金属，当 $T_x = P_x$ 时为二向压应力状态。（　　）

（21）用凸形轧辊轧制板材时，中部变形大，两边缘变形小，金属为保证其完整性，金属内部产生了相互平衡的内力，此时中部为三向压应力状态，而边部可能为二向压应力一向拉应力状态。（　　）

（22）物体在高度方向上变形均匀，称为均匀变形。（　　）

（23）用凸形工具压缩金属，由于作用力方向改变，所以主应力状态图示相应改变，当 $T_x < P_x$ 时为一向压两向拉应力状态。（　　）

（24）因为摩擦力的存在，使镦粗由单向压应力变成了两向压应力。（　　）

（25）挤压时的三个主应力都是绝对值相当大的三向拉应力状态。（　　）

（26）九种可能的应力图示中线应力图有两种，分别是（0 0 ＋）和（0 0 －）。（　　）

（27）应力图的符号表示，拉应力为－，压应力为＋。（　　）

（28）晶粒的几何形状不同，变形先后也不一样，一般等轴晶粒后于细长晶粒

变形。　　　　　　　　　　　　　　　　　　　　　　　　　　　　（　　）

（29）由于加热不足而造成钢坯的上面温度高，下面温度低，在轧制中沿高向产生压缩不均匀，致使钢坯上部延伸小于下部延伸，造成坯料向上弯曲。　（　　）

（30）槽钢孔型中轧制，腿部金属先受到压下，腰部金属后受到压下。腰部受到附加压应力。　　　　　　　　　　　　　　　　　　　　　　　（　　）

（31）钢板轧制后所产生的瓢曲、中部波浪形以及舌形与凹辊轧制有关。
　　　　　　　　　　　　　　　　　　　　　　　　　　　　　　　（　　）

（32）凸形轧辊轧制时会产生舌形。　　　　　　　　　　　　　　（　　）

（33）接触面摩擦力将变形金属整个体积分成的三个区域中，自由变形区的应力状态是（+ + -）。　　　　　　　　　　　　　　　　　　　　　　（　　）

（34）接触面摩擦力将变形金属整个体积分成的三个区域里有一个区域是三向拉应力。　　　　　　　　　　　　　　　　　　　　　　　　　　　（　　）

（35）塑性变形结束后应力仍残留在变形物体中时，这种应力称为附加应力。
　　　　　　　　　　　　　　　　　　　　　　　　　　　　　　　（　　）

（36）附加应力与基本应力同号时，工作应力的绝对值等于基本应力。（　　）

（37）由于物体内各层的不均匀变形受到物体整体性的限制，在趋向于较大延伸的金属层中就产生了附加拉应力，而在趋向于较小延伸的金属层中就产生了附加压应力。　　　　　　　　　　　　　　　　　　　　　　　　　（　　）

（38）应力图示中，三个主应力 σ_1、σ_2、σ_3 按力的大小进行排列，要求 $\sigma_1 > \sigma_2 > \sigma_3$。　　　　　　　　　　　　　　　　　　　　　　　　（　　）

（39）金属在轧制前加热，由于炉筋管的作用，加热时金属的下表面较上表面的温度低。那么上表面被迫伸长而承受拉伸内力，下表面被迫压缩而受压缩内力。
　　　　　　　　　　　　　　　　　　　　　　　　　　　　　　　（　　）

（40）由于物体内各层的不均匀变形受到物体整体性的限制，而引起其间相互平衡的应力叫作平衡应力。　　　　　　　　　　　　　　　　　　　（　　）

（41）用凸形工具压缩金属，由于作用力方向改变，所以主应力状态图示相应改变。当摩擦力的水平分力 T_x 大于作用力的水平分力 P_x 时，则为三向压应力状态。
　　　　　　　　　　　　　　　　　　　　　　　　　　　　　　　（　　）

三、名词解释

（1）应力集中。

（2）应力状态。

（3）内力。

（4）外端。

四、简答题

（1）在轧制带钢时，上工作辊可以不水平吗，为什么？

（2）分析轧制塑性很好的板材时产生中部皱褶和边部皱褶的原因。

（3）在轧制槽钢时，腰部出现皱褶，解释原因。

（4）在生产中常见到哪些变形不均匀的现象？

（5）分析外端对金属变形的影响。

（6）现有两个试样尺寸及组织结构完全相同的金属，在相同的条件下采用大小不同的变形程度变形，哪种变形均匀，为什么？

（7）金属的化学成分、组织结构等对变形不均匀有影响吗，为什么？

（8）解释缠辊事故是如何发生的？

（9）轧制板带时，解释产生同板差的原因。

（10）将 10 mm 的红铜圆棒坯采用拉拔或挤压的方法加工成 8 mm 的圆铜棒，所需外力值相同吗，为什么？

（11）以镦粗圆柱体低件为例说明外摩擦对金属内部应力状态有什么影响。

（12）采用凹形轧辊轧制塑性很好的板材时会出现什么现象，为什么？

（13）采用凸形轧辊轧制塑性很好的板材会产生什么现象，为什么？

（14）锻造过程中，由于外摩擦的影响使得整个变形金属大体上可分为三个变形大小不等的区域，请回答此三个区域的名称，并用符号标明各区域所受应力状态。

五、计算题

（1）从变形体内任一点截取的体素各面上分别作用有 $\sigma_1 = 5$ MPa、$\sigma_2 = -5$ MPa、$\sigma_3 = -21$ MPa 的主应力。判断该点处产生何种主变形图示，画出引起弹性变形的球应力图示和引起塑性变形的偏差应力图示。

（2）镦粗 45 号圆钢，坯料断面直径为 50 mm，$\sigma_s = 313$ MPa，$\sigma_2 = -98$ MPa，若接触表面主应力均匀分布，求开始塑性变形时所需的压缩力。

模块 3　金属在加工变形中的断裂问题

📋 任务背景

在金属塑性加工的生产实践中，特别是生产低塑性的钢与合金时，常常会发现在钢材的表面或内部出现断裂（裂纹、裂缝等）。

通过前面的学习了解到金属塑性变形时，物体内的变形是不均匀分布的，由于物体内各层的不均匀变形受到物体整体性的限制，从而引起物体内部产生附加应力，在小变形的部位将产生附加拉应力。拉应力降低金属的塑性，尤其在薄带钢的轧制时，若轧制方向拉应力过大，超过金属的塑性极限，会使带钢沿着轧制方向出现裂纹或断裂，严重了将使产品报废。

为了有效防止金属在塑性加工中发生断裂，必须了解断裂现象的原理，分析影响断裂过程的各种因素，在此基础上进而讨论塑性加工生产中断裂产生的原因、塑性的影响因素以及防止断裂的措施。

本章将学习轧制过程中出现的金属断裂，分析其具体原因，然后对轧制条件进行调整，从而避免裂纹的出现。

📝 学习任务

认识轧制裂纹的产生原理，认识金属塑性的基本概念，会区分金属塑性和柔软性，认识金属塑性的测定方法。学习塑性的影响因素及规律；掌握提高塑性的途径；认识轧制生产中断裂的类型，会分析成因及提出改善措施。

📋 关键词

双边裂；边裂；中间裂；塑性；化学成分对塑性的影响；组织成分对塑性的影响；温度对塑性的影响；变形速度对塑性的影响；应力状态对塑性的影响；变形状态对塑性的影响；角裂；内部横裂；劈头；腰裂。

金属在加工变形过程中，由于不均匀变形，甚至在加热质量良好的条件下，也会产生裂纹，塑性较低的材质和加热质量不好的情况下更为严重。由于铸态组织塑性较低，所以低塑性的钢与合金，在开坯阶段更容易发生断裂。

在锻压、轧制时常出现的断裂形式如图 3-1 和图 3-2 所示。锻压时锻件常出现侧面纵裂、内部纵裂、内部横裂等；轧制时，特别是薄板、工字钢、H 型钢等在轧制过程中常会产生双边裂、中间裂、单边裂、内部横裂、角裂、劈头等。

双边裂的产生是由于中间变形大，延伸大，两边变形小，延伸小；中间占主体地位；在整体性的影响下，中间给两边以拉应力；如果金属塑性不好，会把薄板的两边拉裂。中间裂、单边裂以此类推。其他裂纹的产生也是由于不均匀变形或者其他原因，小变形或者后变形的部位产生拉应力，导致产生裂纹。裂纹的产生与不均匀变形有关，也与金属的塑性有关。

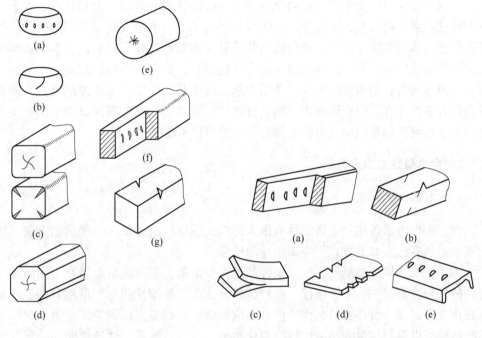

图 3-1　锻压时断裂的主要形式

(a)(b) 侧面纵裂；(c) 对角十字断裂；
(d) 十字裂口；(e) 放射状裂纹；
(f) 内部横裂；(g) 角裂

图 3-2　轧制时断裂的主要形式

(a) 内部横裂；(b) 双边裂；(c) 劈头；
(d) 腰裂；(e) 角裂

任务 3.1　认识金属塑性的概念及测定方法

3.1.1　金属塑性的基本概念

　　金属之所以能进行压力加工主要是由于金属具有塑性这一特点。所谓塑性，是指金属在外力作用下，能稳定地产生永久变形而不破坏其完整性的能力。金属塑性的大小，可用金属在断裂前产生的最大变形程度来表示。一般通常称压力加工时金属塑性变形的限度，或"塑性极限"为塑性指标。

　　应当指出，不能把塑性和柔软性混淆起来。不能认为金属比较软，在塑性加工过程中就不易破裂。柔软性反映金属的软硬程度，它用变形抗力的大小来衡量，表示变形的难易。不要认为变形抗力小的金属塑性就好，或是变形抗力大的金属塑性就差。例如，室温下奥氏体不锈钢的塑性很好，能经受很大的变形而不破坏，但它的变形抗力却非常大；工业纯铁的变形抗力很低，柔软性很好，但在轧制温度为1000~1050 ℃就要断裂，这就是说它没有塑性；高速钢的变形抗力较工业纯铁要高

微课　塑性
的基本概
念及指标

2~3 倍，但在 1000~1050 ℃进行轧制时并没有破裂；对于过热和过烧的金属与合金来说，其塑性很小，甚至完全失去塑性变形的能力，而变形抗力也很小；也有些金属塑性很高而变形抗力小，如室温下的铅等。

金属的塑性不仅受金属内在的化学成分与组织结构的影响，也和外在的变形条件有密切关系。同一金属或合金，由于变形条件不同，可能表现有不同的塑性，甚至由塑性物体变为脆性物体，或由脆性物体转变为塑性物体。例如，受单向拉伸的大理石是脆性物体，但在较强的静水压力下压缩时，却能产生明显的塑性变形而不破坏。对金属与合金塑性的研究，是压力加工理论与实践上的重要课题之一。研究的目的在于选择合适的变形方法，确定合理的变形温度、速度条件以及采用的最大变形量，以便使低塑性难变形的金属与合金能顺利实现成型过程。

3.1.2　金属塑性的测定方法

3.1.2.1　塑性指标

由于变形力学条件对金属塑性有很大影响，所以目前还没有一种试验方法能测出可表示所有压力加工方式下金属塑性的指标。

为了正确选择变形温度、速度条件和最大变形量，必须测定金属在不同条件下允许的极限变形量——塑性指标。每种试验方法测定的塑性指标，虽然只能表明金属在该变形过程中所具有的塑性，但也不应否定一般测定方法的应用价值，是因为这些试验可以得到相对的和可比较的塑性指标。这些数据可定性地说明在一定变形条件下，各种金属塑性的高低；对同一金属，能反映哪种变形条件下的塑性高。这对正确选择变形温度、速度和变形量的范围都有直接参考价值。

表示金属与合金塑性变形性能的主要指标有：

（1）拉伸试验时的伸长率（δ）与断面收缩率（ψ）；

（2）冲击试验时的冲击韧性 α_k；

（3）扭转试验的扭转周数 n；

（4）锻造及轧制时刚出现裂纹瞬间的相对压下量；

（5）深冲试验时的压进深度，损坏前的弯折次数。

3.1.2.2　金属塑性的测定方法

测定金属塑性的方法最常用的有力学性能试验法和模拟试验法（模仿某种加工变形过程的一般条件，用小试样进行试验的方法）两大类。

A　力学性能试验法

a　拉伸试验

拉伸试验是在材料试验机上进行的。拉伸速度通常在 $(3\sim10)\times10^{-3}$ m/s 以下，对应的变形速度为 $10^{-3}\sim10^{-2}$ s^{-1}，相当于一般液压机的变形速度。有的试验在高速试验机上进行，拉伸速度为 3.8~4.5 m/s，相当于蒸汽锤、线材轧机、宽带钢连轧机变形速度的下限。如果要求更高或变化范围更大的变形速度，需设计制造专门的高速变形机。

在拉伸试验中可以确定伸长率 δ 和断面收缩率 ψ 两个塑性指标，金属材料的伸长率和断面收缩率越大，表示该材料的塑性越好，即材料能承受较大的塑性变形而不被破坏。一般把伸长率大于 5% 的金属材料称为塑性材料（如低碳钢等），而把伸长率小于 5% 的金属材料称为脆性材料（如灰口铸铁等）。

塑性好的材料，它能在较大的宏观范围内产生塑性变形，并在塑性变形的同时使金属材料因塑性变形而强化，从而提高材料的强度，保证了零件的安全使用。此外，塑性好的材料可以顺利地进行某些成型工艺加工，如冲压、冷弯、冷拔、矫直等。因此，选择金属材料作机械零件时，必须满足一定的塑性指标。

$$\delta = \frac{l - L}{L} \times 100\% = \frac{F_0 - F}{F_0} \times 100\%$$

伸长率 δ 表示金属沿拉伸轴方向上在断裂前的最大变形。由试验得知，一般塑性较高的金属，拉伸变形到一定阶段便开始出现细颈，使变形集中在试样的局部区域直到拉断；同时，在细颈出现以前试样受单向拉应力，细颈出现以后使该处受三向拉应力。由此可见，试样断裂前的伸长率，包括了均匀变形和集中的局部变形两部分，反映了在单向拉应力和三向拉应力作用下两个阶段的塑性总和。

伸长率大小与试样的原始计算长度有关，试样越长，集中变形数值的作用越小，伸长率就越小。因此，δ 作为塑性指标时，必须把计算长度固定下来才能相互比较。对圆柱形试样规定有长 $L_0 = 10d$（d 是试样的原始直径）和 $L_0 = 5d$ 两种标准试样。

断面收缩率 ψ 也仅反映在单向拉应力和三向拉应力作用下的塑性指标，它与试样的原始计算长度无关。因此，在塑性材料中用 ψ 作为塑性指标，可以得出比较稳定的数值，故有其优越性。

b　冲击弯曲试验

冲击韧性值 α_k 不完全是一种塑性指标，它是弯曲变形抗力和试样弯曲挠度的综合指标。因此，同样的 α_k 值，其塑性可能很不相同。有时由于弯曲变形抗力很大，尽管破断前的弯曲变形程度较小，α_k 值也可能很大；反之，虽然破断前弯曲变形程度较大，但变形抗力很小，α_k 值也可能较小。由于试样有切口（切口处受拉应力作用），并受冲击作用，因此所得的 α_k 值能较敏感地反映材料的脆性倾向；如果试样中有组织结构的变化、夹杂物的不利分布、晶粒过分粗大和晶间物质熔化等，可较明显地反映出来。例如，在合金结构钢中，若二次碳化物由均匀分布状态变为沿晶界成网状形式分布时，这种变化虽然在拉伸试验中，塑性指标 δ 和 ψ 不改变，而在冲击弯曲试验中，却使 α_k 值降低了 50% ~ 100%；在某些合金钢中，由于脱氧不良也会使塑性降低，不过在拉伸试验中反映不出来，但其 α_k 值在这种情况下却降低了 1~2 倍。

为了判明 α_k 值的急剧变化是否是由于塑性急剧变化而引起的，最好配合参考在试验条件下的强度极限（σ_b）变化情况。例如，当 σ_b 变化不大或有所降低而 α_k 值显著增大，这表明是由塑性急剧增高而引起的；而在 α_k 值较高的温度范围内 σ_b 值很高，则不能证明在此温度范围内塑性最好。因此，按 α_k 值来决定最好的热加工温度范围，就要具体分析，否则会得出不正确的结论。

c　扭转试验

扭转试验是在专用的扭转试验机上进行的。试验时，将圆柱形试样的一端固定，另一端扭转，用破断前扭转的转数（n）表示塑性的大小。试样将受纯剪力，切应力在试样断面中心为零，而在表面有最大值。纯剪时一个主应力为拉应力，另一个主应力为压应力；这种变形所确定的塑性指标能反映材料同时受数值相等的拉应力和压应力作用时的塑性。扭转试验广泛用于金属与合金的塑性研究。在斜轧穿孔时，轧件在变形区内受扭转作用，故有人用扭转试验来确定合适的穿孔温度。扭转试验结果可用如图 3-3 所示的曲线表示。

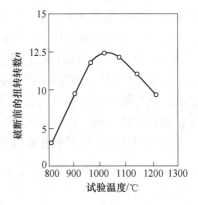

图 3-3　W18Cr4V 高速钢破断前
扭转转数与试验温度的关系

B　模拟试验法

a　顶锻试验

顶锻试验也称镦粗试验，是将圆柱形试样在压力机或落锤上镦粗，把试样侧面出现第一条可见裂纹时的变形量，作为塑性指标，即

$$\varepsilon = \frac{H - h}{H} \times 100\%$$

式中　　H——试样的原始高度，mm；

　　　　h——试样的变形后高度，mm。

此种试验方法反映了应力状态与此相近的锻压变形过程（自由锻、冷镦等）的塑性大小。在压力机上镦粗，一般变形速度为 $10^{-2} \sim 10 \ s^{-1}$，相当于液压机和初轧机上的变形速度；而落锤试验，相当于锻锤上的变形速度。因此，在确定压力机和锻锤上锻压变形过程的加工温度范围时，最好分别在压力机和落锤上进行顶锻试验。

试验证明，对同一金属在一定温度和速度条件下进行镦粗时，可能得出不同的塑性指标，这将取决于接触表面上外摩擦的条件和试样的原始尺寸。因此，为使所得结果能进行比较，对顶锻试验必须定出相应的规程，说明进行试验的具体条件。

镦粗试验的缺点是在高温下塑性较高的金属，尽管变形程度很大，试样侧表面也可能不出现裂纹，因而得不到塑性极限。不过在顶锻过程中形成裂纹，有时是因表面存在缺陷造成的，这在试验时是应注意的。

b　楔形轧制试验

楔形轧制试验有两种不同的做法。

一种是在平辊上将楔形试样轧成扁平带状。轧后观察、测量首先出现裂纹处的变形量（$\Delta h/H$），此变形量就表示塑性大小。此方法不需制备特殊轧辊，但确定极限变形量比较困难，这是因为试样轧后高度是均匀的，而伸长后原来一定高度的位置发生了变化，除非在原试样的侧面上刻竖痕，否则轧后便不易确定原始高度的位置，因而也就不好确定极限变形量。

另一种方法是在偏心辊上将矩形轧件轧成楔形件。这种方法采用的上轧辊有刻槽，下轧辊是平的，如图 3-4 所示。由于切制的轧槽使两辊间距在轧制过程中产生变化，所以轧后根据厚度变化的楔形件最初出现裂纹处的变形量 $\Delta h/H$ 来确定其塑性大小。用此法测得的极限变形量与试验温度的关系曲线如图 3-5 所示。

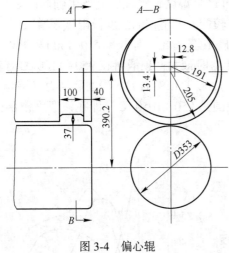

图 3-4　偏心辊

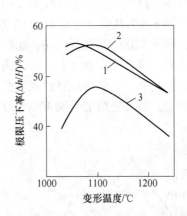

图 3-5　W18Cr4V 钢在 $\phi300$ mm 偏心
辊轧机上轧制时的塑性图
1—电渣锭；2—扁锭表面；3—扁锭中心

　　用偏心辊试验的方法比前一种优越，主要是可以准确地定出极限变形量，也免除了加工试样的麻烦。但应指出，由于单辊刻槽造成上下辊工作直径不等，在两辊转数相同时，必然使上下辊之间产生轧制速度差。这种速度差，既可能导致轧件表面损坏，也使变形力学条件发生一定变化，故对测定结果也产生一定影响。为克服上述缺点，近年来多采用双辊刻槽轧成楔形以测定塑性的大小。双辊刻槽法其辊形如图 3-6 所示。楔形轧制试验法的优点是：一次试验便可得到相当大的压下率范围，因此，往往只需要进行一次试验便可以确定极限变形量；此外是试验条件可以很好地模拟轧制时的情况。因此，这种方法广泛用于确定金属与合金轧制过程的塑性。

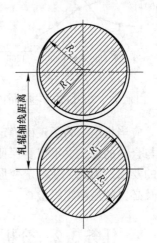

图 3-6　双辊刻槽轧成
楔形件的轧辊

3.1.3　塑性图

　　把以横坐标为温度，以纵坐标为不同加工条件下测出的塑性指标，画出的塑性指标与变形温度关系的曲线图，称为塑性图。

　　塑性图有很大实用价值。由热拉伸、热扭转等力学性能试验法测绘的塑性图，可确定变形温度范围；而顶锻和楔形轧制的塑性图，不仅可以确定变形温度范围，还可以分别确定自由锻造和轧制时的许用最大变形量。由于各种测定方法只能反映其特定的变形力学条件下的塑性情况，为了确定实际加工过程的变形温度，塑性图上需要给出多种塑性指标，如最常用的 δ、ψ、α_k、n 等。此外，还经常给出 σ_b 曲线作为参考。现举例说明塑性图的应用。

由图 3-7 和图 3-3 可见，该钢种在 900～1200 ℃范围内塑性最好。据此，可将钢锭加热的极限温度确定为 1230 ℃，超过这个温度，钢锭可能产生轴向断裂和裂纹；变形终了温度不应低于 900 ℃，因为在较低温度下钢的强度极限显著增大。

图 3-8 为高温合金 GH130 的塑性图。由图看出，伸长率 δ 在 1000～1150 ℃时较高，而在 1200 ℃时很低；α_k 值在 1000 ℃时最大；顶锻时在 950～1100 ℃有较大的变形量。该合金在 900 ℃时硬而脆；在 1200 ℃顶锻时晶界失去联结力。综合以上三种塑性指标，该合金最好的变形温度范围是 950～1050 ℃，即在该温度范围内进行热加工，最大变形量可取 40%～60%。

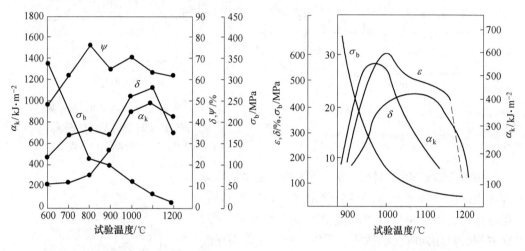

图 3-7　W18Cr4V 高速钢的塑性图　　　　　图 3-8　GH130 合金塑性图

应当指出，为了正确确定变形温度范围，仅有塑性图是不够的，这是因为许多钢与合金的加工，不仅要保证成型过程顺利，还必须满足钢材的某些组织与性能方面的要求。为此，在确定变形温度时，除塑性图外，还需配合合金状态图和再结晶图及必要的显微组织检查。

任务 3.2　分析影响塑性的因素及提高塑性的途径

影响金属塑性的因素很多，本节主要从金属的自然性质和加工条件方面进行讨论。

3.2.1　金属的自然性质

微课　化学
成分对塑
性的影响

金属的自然性质即化学成分和组织状态会对塑性产生影响。实际上这方面的问题很复杂，至今人们对这方面的了解还不全面。下面以钢为研究对象，分析化学成分和组织对塑性的影响。

3.2.1.1　化学成分的影响

在碳钢中，Fe 和 C 是基本元素。在合金钢中，除 Fe 和 C 外还含有合金元素，常见的合金元素有 Si、Mn、Cr、Ni、W、Mo、V、Co、Ti 等。此外由于矿石和加工等方面的原因，各类钢中还含有一些杂质，如 P、S、N、H、O 等。

A　碳

碳对碳钢的性能影响最大。一般情况下，随着含碳量增多，金属的塑性降低。

碳能固溶于铁形成铁素体和奥氏体，它们都具有良好的塑性和较低的变形抗力。当碳含量超过铁的溶碳能力时，多余的碳便与铁形成化合物 Fe_3C，该化合物称为渗碳体。渗碳体具有很高的硬度而塑性几乎为零，使碳钢的塑性降低，抗力提高。随着含碳量的增加，渗碳体的数量也增加，塑性的降低与变形抗力的提高就更明显，如图 3-9 所示。

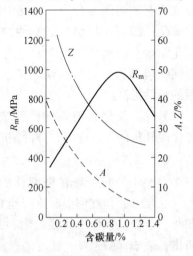

图 3-9　碳含量对碳钢力学性能的影响

因此，对于冷成型的碳钢，含碳量应较低；在热成型时，虽然碳能全部溶于奥氏体中，但碳含量越高，碳钢的熔化温度越低，热加工的温度范围也越窄，奥氏体晶粒长大的倾向也越大，再结晶速度也越慢，这些对热成型都是不利的。

B　磷

一般情况下，磷在钢中属于有害杂质，应该尽可能降低磷含量，防止产生冷脆，导致金属塑性降低。

磷能溶于铁素体中，使钢的强度、硬度增加，但塑性、韧性则显著降低。这种脆化现象在低温时更为严重，故称为冷脆。一般希望冷脆转变温度低于工件的工作温度，以免发生冷脆。冷脆对在高寒地带和其他低温条件下工作的结构件具有严重的危害性。当钢中含磷量超过 0.1% 时，冷脆现象就特别明显，当含磷量超过 0.3% 时，钢已全部变脆，故对冷加工成型钢（冷镦钢、冷冲压钢板等），应严格控制磷的含量。

此外，磷具有极大的偏析倾向，这会使局部含磷量增高，造成该区域为冷脆的发源地。

1954 年冬天，英国 32000 t 的"世界协和"号油船在爱尔兰寒风凛冽的海面上航行，突然船体中部发生断裂，船很快就沉没了。后来又发生了几起类似的沉船事件。经研究发现，沉船是由于外界温度太低，金属材料（含磷量高）变脆后断裂所致。

在某些特殊情况下，磷也起有益作用，如增加耐蚀性、提高磁性、减少连轧薄板黏结等。钢材中的炮弹钢就是在钢材中有意多添加磷，让钢材含磷量高，使炮弹在爆炸的时候尽量炸出多的弹片，增大炮弹的杀伤力。

C　硫

硫是钢中有害杂质，它在钢中几乎不溶解，而与铁形成 FeS。FeS 与 Fe 的共晶体熔点很低，呈网状分布于晶界上。当钢在 800～1200 ℃ 范围内进行塑性加工时，由于晶界处的硫化铁共晶体塑性低或发生熔化而导到加工件开裂，这种现象称为热脆（或红脆）。

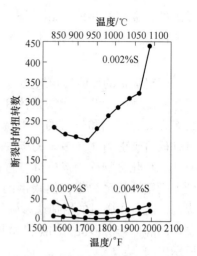

图 3-10 可说明硫对低碳钢塑性的影响。但当钢中含有足够数量的锰便可消除硫的有害作用。锰和硫有较强的亲和力，在钢中加入锰就可以形成硫化锰而取代易引起红脆性的硫化铁等。锰的硫化物熔点较高（见表 3-1），并且它在钢中不是以网状包围晶粒，而是以球状形式存在，从而使钢的塑性提高。

另外，硫化物夹杂促使钢中带状组织形成，恶化冷轧板的深冲性能，降低钢的塑性。

图 3-10　硫对低碳钢塑性的影响

D　氮

在 590 ℃ 时，氮在铁素体中的溶解度最大，约为 0.42%；但在室温时则降至 0.01% 以下。若将含氮量较高的钢自高温较快地冷却时，会使铁素体中的氮过饱和，并在室温或稍高温度下，氮将逐渐以 Fe_4N 形式析出，造成钢的强度、硬度提高，塑性、韧性大大降低，使钢变脆，这种现象称为时效脆性。

表 3-1　各种硫化物和共晶体熔点

化合物或共晶体	熔点/℃	化合物或共晶体	熔点/℃
FeS	1199	FeS-MnS	1179
MnS	1600	Mn-MnS	1575
MoS_2	1185	MnS-MnO	1285
NiS	797	Ni-Ni_3S_2	645
Fe-FeS	985	2FeS-Ni_3S_2	885
FeS-FeO	910		

E　氢

在第二次世界大战期间，英国飞机曾发生过突然断裂事故。有学者发现钢中含氢是造成事故的主因，并弄清了钢中含氢产生白点需要孕育期和钢中去氢的规律，解决了长期存在的问题。

氢在钢中的溶解度随温度降低而降低。氢对热加工时钢的塑性没有明显的影响，当加热到 1000 ℃ 左右，氢原子就部分地从钢中析出。但对于某些含氢量较多的钢种（即每 100 g 钢中含氢达 2 mL 时，就能降低钢的塑性），热加工后又较快冷却，会使从固溶体析出的氢原子来不及向钢表面扩散，而集中在晶界、缺陷和显微空隙等处而形成氢分子（在室温下原子氢变为分子氢，这些分子氢不能扩散）并产生相当大的应力。在组织应力、温度应力和氢析出所造成的内应力的共同作用下会出现微细裂纹，即所谓白点，该现象在中合金钢中尤为严重。

因此，在实际生产中，容易出现白点的钢种的连铸坯原则上不能采用热送热装，要等连铸坯中的氢原子充分地向钢表面扩散后，才能送往加热炉加热、轧制。

F　氧

氧在铁素体中溶解度很小，主要是以 Fe_3O_4、FeO、MnO、SiO_2、Al_2O_3 等夹杂物形式存在。这些夹杂物以杂乱、零散的点状分布于晶界上。氧在钢中不论形成固溶体还是夹杂物，都使其塑性降低，但以夹杂物形式存在尤为严重。

这是因为，氧化物本身的熔点（FeO 为 1370 ℃，MnO 为 1610 ℃，Al_2O_3 为 2050 ℃，SiO_2 为 1713 ℃）都超过热加工时加热温度的上限，而某些共晶体的熔点（FeS-FeO 为 910 ℃，FeO-SiO_2 为 1175 ℃，FeO-Al_2O_3-SiO_2 为 1025~1205 ℃等），则在加热温度范围之内。沿晶界分布的氧化物共晶体，随温度的升高会软化或熔化，因此削弱了晶粒之间的联系而出现红脆现象。如：含铁为 23%~29% 的高镍合金，当含 0.0199% 的氧时，会出现锻造开裂。

钢的红脆性与氧化物的总含量有关，有资料记载，钢中氧化物的总含量大于 0.01% 时，就会出现红脆性。

G　铜

实践表明，钢中含铜量达到 0.15%~0.30% 时，钢表面会在热加工中龟裂。一般认为，含铜钢表面的铁在加热过程中先进行氧化，使该处的浓度逐渐增加，当加热温度超过富铜相的熔点（1085 ℃左右）时，表面的富铜相便发生熔化，渗入金属内部晶粒边界，削弱了晶粒间的联系，在外力作用下便发生龟裂。钢中的碳和某些杂质元素如锡和硫等，都会助长钢的龟裂。这样，为提高含铜钢的塑性，关键在于防止表面氧化，为此，应尽量缩短在高温下的加热时间，适当降低加热温度。

H　硅

硅在钢中大部分溶于铁素体，使铁素体强化，特别是能显著地提高弹性极限。在奥氏体钢中，含硅量在 0.5% 以上时，由于加强了形成铁素体的趋势，对塑性产生不良影响。在硅钢中，当含硅量大于 0.2% 时，使钢的塑性降低。当含硅量达到 4.5% 时，在冷状态下已变为很脆，如果加热到 100 ℃左右，塑性就有显著改善。一般冷轧硅钢片的含硅量都限定在 3.5% 左右。此外，由于硅钢促使石墨化，加热时脱碳比较严重。

I　铝

铝对钢及低合金钢的塑性起有害作用，这可能是由于在晶界处形成氮化铝所致。铝作为合金元素加入钢中是为了得到特殊性能。含铝量较高的铬铝合金，在冷状态下塑性较低。

微课　组织对塑性的影响

3.2.1.2　组织的影响

钢的化学成分一定而组织不同时，塑性也有很大差别。

（1）单相组织（纯金属或固溶体）比多相组织塑性好。多相组织由于各相性能不同而使变形不均匀，使基本相往往被另一相机械地分割，导致塑性降低。这时第二相的性质、形状、大小、数量和分布将起重要作用。若金属内两相变形性能相近，金属的塑性为两相的平均值；当两相性能差别很大时，一相的塑性很好而另一相硬而脆，则变形主要在塑性好的相内进行，另一相对变形起阻碍作用。

（2）晶粒细化有利于提高金属的塑性。因为在一定的体积内，金属细晶粒数目必然比粗晶粒金属的多，塑性变形时位向有利于滑移的晶粒也越多，故变形能较均匀地分散到各个晶粒。另外，从每个晶粒的应变分布来看，细晶粒的晶界影响能遍及整个晶粒，使晶粒中心的应变和靠近晶界处的应变差异小。总之，细晶粒金属的变形不均匀性和因变形不均匀性所引起的应力集中均较小。因此，开裂的机会也少，断裂前可承受的塑性变形量增加。

（3）化合物杂质呈球状分布对塑性较好；呈片状、网状分布在晶界上时，使金属的塑性下降。

（4）经过热加工后的金属比铸态金属的塑性高。

3.2.1.3　铸造组织的影响

铸坯的塑性低，性能不均匀是来源于其化学成分和组织结构的不均匀。

（1）铸态材料的密度较低，这是因为在接近铸锭的头部和轴心部分，分布有宏观和微观的孔隙，沸腾钢钢锭有皮下气泡。

（2）用一般方法熔炼的钢锭，经常发现有害杂质（如硫、磷等）的很大偏析，特别是在铸锭的头部和轴心部分。

（3）对于大钢锭，枝晶偏析会有较大的发展。

（4）在双相和多相的钢与合金中，第二相组织会成为粗大的夹杂物，常常分布在晶粒边界上。

由于铸锭的化学成分和组织结构的不均匀，在压力加工时会产生不均匀变形，出现有害的附加应力，在这种应力的作用下，很容易在宏观或微观孔隙、脆性相以及在高温熔化的液态相处开裂。这就不难理解为什么铸锭的塑性低并且在其中心层塑性更差的事实。

微课　变形温度对塑性的影响

3.2.2　变形温度对塑性的影响

温度是影响塑性的最主要的因素之一。在确定新钢种压力加工工艺制度时的最主要内容之一，便是确定最好的热加工温度范围，一般采用塑性最高的温度范围而避开低塑性的温度范围。

不同的钢种，温度对其塑性的影响也不同。通过实验对很多常见的、有代表性的钢种进行了分析研究，最后将温度对典型合金钢塑性的影响归纳成五种基本规律，如图 3-11 所示。

（1）曲线 1 表示金属塑性随温度升高而增加，温度超过 1200 ℃ 以后，其塑性直线下降。大多数工业用钢诸如各种碳素钢与合金结构钢都属于这一类型。

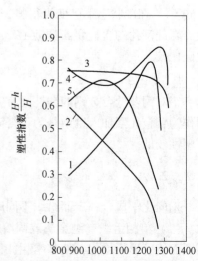

图 3-11　温度对合金钢塑性的影响

（2）曲线 2 表示金属的塑性随温度升高而降低，温度超过 900 ℃以后，下降趋势更加显著。这一曲线只适用于少数高合金钢，如 20~25 型不锈钢属于这一类。显然对这种合金钢加工非常困难。

（3）曲线 3 表示随温度升高塑性很少变化，滚动轴承钢就属于这种类型。

（4）曲线 4 表示在某一中间温度金属的塑性下降，而温度更高些或较低时都有较好的塑性，工业纯铁属于这一类。

（5）曲线 5 表示温度升高至某一中间温度时塑性较高，继续升高温度时塑性降低。这一情况正好与曲线 4 相反。

从上面的几种曲线变化可知，塑性随温度的升高而增加，只是在一定条件下才是正确的。这是因为变形温度的影响与金属本身的组织结构有密切的关系。例如，晶界条件随温度的升高而变化，使其晶粒与晶粒之间的联系可能减弱。就拿温度对碳素钢的塑性影响来说，总的趋势是随温度的升高，塑性增加。但是，在温度升高的全过程中，在某一温度范围内，塑性则是下降的，如图 3-12 所示。为了便于分析说明，用Ⅰ、Ⅱ、Ⅲ、Ⅳ表示塑性降低区，1、2、3 表示塑性增高区。

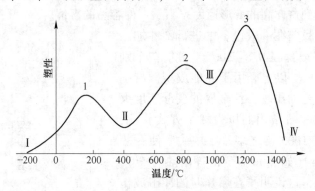

图 3-12　温度对碳素钢塑性的影响

在塑性降低区中：

（1）Ⅰ区——钢的塑性很低，在 -200 ℃时塑性几乎完全丧失，这大概是由于原子热运动能力极低所致。某些学者认为，低温脆性的出现，是与晶粒边界的某些组织组成物随温度降低而脆化有关，如含磷高于 0.08% 和含砷高于 0.3% 的钢轨，在 -40~-60 ℃已经变为脆性物体。

（2）Ⅱ区——位于 200~400 ℃，此区域也称为蓝脆区，即在钢材的断裂部分呈现蓝色的氧化色，因此称为"蓝脆"。还没有确切地弄清这个现象的原因，一般认为是某种夹杂物（如 Fe_3O_4）以沉淀的形式析出并渗入晶粒或存在于晶界所致。

（3）Ⅲ区——位于 800~950 ℃，称为热脆区。此区与相变发生有关。由于在相变区内有铁素体和奥氏体共存，产生了变形的不均匀性，出现附加拉应力，使塑性降低。也有人认为此区的出现是由于硫的影响，故称此区为红脆（热脆）区。

（4）Ⅳ区——接近于金属的熔化温度，此时晶粒迅速长大，晶间强度逐渐削弱，继续加热有可能使金属产生过热或过烧现象。

在塑性增加区：

（1）1 区——位于 100~200 ℃，塑性增加是由于在冷加工时原子动能增加的缘故（热振动）。

（2）2 区——位于 700~800 ℃，由于有再结晶和扩散过程发生，这两个过程对塑性都有好的作用。

（3）3 区——位于 950~1250 ℃，在此区域中没有相变，钢的组织是均匀一致的奥氏体。

图 3-12 以定性的关系说明了由低温至高温碳素钢塑性变化的过程，在生产中可以参考不同温度的塑性变化来指导生产。例如，热轧时应尽可能地使变形在 3 区温度范围内进行，而冷加工的温度则应为 1 区。

微课　变形
条件对塑
性的影响

3.2.3　变形速度对塑性的影响

关于变形速度对塑性的影响可用图 3-13 所示的曲线概括。一般认为在目前所能达到的变形速度，即变形速度不大时，随变形速度的提高塑性降低，如图 3-13 中的实线部分所示。如果在很高变形速度下，随着变形速度的提高塑性增加，如图 3-13 中的虚线部分所示。这主要是考虑到热效应对再结晶过程的促进作用所致。但在目前情况下，要达到这样高的变形速度，不是一件容易的事情。

最后指出，目前在一般设备上进行塑性加工时，变形速度一般都在 $0.8 \sim 300 \ \mathrm{s}^{-1}$，仅在个别情况下可达 $1000 \ \mathrm{s}^{-1}$ 以上。由于高能成型，特别是爆炸成型新工艺的出现，使金属的变形速度大大提高，与目前一般常用的压力加工方式相比，其变形速度约差 1000 倍之多。爆炸成型使一般不易加工的金属（如钛和不锈钢等耐热合金），可以良好地成型，这说明了在爆炸时的冲击波作用下，某些金属的塑性有所提高。有些资料认为，在这样高的变形速度下，金属可能具有符合流体动力学原理的流体性质。关于爆炸成型过程中的一些现象与变形机制，目前了解得仍很不够，值得进一步研究。

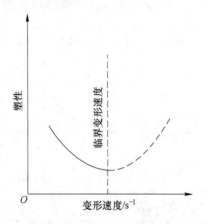

图 3-13　变形速度对塑性的影响

3.2.4　变形力学条件对塑性的影响

3.2.4.1　应力状态的影响

金属在塑性加工过程中，一方面其原子间有被拉开而产生裂纹的倾向，另一方面也有在一定方向沿滑移面产生滑移的趋势。后者发展成为宏观的塑性变形过程，而前者则在这一过程中，由细小的显微裂纹，最后发展成为断裂而迫使塑性加工过程中断。即裂纹与其传播是与塑性变形伴随在一起发生的。变形金属的应力状态能够起到促进或抑制其某一过程的进行和发展的作用。因此，应力状态对金属的塑性有着重要的影响。在进行压力加工的应力状态中，压应力个数越多，数值越大（即静水压力越大），金属塑性越高。反之拉应力个数越多、数值越大（静水压力越小），金属塑性越低。其影响原因归纳如下：

（1）三向压应力状态能遏止晶间相对移动，使晶间变形困难。晶间变形在没有修复机构（再结晶机构和溶解沉积结构）时，会引起晶间显微破坏的积累，从而引起多晶体迅速断裂。

（2）三向压应力状态能促使由塑性变形和其他原因而破坏了的晶内和晶间联系得到修复。随三向压应力的增加，显微裂纹被压合，金属变得致密。若温度足够，即使宏观破坏（组织缺陷）也可被修复。

（3）三向压应力状态能完全或局部地消除变形体内数量很少的某些夹杂物甚至液相对塑性不良的影响；反之在拉应力作用下，将在这些地方形成应力集中，促进金属破坏。

（4）三向压应力状态可以完全抵消或大大降低由不均匀变形而引起的附加拉力，使附加拉应力所造成的破坏作用减轻。

3.2.4.2　变形状态的影响

关于变形状态的影响，一般可用主变形图来说明。因为压缩变形有利于塑性的发挥，而延伸变形则相反，所以主变形图中压缩分量越多，对充分发挥金属的塑性越有利。

按此原则可将主变形图排列为：两向压缩一向延伸变形图的塑性最好，一向压缩一向延伸变形图的塑性次之，两向延伸一向压缩主变形图的塑性最差。

主变形图对塑性影响的这一规律可以认为：在实际的变形物体内不可避免地或多或少存在着各种缺陷，如气孔、夹杂、缩孔、空洞等。这些缺陷在两向延伸一向压缩的主变形图的影响下，就可能向两个方向扩展而暴露弱点，使点缺陷变为面缺陷，因而对塑性危害增大；但在两向压缩一向延伸的主变形图条件下，面缺陷可被压小变成线缺陷，使危害减小。

此外，由于主变形图影响变形物体内的杂质分布情况，会造成金属的各向异性。若按两向压缩一向延伸主变形图（拉拔、挤压等）变形，随变形程度增加，塑性夹杂（如 MnS）被延伸成条状或线状；脆性夹杂（如 Al_2O_3 等）被拉成点链状，这都会引起横向塑性指标和冲击韧性下降。若按两向延伸一向压缩主变形图（如镦粗和有宽展轧制等）变形，会使杂质沿厚度方向为层状排列，使厚度方向的性能变坏。

例如，轧制厚度大于 25 mm 的沸腾钢板，不论塑性指标或强度指标，在板厚方向都大大降低（强度约降低 15% 以上，塑性将降低达 80% 以上）。因此，当轧制厚度大于 25 mm 的厚板时，一般多用偏析较少的镇静钢。

综上所述，由三向压缩的主应力图和两向压缩一向延伸的主变形图所组合的变形力学图示，是对塑性最有利的压力加工方法。

虽然三向压应力状态能提高金属的塑性，但它同时也使单位压力增加。因此，要选择合适的加工方式，应视具体条件而定。例如，当加工低塑性金属时，提高金属塑性是主要的，这时宁肯能量消耗大些，也应采用有较强的三向压应力的压力加工过程，而在冷轧塑性较好的板带钢时，轧出厚度更薄和尺寸更精确的产品则是主要的，这时为了减少单位压力，尽管带张力轧制对轧件塑性不利，也应采用此法。

3.2.5　分析提高塑性的途径

要提高金属的塑性，必须设法增加对塑性有利的因素，同时要减少或避免不利的因素。归纳起来，提高塑性的主要途径有以下几个方面：

（1）控制金属的化学成分。即将对塑性有害的元素含量降到最下限，加入适量有利于塑性提高的元素。

（2）控制金属的组织结构。尽可能在单相区内进行压力加工，采取适当工艺措施，使组织结构均匀，形成细小晶粒，对铸态组织的成分偏析、组织不均匀应采用合适的工艺来加以改善。

（3）采用合适的变形温度-速度制度。其原则是使塑性变形在高塑性区内进行，对热加工来说应保证在加工过程中再结晶得以充分进行。当然，对某些特殊的加工过程，如控制轧制，有的要延迟再结晶进行。

（4）选择合适的变形力学状态。在生产过程中，对某些塑性较低的金属，应选用具有强烈三向压应力状态的加工方式，并限制附加拉应力的出现。

🏅 钢铁名人

工业生产中，"大国重器"所需的许多大锻件，如核电压力容器、大型船用曲轴等都是先做出大钢锭，再由钢锭加工成型，钢锭的质量至关重要。过去我国大型钢锭生产存在不少缺陷，质量不稳定，导致许多大锻件严重依赖进口。

中国科学院金属研究所沈阳材料科学国家研究中心先进钢铁材料研究部主任、研究员李殿中自入选中国科学院院级人才计划，被引进到金属研究所工作起，就组建科研团队向着难题攻关。

为了弄清楚钢锭性能问题是如何发生的，李殿中决定把钢锭剖开，看个究竟。然而，这一大胆的想法遭到了很多人质疑，这是因为解剖钢锭不仅成本高，而且周期很长，没有哪个项目经得起白白耗费时间。但李殿中坚信要解决问题必须做好基础研究的源头工作。最终，他的想法得到了企业的支持，直径 2.4 m、高 3.5 m、单重 100 多吨的大钢锭被一剖为二。从横断面上看，钢锭成分分布不均匀，内部存在孔洞和裂纹，这是导致其易报废的主要原因。这些孔洞和裂纹又是怎么来的呢？

"经过分析，我们发现成分不均匀导致的偏析缺陷和钢中的氧密不可分。控制钢水中的氧含量，就能显著降低通道偏析的数量和尺寸，实现钢的性能提升。"2014 年，李殿中根据实验结果撰写的论文在《自然·通讯》杂志发表，引发了学界较大反响，"控氧可有效控制偏析"机理成为行业共识。

基础理论的创新，带动了一系列关键核心技术迅猛发展。终于，在李殿中团队的不懈努力下，2023 年 4 月 6 日，在辽宁沈阳地铁 1 号线施工场内，随着一阵机械的轰鸣，应用国产大型主轴承的盾构机破土而出。

从"大型船用曲轴"到"三峡水轮机转轮"，再到"核电压力容器"，经过 20 余年的接力创新，李殿中用锲而不舍的钻研精神带领团队突破了一个又一个难题，为我国核电、水电、船舶、盾构等领域大构件国产化做出了突出贡献。他的研究成果在全国重机和特殊钢等行业的 50 余家企业成功应用，为企业新增产值数百亿元。

凭着对初心的坚守、对事业的执着、对创新的追求，李殿中用一名科技工作者的实际行动，为伟大祖国早日建设成为世界科技强国贡献着自己的力量。

🧪 实验任务

轧制过程中带钢出现裂纹

一、实验目的

通过实验掌握轧制过程中，由于变形的不均匀而出现的裂纹情况和浪形情况，分析出具体原因，然后对轧机进行调整，避免裂纹和浪形的产生。

二、实验仪器设备

ϕ130 mm/150 mm 实验轧机，测量尺寸的工具，铅板和铝板试件。

三、实验说明

金属塑性变形时，物体内的变形是不均匀分布的，由于物体内各层的不均匀变形受到物体整体性的限制，从而引起其间的附加应力。在大变形的部位将产生附加压应力，在小变形的部位将产生附加拉应力。在薄带钢的轧制时，附加压应力将造成板形不良，附加拉应力将造成裂纹的出现。

四、实验步骤

轧件的形状使得轧出现裂纹和浪形、上轧辊不水平出现的浪形和跑偏。

（1）准备好四块完全相同的矩形铅板，铅板的厚度为 0.5 mm。如果铅板的厚度较厚，应该先在轧机上轧成所需要的尺寸，但是，在轧制过程中如果轧件的厚度较大，需轧几道次轧到所需的尺寸，不允许一次轧成。

（2）把第一块矩形铅板一边向里弯折，且折叠部分较宽，调整轧机的辊缝为 0.2 mm，然后在平辊上对中轧制，观察轧制后轧件出现什么现象。

（3）把第二块矩形铅板两边向里弯折，且折叠部分较宽，然后在平辊上对中轧制，轧制时需要人工给轧件向后的一个拉力，观察轧制后轧件出现什么现象。

（4）把第三块矩形铅板横向折叠，且折叠部分较宽，然后在平辊上对中轧制，观察轧制后轧件出现什么现象。

（5）准备一块铝板条，铝条的尺寸又薄又窄，厚度大概为 0.1 mm，宽度视情况而定，将第四块铅板包住铝条，然后调整辊缝在轧机上对中轧制，轧完后，剥开铅板，观察铝的形貌。注意：在铅包铝时，需要铝要露出头，以便轧后容易剥开铅片。

根据轧钢过程中出现的裂纹情况，分析原因，找出解决方案，并对轧机进行调整。

五、注意事项

（1）操作前，要检查轧机状态是否正常，排查实验安全隐患。

（2）每块试件前端（喂入端）形状应正确，各面保持 90°，无毛刺，不弯曲。

（3）喂入料时，切不可用手拿着喂入轧机，需手持木板轻轻推入。

完成实验后，撰写实验报告。

📋 本章习题

一、选择题

（1）对于普碳钢来讲，以下属于塑性降低区的是（　　）。

    A. 100~200 ℃　　　B. 200~400 ℃　　　C. 700~800 ℃　　　D. 950~1250 ℃

（2）对于普碳钢来讲，以下属于塑性增加区的温度范围为（　　）。

    A. −200 ℃　　　　B. 200~400 ℃　　　C. 700~800 ℃　　　D. 800~950 ℃

（3）含铜钢表面的铁在加热过程中先进行氧化，使该处的浓度逐渐增加，当加热温度超过富铜相的熔点（1085 ℃左右）时，表面的富铜相便发生熔化，渗入金属内部晶粒边界，削弱了晶粒间的联系，在外力作用下便发生（　　）。

    A. 白点　　　　　B. 红脆　　　　　C. 热脆　　　　　D. 龟裂

（4）沿晶界分布的氧化物共晶体，随温度的升高会软化或熔化，削弱了晶粒之间的联系而出现的现象称为（　　）。

    A. 龟裂　　　　　B. 红脆　　　　　C. 冷脆　　　　　D. 时效脆性

（5）对于含氢量较多的钢种热加工后又较快冷却，会使从固溶体析出的氢原子来不及向钢表面扩散，而集中在晶界、缺陷和显微孔隙等处而形成氢分子（在室温下原子氢变为分子氢，这些分子氢不能扩散）并产生相当大的应力。在组织应力、温度应力和氢析出所造成的内应力的共同作用下会出现微细裂纹，即（　　）。

    A. 白点　　　　　B. 热脆　　　　　C. 时效脆性　　　D. 龟裂

（6）若将含氮量较高的钢自高温较快地冷却时，会使铁素体中的氮过饱和，并在室温或稍高温度下，氮将逐渐以 Fe_4N 形式析出，造成钢的强度、硬度提高，塑性、韧性大大降低，使钢变脆，这种现象称为（　　）。

    A. 冷脆　　　　　B. 热脆　　　　　C. 时效脆性　　　D. 龟裂

（7）硫是钢中有害杂质，在钢中添加足够数量的（　　）便可消除硫的有害作用。

    A. Si　　　　　　B. Mn　　　　　　C. P　　　　　　D. C

二、判断题

（1）普碳钢在奥氏体区轧制最有益于发挥塑性。　　　　　　　　　　　（　　）

（2）减小摩擦可以减小变形的不均匀性，减小金属内部产生的附加拉应力，提高金属的塑性。　　　　　　　　　　　　　　　　　　　　　　　　　　　（　　）

（3）含硫的钢中，加入适量 Mn 元素有利于塑性提高。　　　　　　　　（　　）

（4）变形不均匀使得金属内部产生附加应力，其中的附加拉应力会促使裂纹产生，降低金属的塑性。　　　　　　　　　　　　　　　　　　　　　　　　（　　）

（5）在进行压力加工的应力状态中，压应力个数越多，数值越大，金属塑性

越高。 　　　　　　　　　　　　　　　　　　　　　　　　　　　（　　　）

（6）普通碳素钢在温度位于 950~1250 ℃ 的范围内没有相变，钢的组织是均匀一致的奥氏体，属于塑性增加区。 　　　　　　　　　　　　　　　（　　　）

（7）普碳钢在温度 700~800 ℃ 为塑性增加区，由于有再结晶和扩散，对塑性都有好的作用。 　　　　　　　　　　　　　　　　　　　　　（　　　）

（8）经过热加工后的金属比铸态金属的塑性差。 　　　　　　　　　（　　　）

（9）化合物杂质呈球状分布对塑性较好；呈片状、网状分布在晶界上时，使金属的塑性下降。 　　　　　　　　　　　　　　　　　　　　　　（　　　）

（10）金属的柔软性好，塑性一定好。 　　　　　　　　　　　　　　（　　　）

（11）当钢在 800~1200 ℃ 范围内进行塑性加工时，由于晶界处的硫化亚铁共晶体塑性低或发生熔化而导致加工件开裂，这种现象称为热脆。 　　　　　（　　　）

（12）磷能溶于铁素体中，使钢的强度、硬度增加，但塑性、韧性则显著降低。这种脆化现象在低温时更为严重，故称为冷脆。 　　　　　　　　　（　　　）

（13）容易出现白点的钢种的连铸坯可以热送热装。 　　　　　　　（　　　）

（14）拉伸试验时的伸长率（δ）与断面收缩率（ψ）可以作为表示金属与合金塑性变形性能的主要指标。 　　　　　　　　　　　　　　　　　（　　　）

（15）同一金属或合金，由于变形条件不同，可能表现有不同的塑性，甚至由塑性物体变为脆性物体，或由脆性物体转变为塑性物体。 　　　　　　（　　　）

（16）钢的单相组织比多相组织塑性好。 　　　　　　　　　　　　（　　　）

（17）变形抗力大的塑性一定差。 　　　　　　　　　　　　　　　（　　　）

（18）硬度是衡量塑性大小的指标之一。 　　　　　　　　　　　　（　　　）

（19）碳对钢塑性影响规律一般为：随着碳和杂质含量增加，金属的塑性提高。 　　　　　　　　　　　　　　　　　　　　　　　　　　　　　（　　　）

（20）N 具有极大的偏析倾向，这会使局部含 N 量增高，造成该区域为冷脆的发源地。 　　　　　　　　　　　　　　　　　　　　　　　　　（　　　）

（21）受单向拉伸的大理石是脆性物体，但在较强的平均应力下压缩却能产生明显的塑性变形而不破坏。 　　　　　　　　　　　　　　　　　（　　　）

（22）钢中含铜量达到 0.15%~0.30% 时，钢表面会在热加工中产生时效脆性。 　　　　　　　　　　　　　　　　　　　　　　　　　　　　　（　　　）

（23）晶粒细化不利于提高金属的塑性。 　　　　　　　　　　　　（　　　）

（24）选用具有强烈三向压应力状态的加工方式不利于塑性的发挥。 （　　　）

（25）在单相区内进行压力加工对塑性不利。 　　　　　　　　　　（　　　）

（26）普通碳素钢在 100~200 ℃ 为蓝脆区，即在钢材的断裂部分呈现蓝色的氧化色，因此称为"蓝脆"。 　　　　　　　　　　　　　　　　　（　　　）

（27）变形温度提高，金属的塑性提高。 　　　　　　　　　　　　（　　　）

（28）普通碳素钢在 800~950 ℃ 为热脆区，此区与相变发生有关。由于在相变区内有铁素体和奥氏体共存，产生了变形的不均匀性，出现附加拉应力，使塑性降低。 　　　　　　　　　　　　　　　　　　　　　　　　　　（　　　）

（29）一般认为变形速度不大时，随变形速度的提高塑性降低。 　（　　　）

三、简答题

（1）在轧制槽钢时，腰部出现中部拉裂，解释原因。

（2）分析采用凹形轧辊轧制塑性不好的板材时产生中间裂的原因。

（3）分析采用凸形轧辊轧制塑性不好的板材时产生边裂的原因。

（4）轧制塑性较低的钢锭，当均热时间不足时，分析钢锭中心区产生裂纹的原因。

（5）以凸形轧辊轧制矩形坯为例分析附加应力的产生。

（6）画图并叙述温度对碳素钢塑性的影响。

（7）在生产中可采用哪些措施提高合金的塑性？

（8）容易变形的金属，说明它的塑性也好，这样理解对吗，为什么？

模块 4　变形中的宽展问题

任务背景

在轧制过程中，轧件在高度方向被压下的金属，将沿纵向和横向流动而形成延伸和宽展。很多轧制过程中都要考虑宽展问题。例如，在型材的轧制时，由于轧制条件的不断变化，轧制时的宽展量会出现 3 种情况：（1）宽展出来的金属正好充满孔型，说明预定的宽展量正确；（2）孔型没有充满，说明宽展量预定得过大；（3）孔型过充满，轧件出耳子，说明宽展量预定得过小。对于轧制规程制定要考虑到宽展的大小，以轧出规定规格的产品。

学习任务

掌握一些因素对轧件宽展的影响规律，当轧制时的轧件宽展不符合要求时，改变轧制条件，使得宽展大小发生变化，最终得到宽度尺寸合适的轧件。

关键词

体积不变定律；最小阻力定律；宽展；自由宽展；限制宽展；强迫宽展；滑动宽展；翻平宽展；鼓形宽展；宽展的影响因素。

任务 4.1　认识体积不变定律及其应用

4.1.1　体积不变定律

质量守恒定律是自然的基本定律之一。物体的质量等于体积和密度的乘积。因此，在塑性加工过程中，只要金属的密度不发生变化，或者在金属密度的变化可以忽略不计的情况下，那么变形前后的体积就不会产生变化。在金属塑性加工的理论研究和实际计算中，通常认为变形前后金属的体积保持不变。这是变形计算的一个基本依据。设变形前金属的体积为 V_0，变形后的体积为 V_1，则有

$$V_0 = V_1 = 常数 \tag{4-1}$$

实际上，金属在塑性变形过程中，其体积会有一些变化，这是由于：

（1）在轧制过程中，金属内部的缩孔、气泡和疏松被焊合，密度提高，因而改变了金属体积。例如，铸造状态下的沸腾钢锭，热轧前密度为 $6.9~\text{t/m}^3$，经轧制后为 $7.85~\text{t/m}^3$，体积约减少 13%，但继续加工时则始终保持不再改变。镇静钢锭和连铸坯的密度一般在 $7.6~\text{t/m}^3$ 左右，经轧制后其体积的变化约为 3%。也就是说，除了内部有大量存在气泡的沸腾钢锭（或有缩孔及疏松的镇静钢锭、连铸坯）的前期

加工外，在其他的热加工时，金属的体积是不变的。

（2）在热轧过程中金属因温度变化而发生相变以及冷轧过程中金属组织结构被破坏，也会引起金属体积的变化，不过这种变化都极为微小。例如，冷加工时金属的密度减少 $0.1\% \sim 0.2\%$。不过这些在体积上引起的变化是微不足道的，况且经过再结晶退火后其密度仍然恢复到原有的数值。

4.1.2　体积不变定律的应用

虽然体积不变定律是有条件和相对的，但是，这个定律对于金属塑性变形加工过程中的一系列问题，提供了分析问题的方便条件。

例如，在轧制过程中，对于确定每一道次的轧件尺寸以及各道次的变形程度等，都是基于体积不变为前提而确定的。

体积不变定律可以应用于以下情况：

（1）确定轧制后轧件的尺寸。设矩形坯料的高、宽、长分别为 H、B、L，轧制以后的轧件的高、宽、长分别为 h、b、l（见图 4-1），根据体积不变条件，则

$$V_1 = HBL$$
$$V_2 = hbl$$

即　　　　　　$$HBL = hbl$$

在生产中，一般坯料的尺寸均是已知的，如果轧制以后轧件的高度和宽度也已知时，则轧件轧制后的长度是求的，即

$$l = \frac{HBL}{hb}$$

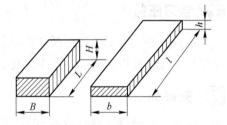

图 4-1　矩形断面工件加工前后的尺寸

同样在轧制圆柱形的物体、环形断面以及复杂断面的型材时，均可利用体积不变定律的关系式进行计算其中某一个数据。

（2）利用体积不变定律的数学关系式，可以提高加工产品金属的收得率。如在轧制中已知产品的尺寸，可以反过来确定使金属的消耗最小的坯料尺寸。齿轮的轧制，就是利用这个关系确定的坯料尺寸。

（3）在连轧生产中，如果轧制时每架轧机上轧件出口的断面积 F_1、F_2、$\cdots$、F_n 为已知，只要知道其中某一架轧辊的速度（连轧时，成品机架的轧辊线速度是已知的），则其余的轧辊速度均可一一求出。

连轧生产中，为了保证每架轧机之间不产生堆钢和拉钢，则必须使单位时间内金属从每架轧机间流过的体积保持相等，即

$$F_1 v_1 = F_2 v_2 = \cdots = F_n v_n \tag{4-2}$$

式中　F_1，F_2，$\cdots$，F_n——每架轧机上轧件出口的断面积；

　　　　v_1，v_2，$\cdots$，v_n——各架轧机上轧件的出口速度，它比轧辊的线速度稍大，但可看作近似相等。

如果轧制时 F_1、F_2、$\cdots$、F_n 为已知，只要知道其中某一架轧辊的速度（连轧时，成品机架的轧辊线速度是已知的），则其余的转数均可一一求出。

例 4-1　轧 50 mm×5 mm 角钢，原料为连铸方坯，其尺寸为 120 mm×120 mm×3000 mm，已知 50 mm×5 mm 角钢每米理论重 3.77 kg，密度为 7.85 t/m³，计算轧后长度 l 为多少？

解：

坯料体积　　　$V_0 = 120 \times 120 \times 3000 = 4.32 \times 10^7$ mm³

50 mm×5 mm 角钢每米体积为 $3.77 \div (7.85 \times 10^3 \div 10^9) = 480 \times 10^3$ mm³

由体积不变定律可得

$$4.32 \times 10^7 = 480 \times 10^3 \times l$$

轧后长度　　　　　　　　　$l \approx 90$ m

例 4-2　某轨梁轧机上轧制 50 kg/m 重轨，其理论横截面积为 6580 mm²，孔型设计时选定的钢坯断面尺寸为 325 mm×280 mm，要求一根钢坯轧成三根定尺为 25 m 长的重轨，计算合理的钢坯长度应为多少？

根据生产实践经验，选择加热时的烧损率为 2%，轧制后切头、切尾及重轨加工余量共长 1.9 m，根据标准选定由于钢坯断面的圆角损失的体积为 2%。由此可得轧后轧件长度应为

$$l = (3 \times 25 + 1.9) \times 10^3 = 76900 \text{ mm}$$

由体积不变定律可得

$$325 \times 280L(1 - 2\%)(1 - 2\%) = 76900 \times 6580$$

由此可得钢坯长度：

$$L = \frac{76900 \times 6580}{325 \times 280 \times 0.98^2} = 5673 \text{ mm}$$

故选择钢坯长度为 5.7 m。

任务 4.2　认识最小阻力定律及其应用

根据体积不变定律可知，在轧制过程中，轧件在高度方向被压下的金属，将向纵向和横向流动而形成延伸和宽展。

由于加工条件的状况不同（如轧辊直径、轧件宽度及摩擦系数的不同等），即使在压下量相同的情况下进行轧制，产生的延伸和宽展值也是不可能完全相同的。想要了解延伸与宽展的关系情况，就必须根据外界的条件对延伸与宽展起何作用进行分析，才能知道变形区内金属质点的流动规律。

最小阻力定律，就可以很好地说明金属质点的流动方向，并指出流动方向与应力之间的近似关系，为生产实践中估计宽展和延伸值的大小创造了有利条件。

4.2.1　最小阻力定律

微课　最小
阻力定律

实践证明，物体在变形过程中，其质点有向各个方向移动的可能时，则物体内的各质点将是沿着阻力最小的方向移动，这就是通常所讲的最小阻力定律的定义。

根据最小阻力定律，金属塑性变形加工时，金属各部分的质点移动和移动阻力之间，存在着简单的近似关系，即移动值与阻力间的反比关系。因此，可以认为最

大主变形方向将是大多数金属质点遇到的阻力最小方向。由于该定律是金属塑性变形过程中的一个普遍规律，那么将如何判断最小阻力的方向？为此，通过下面的实际应用例子来阐明和分析这个问题。

4.2.2　矩形六面体的镦粗

图 4-2 为多次塑压矩形断面柱体时，其断面的变化情况。由图 4-2 可以看出，随着压缩量的增加，矩形断面逐渐变成多面体、椭圆和圆形断面。

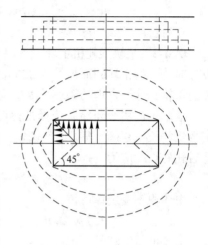

对于这个现象如何来认识？根据最小阻力定律，如果两个方向的外部条件相同，则每个质点将向最小阻力方向移动。那么，在图示中进行塑压时，什么方向是最小阻力的方向？如果柱体表面状况相同，那么这个方向应该是该质点向断面轮廓所做的最短法线方向，因此，该质点在其法线方向上将受到最小的阻力。由此克服质点移动的功也将是最小的。

因为角平分线上的质点到两个周边的最短法线长度是相等的，所以用角平分线的方法把矩形断面划分为四个流动区域——两个梯形和两个三角形。那么，在该线上的金属质点向两个周边流动的趋势也是相等的。

图 4-2　塑压矩形断面柱体变化规律

由图 4-2 可见，每个区域内的金属质点，将向着垂直矩形各边的方向移动。由于向长边方向移动的金属质点较向短边移动得多，故当压缩量增大到一定程度时，将使变形的最终断面变形为圆形。因为任何断面的周边长度，均以圆为最小极限。所以最小阻力定律在数学中称为最小周边定律。按此分析，可以得出结论：任何断面形状的柱体，当塑压量很大时，最后都将变成圆形断面。这个结论通过长期的大量实践得到了充分证明。

4.2.3　轧制生产中的情况

如果在轧制过程中，除轧辊直径不相同外，其他所有的条件均相同时，轧件在宽展和延伸方向的变化将如何？由于轧辊的直径不相同，必然会使轧件的宽展和延伸的变化不同，如图 4-3 所示。

从图 4-3 中可以清楚地看到，在压下量相同的情况下，轧件在变形区中的延伸方向接触弧长度是不同的。大轧辊直径比小轧辊直径的接触弧长度要大，因此，在该方向上产生的摩擦阻力也是大辊径比小辊径的大，故在这两种辊径下轧出来的轧件尺寸除厚度相同外，其长度和宽度是不

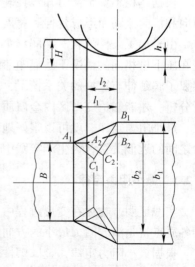

图 4-3　轧辊直径对宽展的影响

相同的。一般大辊径轧出的轧件长度比小辊径轧出来的要小，而宽度则是大辊径比小辊径轧出来的大一些。对于这个结论还可以从图 4-3 中看出，向宽度方向流动的三角形面积是 $A_1B_1C_1$ 较 $A_2B_2C_2$ 大，面积大说明向该方向流动的金属质点就多，因而也导致了宽度的增大。

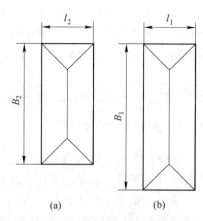

图 4-4　轧件宽度对宽展的影响

　　根据上述同样的道理，可以分析在其他条件相同的条件下，轧件的宽度不同得到的宽展也是不相同的。

　　由图 4-4 可以看出：由于等分角线所构成的三角形面积相等，因此，两者在向宽度方向流动的质点数目是一样多的。但是它们与整个接触面上质点数目相比，显然在图 4-4（a）情况下的比值较图 4-4（b）情况下要大，另外由于变形时所有质点的流动都要相互制约，因此图 4-4（b）情况下质点向宽度方向的移动比图 4-4（a）情况受到的制约要强些，故造成的宽展量图 4-4（b）情况较图 4-4（a）情况要小。

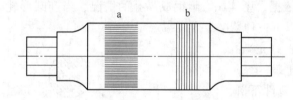

图 4-5　轧辊表面状态对纵横变形的影响

　　在轧钢生产中，看到的总是轧件在长度方向的尺寸较宽度方向要大得多，为什么会产生这个现象？这主要是由于轧辊的形状和表面状态引起的。如图 4-5 所示，在具有横槽（a 部分）的部分轧制时，金属的延伸将受到限制而使宽展增加；当在具有环形槽（b 部分）的情况下轧制时，则金属向宽度方向的移动将受到阻碍而容易延伸。但是即使轧辊的表面很光滑，由于表面加工的特点，仍然会存在不同程度的环形槽，造成金属质点横向移动较纵向移动困难，因而使金属变形容易延伸。

　　另外，在轧制情况下，由于轧件在变形区内与轧辊在纵横方向的接触状况不相同，纵向为圆弧状接触，而横向为直线型的平面接触，由最小阻力定律可知，圆弧状造成的线性阻力较直线型的阻力小，因而造成了金属变形容易沿着纵向延伸。

　　最后还应该指出，在一般情况下，轧件在变形区内的纵横比是小于 1 的，它也说明了变形区内金属质点向着边界距离最短方向流动。由于纵向的边界距离短，因此，质点在该方向的流动阻力最小，导致了延伸增加、宽展减小。

微课　宽展的
概念及种类

任务 4.3　分辨宽展的种类和组成

4.3.1　宽展的概念

　　金属在轧制过程中，轧件在高度方向上被压缩的金属体积将流向纵向和横向。

流向纵向的金属使轧件产生延伸，增加轧件的长度；流向横向的金属使轧件产生横向变形，称之为横变形。通常把轧制前、后轧件横向尺寸的绝对差值，称为绝对宽展，简称为宽展。以 Δb 表示。即

$$\Delta b = b - B \tag{4-3}$$

式中 B，b——轧前与轧后轧件的宽度。

4.3.2 研究宽展的意义

根据给定的坯料尺寸和压下量，来确定轧制后产品的尺寸，或已知轧制后轧件的尺寸和压下量，要求定出所需坯料的尺寸。

这是在拟定轧制工艺时首先遇到的问题。要解决这类问题，首先要知道被压下的金属体积是如何沿轧制方向和宽度方向分配的，亦即如何分配延伸和宽展的。这是因为只有知道了延伸和宽展的大小以后，按照体积不变条件才有可能在已知轧制前坯料尺寸及压下量的前提下，计算轧制后产品的尺寸，或者根据轧制后轧件的尺寸来推算轧制前所需的坯料尺寸。由此可见，研究轧制过程中宽展的规律，具有很重要的实际意义。

另外，宽展在实际生产中和孔型设计时得到了广泛的应用。例如，宽展量 Δb 是确定孔型宽度或来料宽度的主要依据。图 4-6 为圆钢成品孔的情况，当椭圆形轧件进入圆形成品孔轧制时可能出现以下三种情况。

第一种情况：宽展出来的金属正好充满孔型，说明宽展量或来料宽度选择得正确。

第二种情况：孔型没有充满，轧件不圆，说明宽展量预定得过大，或来料宽度选择小了。

第三种情况：孔型过充满，轧件出耳子，说明宽展量预定得小或来料宽度选择大了。

以上第一种情况最理想。故在型钢轧制过程中，需要解决的主要问题就是宽展后孔型的未充满或过充满现象。

此外，正确估计宽展值，对于实现负公差轧制，改善技术经济指标亦有着重要的保证。

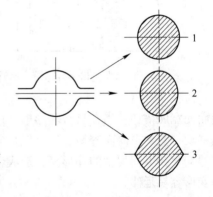

图 4-6 圆钢轧制时可能出现的三种情况
1—正常；2—充不满；3—过充满

4.3.3 宽展的种类

在不同的轧制条件下，坯料在轧制过程中的宽展形式是不同的。根据金属沿横向流动的自由程度，宽展可分为自由宽展、限制宽展和强迫宽展。

4.3.3.1 自由宽展

坯料在轧制过程中，被压下的金属体积可以自由宽展的量称为自由宽展。此时，金属流动除来自轧辊的摩擦阻力外，不受任何其他的阻碍和限制。因此，带自由宽展的轧制是轧制变形中最简单的情况。在平辊上或者是沿宽度上有很大富余的扁平

孔型内轧制时属于这种情况，如图 4-7 所示。

图 4-7 自由宽展

4.3.3.2 限制宽展

坯料在轧制过程中，被压下的金属与具有变化辊径的孔型两侧壁接触，孔型的侧壁限制着金属横向自由流动，轧件被迫取得孔型侧边轮廓的形状。在这样的条件下，轧件得到的宽展是不自由的，横向移动的金属质点，除受摩擦阻力的影响之外，还不同程度地受到孔型侧壁的限制，如图 4-8 所示。此外，在斜配孔型内轧制时，宽展可能为负值，如图 4-9 所示。

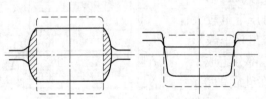

图 4-8 限制宽展

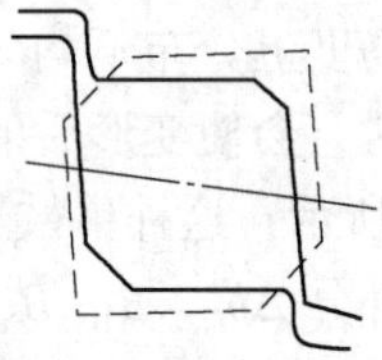

图 4-9 在斜配孔型内的宽展

采用限制宽展进行轧制，可使轧件的侧边受到一定程度的加工。除能提高轧件的侧边质量外，还可保证轧件的断面尺寸精确，外形规整。

4.3.3.3 强制宽展

坯料在轧制过程中，被压下的金属体积受轧辊凸峰的切展而强制金属横向流动，使轧件的宽度增加，这种变形叫作强制宽展，也称强迫宽展。在立轧孔内轧制钢轨时是强制宽展的最好例子，如图 4-10（a）所示。轧制扁钢时，采用的"切展"孔型也是说明强制宽展的实例，如图 4-10（b）所示。借助于强制宽展可以使用宽度

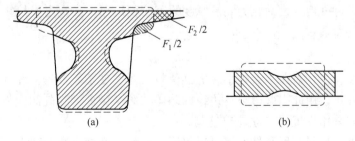

图 4-10 强迫宽展
（a）钢轨底层的强迫宽展；（b）切展孔型的强迫宽展

较小的钢坯，轧制成宽度较大的成品，而在自由宽展条件下是不能达到所需宽度的。应当指出：由于强制宽展是在剧烈的不均匀变形条件下的产物，故在一般轧制条件下很少使用，特别是后者。实际上，在有不均匀压缩的变形条件下，就可能有不同程度的强制宽展。

确定金属在孔型内轧制时的宽展是十分复杂的，尽管做过许多的研究工作，但限制宽展或强迫宽展在孔型内金属流动的规律还不十分清楚。

4.3.4　宽展的组成

微课　宽展的
组成和分布

4.3.4.1　宽展沿横断面高度的分布

在简单压缩条件下，当摩擦系数 $f=0$ 时，宽展沿试件高度均匀分布，即原来是矩形断面的试件，变形后仍为矩形。但这种情况是不可能存在的，因接触面不可能没有摩擦存在。在轧制时，没有摩擦就不可能咬入，当然也不能进行轧制。

由于接触面上存在摩擦阻力，接触面附近金属的横向流动必然比离接触面较远的金属小些，即宽展沿高度上分布不均匀。当相对压下量较大，变形深透时，会使变形后的轧件边缘出现单鼓形。如图 4-11 所示，这种单鼓形宽展由三部分组成。

第一部分 $\Delta b_1 = B_1 - B$，是轧件在轧辊的接触表面上，由于产生相对滑动使轧件宽度增加的部分，称为滑动宽展。

第二部分 $\Delta b_2 = B_2 - B_1$，称为翻平宽展，是由于接触面摩擦阻力的原因，使轧件侧面的金属在变形过程中翻转到接触表面上来。翻平宽展可由实验证实它的存在，并测量它的大小。在轧件的上下表面涂以黑色颜料，轧制后在轧件的上下表面会出现两条非黑色的窄条边缘，其宽度之和即为翻平宽展。

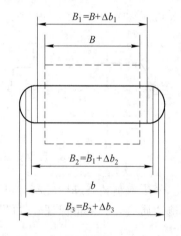

图 4-11　宽展沿轧件断面高度的分布

第三部分 $\Delta b_3 = B_3 - B_2$，为轧件侧面变为鼓形而产生的宽度增加量，称为鼓形宽展。

显然，轧件的总宽展量为 $\Delta b = \Delta b_1 + \Delta b_2 + \Delta b_3$。

通常将轧件轧后断面简化为同一厚度的等面积矩形，其宽度 b 与轧前宽度 B 之差，称为平均宽展：

$$\overline{\Delta b} = b - B \tag{4-4}$$

前已述及，当相对压下量较小、H/D 值较大时，变形不深透，轧件轧后侧面产生双鼓形，并可能由此引起边裂及边缘凹陷等缺陷。因此，在轧制大板坯时，为减少此缺陷，应采用立辊（或立轧）轧制。

滑动宽展、翻平宽展和鼓形宽展的数值，依赖于摩擦系数和变形区几何参数的变化而不同。它们有一定的变化规律，但至今定量的规律尚未掌握，只能依靠实验和初步的理论分析，了解它们之间的定性关系。

例如，摩擦系数 f 值越大，不均匀变形越严重，此时滑动宽展越小，相应的翻平宽展和鼓形宽展的值就越大。各种宽展与变形区几何参数之间的关系可由图 4-12 得出，当 $l/\bar{h}$ 值越小时，例如初轧的最初道次，滑动宽展越小，而翻平宽展和鼓形宽展占主导地位。这是因为当 $l/\bar{h}$ 值越小，黏着区越大，接触面金属的滑动难以进行，故宽展主要由鼓形宽展和翻平宽展组成。

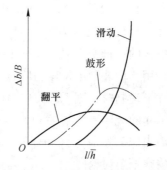

图 4-12　各种宽展与 $l/\bar{h}$ 值的关系

4.3.4.2　宽展沿轧件宽度的分布

宽展沿宽度分布的理论有两种假说。第一种假说认为，宽展沿轧件宽度是均匀分布的。这种假说认为，当轧件在宽度上均匀压下时，由于外区的作用，各部分延伸也是均匀的。根据体积不变条件，在轧件宽度上各部分的宽展也应均匀分布。这就是说，若轧制前把轧件在宽度上分成几个相等的部分，则在轧制后这些部分的宽度仍应相等，如图 4-13 所示。

实验指出，对于宽而薄的轧件，宽展很小甚至忽略不计时，可以认为宽展沿宽度均匀分布。其他情况，尤其对厚而窄的轧件，宽展均匀分布假说不符合实际。因此，这种假说是有局限性的。

第二种假说认为，变形区可以分为四个区域，两边的区域为宽展区，中间为前后两个延伸区，如图 4-14 所示。

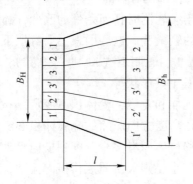

图 4-13　宽展沿宽度均匀分布的假说

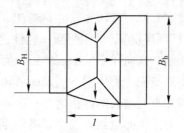

图 4-14　变形区分区图示

变形区分区假说也不完全准确。许多实验均证明变形区中金属质点的流动轨迹，并不严格按所画的区间流动。但它能定性描述变形时金属沿横向和纵向流动的总趋势。如宽展区在整个变形区面积中所占面积大，则宽展就大；并且认为宽展主要产生于轧件边缘，这是符合实际的。这个假说便于说明宽展现象的性质，可作为推导宽展计算公式的原始出发点。

4.3.4.3　宽展沿变形区长度的分布

如图 4-15 所示，当轧件咬入后再减小轧辊辊缝，使轧件在 $\alpha>\beta$ 条件下轧制时，由于工具形状的影响，变形区中后滑区靠近轧件入口处有拉应力区存在。拉应力区也是后滑区的一部分，拉应力区由于纵向拉应力的作用，使轧制单位压力降低。而当在 $\alpha \leqslant \beta$ 条件下轧制时，则无此拉应力区。

实验表明，宽展主要集中在后滑区的非拉应力区，拉应力区和前滑区都很小。其原因将在下节讨论。

总之，宽展沿轧件高度、宽度及变形区长度上的分布，都是不均匀的。它是一个复杂的轧制现象，受很多因素影响。

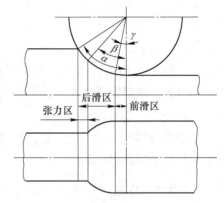

图 4-15　宽展沿变形区长度分布

微课　宽展的
影响因素 1

任务 4.4　分析影响宽展的因素及改善措施

影响宽展的因素很多，情况极其复杂，到目前为止，还没有找到一个规律性的，普遍适用的计算宽展量的公式和方法。因此，往往都是凭经验和工厂数据初步确定宽展量，并采取边试轧、边修改的办法，使孔型达到正确的充满，以获得要求的轧件尺寸。

由于条件性很强，定量是困难的，然而为了主动找出误差的原因，了解和分析影响宽展的因素，对于孔型设计和实际轧制工作都是有益的。

宽展量的大小，取决于轧制时的很多因素。轧制时任何条件的改变，都将引起宽展量大小的变化，有的影响比较显著，有的轻微些。这些因素主要有压下量 Δh、轧件高度 h 或 H、轧件宽度 b 或 B、轧辊直径 D、轧制道次 n、摩擦系数 f、轧制温度 t、轧制速度 v、轧辊材质、轧件化学成分及工具形状等。

轧制时高向压下的金属体积如何分配给延伸和宽展，受体积不变定律和最小阻力定律来支配。由体积不变定律可知，轧件在高度方向压缩的金属体积必定等于宽度方向和纵向增长的体积之和。而高度方向移位体积有多少分配到横向流动，则受最小阻力定律的制约。若金属横向流动阻力较小，则大量质点作横向流动，表现为宽展较大。反之，若纵向流动阻力很小，则金属质点大量纵向流动而造成宽展很小。

由此可看出，影响宽展诸因素的实质可归纳为两方面：一为相对压下量，二为变形区内金属流动的纵向与横向阻力的比值。

下面对影响宽展的几个主要因素进行分析。需要注意的是，在分析一个因素的影响时，要以其他因素不变化为前提。

4.4.1　压下量的影响

压下量是形成宽展的源泉，是影响宽展的主要因素之一，没有压下量就无从谈及宽展，因此，相对压下量增加，宽展增加。

很多实验表明，随着压下量的增加，宽展也增加，如图 4-16 所示。

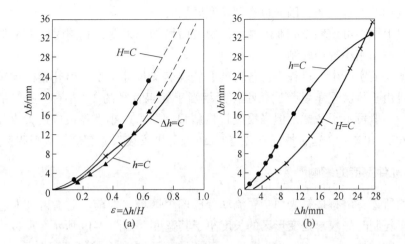

图 4-16　宽展与压下量之间的关系

（a）当 Δh、H、h 为常数，低碳钢在 $t=900$ ℃、$v=1.1$ m/s 时，Δb 与 $\Delta h/H$ 的关系；

（b）当 H、h 为常数，条件同（a）时 Δb 与 $\Delta h/H$ 的关系

这是因为：一方面随 $\Delta h/H$ 加大，即高向压下来的金属体积增加，宽度方向和纵向移位体积都相应增大，故宽展也自然加大；另一方面，当压下量增大时，变形区长度增加，变形区形状参数 $l/\bar{h}$ 增大，使金属流动的纵横阻力比增加，根据最小阻力定律，金属质点沿流动阻力较小的横向流动变得更加容易，因而宽展也应加大。

由图 4-16（a）看出，当 $H=C$ 或 $h=C$ 时，随相对压下量 $\Delta h/H$ 增加，Δb 的增加速度快；而 $\Delta h=C$ 时，Δb 的增加速度较慢。这是因为，当 $H=C$ 或 $h=C$ 时，要增加 $\Delta h/H$，必须增加 Δh，这样就使变形区长度 l 增加，因而纵向阻力增加，延伸减小，宽展 Δb 增加；同时，Δh 增加，将使金属压下体积增加，也促使 Δb 增加，二者综合作用的结果，将使 Δb 增加得更快。而 Δh 为常数时，增加 $\Delta h/H$ 是依靠 H 减小来达到的，这时变形区长度 l 不增加，因此 Δb 的增加速度较前者慢些。

4.4.2　轧辊直径的影响

图 4-17 的实验曲线表明，随轧辊直径增大，宽展量增大。这是因为随轧辊直径增大，变形区长度增大，由接触面摩擦力所引起的纵向流动阻力增大，根据最小阻力定律可知，金属在变形过程中，随着纵向流动阻力的增大迫使高向压下来的金属横向流动，从而宽展增大。

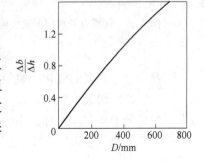

图 4-17　宽展系数与轧辊直径的关系

此外，研究轧辊直径对宽展的影响时，还应注意到轧辊辊面呈圆柱体，沿轧制方向是圆弧形的辊面，对轧件产生有利于延伸的水平分力，使摩擦力产生的纵向流动阻力影响减小，因而使延伸增大，即使在变形区长度等于轧件宽度时，延伸也总是大于宽展。

由图 4-18 可看出，在压下量 Δh 不变的条件下，轧辊直径加大时，变形区长度增大而咬入角减小，轧辊对轧件作用力的纵向分力减小，即轧辊形状所造成的有利

于延伸变形的趋势减弱，因而也有利于宽展加大。

由以上原因可说明 Δb 随轧辊直径增大而增加，因此，轧制时，为了得到大的延伸，一般采用小辊径轧制。

在型钢的实际生产过程中，各机列的轧辊名义尺寸不变，但轧辊的重车是经常的。不过由于每次重车量都比较小，只相当于轧辊直径的 1%左右，所以带来的影响甚微，一般可不予考虑。但当报废辊换新辊，即由最小直径换成最大直径时，辊径差为 6%～10%。在这种情况下各道的 Δb 及导卫安装尺寸都应做适当调整。

4.4.3　轧件宽度的影响

如前所述，可将接触表面金属流动分成四个区域，即前、后滑区和左、右宽展区。由于轧制时一般总是变形区的长度小于其宽度，如图 4-19 所示，所以，随着变形区宽度的增加（由 B_1 增加到 B_2），宽展区的面积在整个接触面积中所占的比例减小，由前面内容可知，宽展减少。

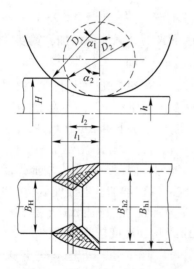

图 4-18　轧辊直径对宽展的影响

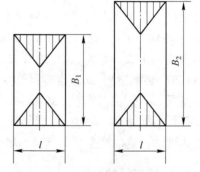

图 4-19　变形区宽度不同时，
宽展区与延伸区的变化图示

随着变形区宽度的变化，宽展如何变化也可以用最小阻力定律来解释：一般来说，变形区长度增大，纵向流动阻力增大，金属质点横向流动变得容易，因而宽展增大。变形区平均宽度增加，横向流动阻力增加，宽展减小。结论为宽展与变形区长度成正比，而与变形区平均宽度成反比，即

$$\Delta b \propto \frac{l}{\overline{B}} = \frac{\sqrt{R\Delta h}}{\dfrac{B+b}{2}} \tag{4-5}$$

比值 $l/\overline{B}$ 的变化，实际上反映了金属质点纵向流动阻力与横向流动阻力的变化。由式（4-5）可看出，轧件宽度 B 增加，宽展减小，当轧件宽度很大时，宽展趋近于零，即出现平面变形状况。这个现象也可由以下的原因解释。

（1）由于金属是一个整体和在变形区前后存在着外区，所以有力图使变形区内各部分金属变形均匀化的作用。中部延伸区通过外区使边部宽展区金属与延伸区一起纵向流动，边部金属也通过外区牵制中部金属，力图使其产生较小的延伸。这样，由于金属整体性和外区的作用，在边部产生纵向附加拉应力，而在中部产生纵向附加压应力。当轧件宽度大到一定程度后，宽展区面积在变形区中所占比例减小，而延伸区面积所占比例增大（见图 4-19），即延伸变形随宽度增加而越来越占优势。因此，宽度很大的轧件轧制时，边部的纵向附加拉应力很大，而中部纵向附加压应力很小。其结果是轧件的实际延伸变形与延伸区的自然延伸变形相近，而宽展区金属在大的附加拉应力作用下纵向流动，导致轧件实际宽展量很小而可以忽略不计。

（2）由于边部纵向附加拉应力的作用，在轧制板坯或钢板时，若金属本身有低倍组织缺陷，则可能形成裂边。

4.4.4 摩擦系数的影响

一般来说，变形区的长度总是小于其宽度，摩擦对宽展的影响可以归结为摩擦对纵横方向塑性流动阻力比的影响。

微课 宽展的
影响因素 2

用 R_x 和 R_y 分别表示纵向延伸和横向宽展的阻力。如图 4-20 所示，对后滑区，纵向塑性流动阻力为

$$R_x = T_{1x} - P_{1x}$$

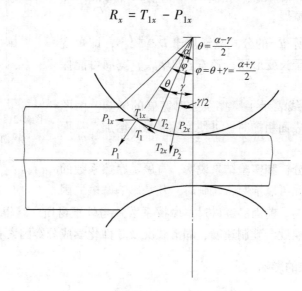

图 4-20　变形区塑性流动阻力示意图

在横向，由于辊身是平的，所以宽展的塑性流动阻力为

$$R_y = T_1 = fP_1$$

因而纵向与横向塑性流动阻力比为

$$R_1 = \frac{R_x}{R_y} = \frac{T_{1x} - P_{1x}}{fP_1} \tag{4-6}$$

由图 4-20 可见：

$$P_{1x} = P_1 \sin \frac{\alpha + \gamma}{2}$$

$$T_{1x} = T_1 \cos \frac{\alpha + \gamma}{2} = f P_1 \cos \frac{\alpha + \gamma}{2}$$

代入到式（4-6）中得到

$$R_1 = \cos \frac{\alpha + \gamma}{2} - \frac{1}{f} \sin \frac{\alpha + \gamma}{2} \qquad (4-7)$$

在前滑区
$$R_2 = \frac{T_{2x} + P_{2x}}{T_2}$$

而
$$P_{2x} = P_2 \sin \frac{\gamma}{2}, \ T_2 = f P_2, \ T_{2x} = f P_2 \cos \frac{\gamma}{2}$$

所以

$$R_2 = \cos \frac{\gamma}{2} + \frac{1}{f} \sin \frac{\gamma}{2} \qquad (4-8)$$

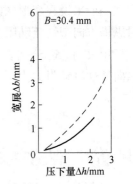

由于实际轧制情况 $\gamma/2$ 只有几度，可以认为 $R_2 = 1$，这相当于把前滑区看成平面压缩。所以，纵横阻力比主要取决于后滑区，即主要取决于 R_1。由计算 R_1 的公式可以看出，当摩擦系数 f 增加时，R_1 增加，即阻碍延伸的作用增大，促进了宽展。

应指出，计算 R_1 的公式只适用于 $l/\overline{B}$ 较小，即短变形区的情况。对于长变形区，随着 f 的增大，宽展可能保持不变。

图 4-21 中曲线表示了摩擦系数对宽展的影响。由图 4-21 可知，轧辊表面粗糙时，可使摩擦系数 f 增加，从而使宽展增加。

图 4-21　宽展与压下量、辊面状况的关系
实线—光面辊；
虚线—粗糙表面轧辊

以上的理论分析和实验结果说明，宽展随摩擦系数的增加而增加。由此可以推断，轧制时，凡是影响摩擦的因素都对宽展有影响。前面已经讲过，摩擦系数除与轧辊材质、轧辊辊面光洁度有关系外，还与轧制温度、轧制速度、润滑状况及轧件化学成分等因素有关。

4.4.5　轧制道次的影响

实验证明，在总压下量相同的条件下，轧制道次越多，总的宽展量越小。从轧制一道的宽展和轧制若干道时的宽展来看，可用下式表示：

$$\Delta b > \Delta b_1 + \Delta b_2 + \cdots + \Delta b_n$$

根据实验可列表 4-1 和图 4-22。

由图 4-22 可以看出，轧制一道的 2 号与 5 号，轧件在压下量相近的情况下，比轧六道的 3 号和 4 号轧件的宽展量大得多。因此，不能按照钢坯和成品的厚度计算宽展，必须逐道计算，否则会造成错误。

表 4-1 轧制道次和宽展

次序号	$t/℃$	道次数	$\dfrac{H-h}{H}\times100\%$	$\Delta b/\text{mm}$
1			原状	
2	1000	1	74.5	22.4
3	1085	6	73.6	15.6
4	925	6	75.4	17.5
5	920	1	75.1	33.2

根据 M. A. 扎罗辛斯基的研究，得出下列关系：

$$\Delta b = C_2(\Delta h)^2$$

即绝对宽展 Δb 与绝对压下量 Δh 的平方成正比。例如总压下量 $\Delta h = 10$ mm，则用一道次轧制，其宽展为

$$\Delta b = C_2(\Delta h)^2 = C_2(10)^2 = 100C_2(\text{mm})$$

若改用两道次轧制，每道次压下量为 5 mm，则其宽展为

$$\Delta b_2 = \Delta b' + \Delta b'' = C_2(5)^2 + C_2(5)^2 = 50C_2(\text{mm})$$

显然 $\Delta b_1 > \Delta b_2$

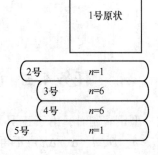

图 4-22 轧制道次对宽展的影响

4.4.6 张力的影响

实验证明，后张力对宽展有很大影响，而前张力对宽展影响很小。这是因为轧件变形主要产生在后滑区。图 4-23 表示了在 $\phi 300$ mm 轧机上轧制焊管坯时得到的后张力对宽展影响的数据。图 4-23 中的纵坐标 $C = \Delta b/\Delta b_0$，Δb 为有后张力时的实际宽展量，Δb_0 为无后张力时的宽展量；横坐标为 q_H/K，其中 q_H 为作用在入口断面上单位后张力，K 为

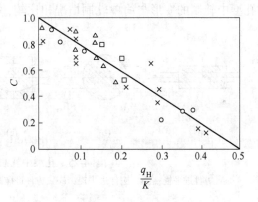

图 4-23 后张力对宽展的影响趋势回归曲线

平面变形抗力，由图可知，当后张力 $q = K/2$ 时，轧件宽展为零。在 $q_H < K/2$ 时，$C = \Delta b/\Delta b_0$ 随 q_H/K 增大成直线关系减小。这是因为在后张力作用下金属质点纵向塑性流动阻力减小，必然使延伸增大、宽展减小。在 $\alpha > \beta$ 条件下轧制时，由于工具形状的影响，在后滑区靠近入口端形成的拉应力区内，Δb 小的原因，也可以由此解释。

另外，在冷轧不锈钢带时，由于张力的影响，宽展量为负值，轧后的宽度略小于轧前宽度。

4.4.7 工具形状的影响

工具形状对宽展的影响：一方面是指轧制时所用的工具形状不同于其他加工方式；另一方面指孔型形状的不同，对宽展所产生的影响也不同。

孔型形状对宽展量大小的影响是一个很复杂的问题。孔型形状的不同，不仅可以产生促进或抑制金属横向流动的水平力，同时也影响这种水平力的大小，如图4-24所示。此外，由于不均匀变形的存在，可能发生强迫宽展的现象，从而也将影响宽展量的变化。即在同一孔型中这两方面的因素往往是同时并存的，这样就很难说明是哪种因素在起作用了，关于这方面的问题在后续将做进一步的讨论。

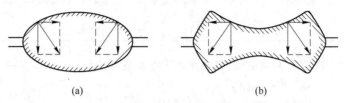

图 4-24　在不同形状的孔型内轧制

（a）限制宽展孔型；（b）强迫宽展孔型

任务 4.5　认识孔型中轧制时横变形的特点

型钢轧制时，由于工具形状和轧件形状的特点，故变形区内的主要几何参数（H、h、D、l、α、Δh）不再保持为常数。

图4-25（a）为简单轧制情况，其余均为孔型中轧制的情况。由图可以看出，孔型中轧制的变形与简单轧制情况相比较，有如下一系列的特点。

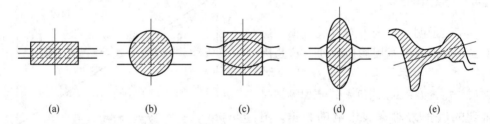

图 4-25　孔型中轧制与简单轧制比较

（a）方件进平辊；（b）圆件进平辊；（c）方件进椭圆孔；（d）椭圆件进方孔；（e）异型件进异型孔

4.5.1　沿轧件宽度的压下量不均匀

如图4-25所示，当方坯进椭圆孔型时，压下量沿宽度上的分布是不均匀的，因而沿孔型宽度，轧件各部分金属的自然延伸也应该不均匀。但由于轧件整体性和外区的影响，轧件各部分应得到相同的延伸，即轧件以某一平均延伸系数 $\bar{\mu} = l/L$ 轧出。其中，l、L 分别为轧件轧后长度和轧前长度。根据体积不变条件，在大压下量区域，高向压下的部分金属只能被迫向宽度方向流动，增加了宽展。反之，在低压下区域受轧件整体性影响被迫拉长，产生横向收缩现象。

4.5.2　轧件与轧辊接触的非同时性

变形区长度沿轧件宽度也是变化的，由图4-26可清楚地看到这一点。

以圆形轧件进入平辊为例，轧件与轧辊首先在 A 点局部接触，随着轧件继续进入变形区，B 点及 C 点相继接触轧辊辊面，而侧面的 D 点到最后也不与轧辊接触。这样，在变形区内除轧件与轧辊表面相接触的接触区外，还存在着非接触区。轧件与轧辊沿变形区长度不同时接触，并形成非接触区，这叫作"接触非同时性"。

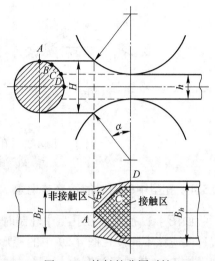

关于非同时接触的影响，从图 4-27 中可以看出，在图中画出了与轧辊轴线平行的变形区内若干的横断面。轧件开始进入轧辊时，轧件尖角首先与孔型接触，如断面Ⅳ—Ⅳ，由于被压缩部分较小，纵向延伸困难，故可能在此处得到局部宽展。在Ⅲ—Ⅲ断面，压缩面积已比未压缩面积大若干倍。此时未压缩部分金属受压缩部分金属的作用而延伸。

图 4-26　接触的非同时性

相反，压缩部分延伸受未压缩部分的抑制，但是宽展增加不太明显。在变形区终了，由于两侧部分高度很小（压下量大），可得到大的延伸，但轧件整体性变形将受到中间金属的牵制，使金属横向流动，宽展增加。

非接触区在辊缝中，不直接承受轧辊的作用，但与邻近的被压缩部分紧密地联系着，二者发生相互影响。由于金属变形的整体性，非接触区的金属即产生强迫延伸，相应地产生高度的强迫压缩和横向的强迫收缩，而接触区中的金属将出现延伸减小，横向变形相应地有所增加。

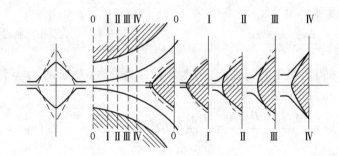

图 4-27　非同时接触对轧件的影响

4.5.3　孔型侧壁的侧向力的作用

例如，菱形孔型就如前述的凹形工具一样，而切入孔则如凸形工具。如图 4-28 所示，在菱形孔中，横向变形阻力为摩擦阻力与压力的水平分量之和，即

$$P_x + T_x = P(\sin\varphi + f\cos\varphi)$$

而在切入孔型中，横向变形阻力为二者水平分量之差，即

$$P_x - T_x = P(f\cos\varphi - \sin\varphi)$$

可见，在凸形孔型中轧制时，要产生强制宽展；而在凹形孔型中轧制时，宽展要受到限制。这与平辊中轧制时的自由宽展是不同的。

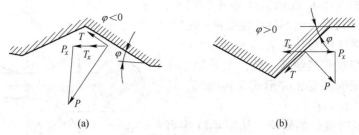

图 4-28　孔型形状对宽展的影响

（a）菱形孔；（b）切入孔

4.5.4　孔型中轧制时的速度差现象

如图 4-29 所示，在孔型中轧制时，由于轧辊工作直径不同，轧件各点的自然出辊速度应该不同。在图 4-29 中的菱形孔型中，孔型边部的辊径为 D_1，中心部分的辊径为 D_2，其辊径差值为

$$D_1 - D_2 = h - s$$

式中　h——孔型高度；

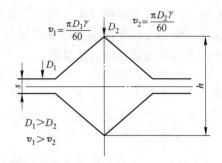

　　　s——辊缝。

在上下轧辊转速相同时，D_1 处的线速度 v_1 要大于 D_2 处的线速度 v_2，其速度差为

$$\Delta v = v_1 - v_2 = \frac{\pi(D_1 - D_2)n}{60} = \frac{\pi n(h - s)}{60}$$

其相对速度差：

$$\frac{\Delta v}{v_1} = \frac{h - s}{D_1}$$

图 4-29　孔型中轧制时的速度差

例如，在 650 轧机上轧制时，某孔型的尺寸为 $D_1 = 672$ mm，$D_2 = 535$ mm，轧辊转速 $n = 40$ r/min，其速度差为

$$\Delta v = \frac{\pi(D_1 - D_2)n}{60} = \frac{40\pi}{60}(0.672 - 0.535) = 0.28 \ (\text{m/s})$$

其相对速度差：

$$\frac{\Delta v}{v_1} = \frac{D_1 - D_2}{D_1} = \frac{672 - 535}{672} \approx 20\%$$

但由于轧件是一个整体，应以某一平均速度出辊，因而必然造成轧件中部和边部互相拉扯。若中部低速部分体积占大部分，则边部金属拉不动中部的，只有作为横向流动而导致宽展的增加。同时，这种速度差会导致孔型磨损加快和磨损的不均匀。

由上述孔型中轧制时的变形特点可知，在孔型中轧制时的宽展不再是自由宽展，而大部分成为强制宽展或限制宽展，并产生局部宽展或拉缩。

任务 4.6　宽展的计算

由于影响宽展的因素很多，一般公式中很难把所有的影响因素全部考虑进去，甚至一些主要因素也很难考虑正确。如厚件轧制时出现的双鼓形宽展与薄件轧制时的单鼓形宽展，其性质不同，很难用同一公式考虑。现有的宽展计算公式，多数都只考虑几个影响因素，而用一个系数估计其他因素的作用。如果把这些公式应用于相应条件下，计算结果一般接近于实际情况。

现选择几个比较典型、切合实际而又常用的公式加以介绍和分析。

4.6.1　若兹公式

1900 年，德国学者若兹根据实际经验提出如下宽展计算公式：

$$\Delta b = \beta \Delta h \tag{4-9}$$

式中　β——宽展系数，其值为 $0.35 \sim 0.48$。

此公式只考虑了压下量的影响，其他因素的影响都包含在宽展系数中。在具体生产条件下，若轧制条件变化不大时，宽展系数也变化不大。这时用若兹公式形式简单、便于使用，计算结果也比较准确，工厂技术人员经常使用。但系数 β 的值要有大量经验数据时，才能选择得较为准确。下面给出 β 一些经验数据。

冷轧时：$\beta = 0.35$（硬钢）；热轧时：$\beta = 0.48$（软钢）。

β 值还可根据现场经验数据选取，$\beta = 0.31 \sim 0.35$（在 $1000 \sim 1150$ ℃热轧低碳钢），$\beta = 0.45$（热轧高碳钢或合金钢）。孔型中轧制时的 β 值见表 4-2。

表 4-2　不同轧制情况时的宽展系数

轧　机	孔 型 形 状	轧件尺寸/mm	宽展系数 β 值
中小型开坯机	扁平箱形孔型		$0.15 \sim 0.35$
	立箱形孔型		$0.20 \sim 0.25$
	共轭平箱孔型		$0.20 \sim 0.35$
小型初轧机	方进六角孔型	边长$>40^2$	$0.5 \sim 0.7$
		边长$<40^2$	$0.65 \sim 1.0$
	菱进方形孔型		$0.20 \sim 0.35$
	方进菱形孔型		$0.25 \sim 0.40$
中小型轧机及线材轧机	方进椭圆孔型	边长 $6 \sim 9$	$1.4 \sim 2.2$
		$9 \sim 14$	$1.2 \sim 1.6$
		$14 \sim 20$	$0.9 \sim 1.3$
		$20 \sim 30$	$0.7 \sim 1.1$
		$30 \sim 40$	$0.5 \sim 0.9$
	圆进椭圆孔型		$0.4 \sim 1.2$
	椭圆进方孔型		$0.4 \sim 0.6$
	椭圆进圆孔型		$0.2 \sim 0.4$

4.6.2　彼德诺夫-齐别尔公式

1917 年，俄国学者彼德诺夫根据变形金属往横向和纵向流动的体积与其克服摩擦阻力所需要的功成正比这个条件，导出了宽展的计算公式，该公式为：

$$\Delta b = \beta \frac{\Delta h}{H} \sqrt{R \Delta h} \tag{4-10}$$

1930 年，德国学者齐别尔在研究了接触表面的摩擦力，并发现阻碍延伸的趋势

正比于接触弧长度 $\sqrt{R\Delta h}$ 及相对压下量 $\Delta h/H$ 的基础之上，提出了计算 Δb 的公式，β 一般为 $0.35 \sim 0.45$。在温度高于 1000 ℃ 时，$\beta = 0.35$；在温度低于 1000 ℃ 或硬度大时，系数 β 可选择大些。

因为式（4-10）没有考虑轧件宽度的影响，所以这个公式不能用于轧件宽度小于或等于其厚度的轧制条件。

4.6.3　巴赫契诺夫公式

1950 年，苏联学者巴赫契诺夫根据金属压缩后往横向和高向移位体积之比与其相应的变形功之间的比值相等这个条件，提出的宽展计算公式为：

$$\Delta b = 1.15 \frac{\Delta h}{2H}\left(\sqrt{R\Delta h} - \frac{\Delta h}{2f}\right) \tag{4-11}$$

该公式考虑了压下量、变形区长度和摩擦系数的影响。在公式推导过程中，也考虑了轧件宽度和前滑的影响，但该公式是在忽略宽度影响时的简化形式。这个公式正如作者本人分析证明的，对宽轧件，即 $B/2\sqrt{R\Delta h} > 1$ 时，计算结果是正确的。轧制时的摩擦系数用公式 $f = K_1 K_2 K_3 (1.05 - 0.0005t)$ 计算。

4.6.4　艾克隆德公式

艾克隆德认为宽展取决于压下量及接触面上纵横阻力的大小，并由此出发，得出直接计算轧件轧后宽度的公式：

$$b = \sqrt{4m^2(H+h)^2\left(\frac{l}{B}\right)^2 + B^2 + 4ml(3H-h)} - 2m(H+h)\frac{l}{B} \tag{4-12}$$

式中，$m = \dfrac{1.6fl - 1.2\Delta h}{H+h}$；$l = \sqrt{R\Delta h}$。

摩擦系数由公式 $f = K_1 K_2 K_3 (1.05 - 0.0005t)$ 计算。

艾克隆德公式考虑的因素比较全面，适用范围较大，计算结果也相当符合实际情况，但计算较为复杂。

例 4-3　已知轧前轧件断面尺寸 $H \times B = 100 \text{ mm} \times 200 \text{ mm}$，轧后厚度 $h = 70 \text{ mm}$，轧辊材质为铸钢，工作直径 $D_k = 650 \text{ mm}$，轧制速度 $v = 4 \text{ m/s}$，轧制温度 $t = 1100 \text{ ℃}$，轧件材质为低碳钢，用各公式计算该道次 Δb。

解：（1）用艾克隆德公式计算摩擦系数 f。

因为轧辊材质为铸钢，所以 $K_1 = 1$；

由 $v = 4 \text{ m/s}$，查图 8-8 得 $K_2 = 0.8$；

因为轧件材质为碳素钢，所以 $K_3 = 1$，故

$f = K_1 K_2 K_3 (1.05 - 0.0005t) = 0.8(1.05 - 0.0005 \times 1100) = 0.4$

（2）计算压下量及变形区长度。

$$\Delta h = H - h = 100 - 70 = 30 \text{ mm}$$

$$l = \sqrt{R\Delta h} = \sqrt{\frac{650}{2} \times 30} = 98.7 \text{ mm}$$

（3）按若兹公式计算宽展量。

因轧制温度较高，轧件材质又是低碳钢，系数 β 可取下限，即 $\beta = 0.35$。

故 $\qquad \Delta b = 0.35\Delta h = 0.35 \times 30 = 10.5\ mm$

（4）按彼德诺夫-齐别尔公式计算宽展量。

因轧制温度高于 $1000\ ℃$，取 $\beta = 0.35$。

故 $\qquad \Delta b = 0.35\dfrac{\Delta h}{H}\sqrt{R\Delta h} = 0.35 \times \dfrac{30}{100} \times 98.7 = 10.4\ mm$

（5）按巴赫契诺夫公式计算宽展量。

$$\Delta b = 1.15\dfrac{\Delta h}{2H}\left(\sqrt{R\Delta h} - \dfrac{\Delta h}{2f}\right) = 1.15 \times \dfrac{30}{2 \times 100} \times \left(98.7 - \dfrac{30}{2 \times 0.4}\right) = 10.6\ mm$$

（6）按艾克隆德公式计算宽展量。

$$m = \dfrac{1.6fl - 1.2\Delta h}{H + h}$$

$$= \dfrac{1.6 \times 0.4 \times 98.7 - 1.2 \times 30}{100 + 70} = 0.16$$

$$A = 2m(H + h)\dfrac{l}{B}$$

$$= 2 \times 0.16 \times (100 + 70) \times \dfrac{98.7}{200} = 26.85$$

$$b = \sqrt{A^2 + B^2 + 4ml(3H - h)} - A$$

$$= \sqrt{26.85^2 + 200^2 + 4 \times 0.16 \times 98.7 \times (3 \times 100 - 70)} - 26.85$$

$$= 208.2$$

故 $\qquad \Delta b = b - B = 208.2 - 200 = 8.2\ mm$

科技前沿

随着供给侧结构性改革的深入推进，"手撕钢""笔尖钢"等一批"中国造"填补了国内空白，成为市场新宠，钢铁工业高科技成色愈加鲜明。

在太钢精密带钢生产车间，伴随着机器轰鸣声，3 t 重的不锈钢板经过退火软化和多道轧制，厚度由 0.8 mm 降至 0.02 mm，变身为薄如蝉翼的"手撕钢"，成为高端和前沿制造领域不可或缺的基础材料。太钢研发的"手撕钢"突破了我国的"卡脖子"技术瓶颈，打破了国外发达国家的垄断，填补了国内空白。以其 0.02 mm 的厚度秀于不锈钢板带高端产品之林，广泛应用于航空航天、国防、医疗器械、石油化工、精密仪器等领域，例如柔性显示屏、柔性太阳能组件等。

作为制笔大国，我国每年要生产 400 多亿支圆珠笔，而作为原材料的笔尖钢却长期依赖进口，受制于人。经过太钢人艰苦攻关，笔尖钢实现自主生产，进口产品价格"腰斩"，国内制笔厂不仅节省了采购成本，交货期也更有保障。"我们 1 t 钢能加工近500 万颗笔尖，产品合格率达到 99.99%，并且采用的是环保配方。"太钢不锈线材厂生产技术室主任叶文学说，2021 年，太钢笔尖钢产销量已占国内市场近四成份额。

"手撕钢""笔尖钢"等太钢生产的不锈钢产品上天入地下海，大则熔铸"国之重器"，小则服务百姓生活。在一个个创新产品的背后，是无数钢铁人的心血，是企业多年形成的创新文化，以及贯穿于企业生产经营全过程的创新链条。

🎖 钢铁名人

中国宝武太钢集团不锈冷轧厂轧钢"牛人"牛国栋，是工友眼中的技术"大牛"。20多年来，他扎根于冷轧班组，带领班组不断探索世界最先进的轧钢技术，攻坚克难，从一名普通的轧钢工逐渐成长为"大国工匠"。

2013年，牛国栋提出的"控制悠卷断带五步法"的个人操作法为企业创造效益347万元；2014年，由他负责的"优化12号轧机轧制工艺，提高BA板命中率项目"创造效益1200万元；2016年，牛国栋总结的"焊缝连续通过五机架连轧机三步操作法"创造效益1026万元；等等。在这条全球先进的生产线上，牛国栋和工友们解决了40多个技术难题，达到了从原料钢板到成品钢卷一次成型的效果。同时，由他名字命名的"牛国栋创新工作室"展开多项技术攻关，累计完成创新项目151项，为企业创造约9800万元的经济效益。在牛国栋的带领下，一大批普通轧钢工人成长为技术能手。出席党的二十大期间，他向代表们展示了太钢人引以为傲的高精尖产品——厚度仅有0.02 mm的"手撕钢"，这一产品的研制历经700多次试验，攻克452个工艺难题、175个设备难题。

看似寻常最奇崛，成如容易却艰辛。20多年来，牛国栋坚守在生产现场和创新工作室两个"阵地"上，接连不断创造新产品，刷新解决技术难题新纪录，用初心和使命诠释新时代钢铁工人的担当。

🧪 实验任务

轧制过程中，由于轧制条件的变化，轧件宽度（软面）尺寸出现偏差，分析其原因并对轧机进行调整

一、实验目的

通过实验验证轧件宽度、轧制道次、摩擦系数对宽展的影响，了解纵轧过程中宽展沿轧件宽度上的分布。

二、实验仪器设备

（1）ϕ130 mm/150 mm 轧机、游标卡尺。
（2）铅试件。

三、实验说明

宽展的变化与一系列轧制因素构成复杂关系。

$$\Delta b = f(H、h、l、B、D、\varphi_a、\Delta h、\varepsilon、f、t、m、P_\sigma、v、\dot{\varepsilon})$$

在某些参数确定的情况下，可通过改变一个参数来观察其对宽展的影响趋势。
（1）轧件宽度的影响。
（2）轧制道次的影响。

（3）摩擦的影响。

（4）压下量的影响。

四、实验方法与步骤

1. 轧件宽度的影响

取铅试件四块，尺寸分别为：5 mm×15 mm×70 mm；5 mm×25 mm×70 mm；5 mm×35 mm×70 mm；5 mm×45 mm×70 mm。首先测量各块试件的原始厚度和宽度，然后以 $\Delta h = 2$ mm 的压下量各轧一道，并测量轧后的厚度与宽度。填入表4-3 内。

表 4-3　轧件宽度影响记录表

试件编号	H	B	h	b	Δb

2. 轧制道次的影响

取铅试件 8 mm×20 mm×100 mm 两块，将其中一块用木槌将轧件头部砸扁（以利于咬入），用另一块以每道 $\Delta h = 1$ mm 压下量连续轧四道，测量每道次的宽度 B_i 并计算 Δb 值（最后一道的辊缝不要动）。

再用扁头试件在上次的辊缝基础上进行轧制，测其轧后宽度，将结果记录于表 4-4 中，计算出 Δb 值。

表 4-4　轧制道次影响记录表

道次	Δh /mm	轧前		轧　　　　后											
		H	B	h_1	b_1	Δb_1	h_2	b_2	Δb_2	h_3	b_3	Δb_3	h_4	b_4	Δb_4
1	4														
4	4														

3. 摩擦的影响

取铅试件 5 mm×12 mm×100 mm 两块，其中一块在光辊面处以 $\Delta h = 3$ mm 的压下量轧一道，轧后测量试件宽度，计算出 Δb；另一块在糙辊面处以相同的压下量（$\Delta h = 3$ mm）轧一道，测量轧后宽度，将结果记录于表 4-5 中，比较两种不同摩擦条件下宽展情况。

表 4-5　摩擦影响记录表

光　辊　面					糙　辊　面				
H	B	h	b	Δb	H	B	h	b	Δb

4. 压下量的影响

取铅试件 8 mm×20 mm×100 mm 两块，其中一块的压下量为 2 mm，第二块的压下量为 5 mm，调整辊缝在轧机上对中轧制，将结果记录于表 4-6 中，比较两块不同压下量的浅见的宽展情况。

表 4-6　压下量影响记录表

大压下量					小压下量				
H	B	h	b	Δb	H	B	h	b	Δb

五、注意事项

（1）操作前，要检查轧机状态是否正常，排查实验安全隐患。

（2）每块试件前端（喂入端）形状应正确，各面保持 90°，无毛刺，不弯曲。

（3）喂料时，切不可用手拿着喂入轧机，需手持木板轻轻推入。

（4）做摩擦因素影响实验时，可在实验前在轧辊表面上少涂一层润滑油，实验后应用棉纱或汽油将辊面擦净，但不可在开车时用手拿棉纱擦。

完成实验后，撰写实验报告。

本章习题

一、选择题

（1）宽展沿轧件宽度均匀分布。第二种假说把变形区分为四个区域：两边的区域为宽展区，中间为前后两个（　　　）。

　　　　A. 自由变形区　　　B. 延伸区　　　C. 压下区

（2）轧件侧面变为鼓形而产生的宽度增加量，称为（　　　）。

　　　　A. 鼓形宽展　　　B. 强迫宽展　　　C. 限制宽展　　　D. 滑动宽展

（3）由于接触面摩擦阻力的原因，使轧件侧面的金属在变形过程中翻转到接触表面上来，称为（　　　）。

　　　　A. 滑动宽展　　　B. 自由宽展　　　C. 翻平宽展　　　D. 鼓形宽展

（4）轧件在轧辊的接触表面上，由于产生相对滑动使轧件宽度增加的部分，称为（　　　）。

　　　　A. 自由宽展　　　B. 滑动宽展　　　C. 翻平宽展　　　D. 鼓形宽展

（5）单鼓形宽展由三部分组成：滑动宽展、翻平宽展、（　　　）。

　　　　A. 自由宽展　　　B. 鼓形宽展　　　C. 强迫宽展　　　D. 限制宽展

（6）坯料在轧制过程中，被压下的金属体积受轧辊凸峰的切展而强制金属横向流动，使轧件的宽度增加，这种变形叫作（　　　）。

　　　　A. 滑动宽展　　　B. 翻平宽展　　　C. 限制宽展　　　D. 强制宽展

（7）轧件在轧制过程中，金属流动除来自轧辊的摩擦阻力外，还受到孔型侧壁的限制作用而得到的宽展值，称为（　　　）。

　　　　A. 限制宽展　　　B. 强迫宽展　　　C. 自由宽展　　　D. 翻平宽展

（8）轧件在轧制过程中，金属高度受到压缩而可以自由横向展宽的值，称为（　　）。

    A. 滑动宽展   B. 自由宽展   C. 限制宽展   D. 强迫宽展

（9）金属在轧制过程中，由于轧制力的作用，轧件在高度方向上被压缩的金属体积将流向纵向和横向，流向横向的金属使轧件产生横向变形，产生（　　）。

    A. 延伸   B. 宽展   C. 压下   D. 前滑

二、判断题

（1）其他条件不变，前后张力增加，则宽展增大。（　　）

（2）其他条件不变的情况下，摩擦系数增加，宽展增大。（　　）

（3）其他条件相同，在钢轧辊上进行轧制时的宽展要比在铸铁轧辊上进行轧制的宽展要大。（　　）

（4）根据最小阻力定律分析，在其他条件相同的情况下，轧件宽度越大，宽展越小。（　　）

（5）轧件在椭圆孔中轧制时，一般是限制宽展。（　　）

（6）在其他因素不变的情况下，一般压下量增加，宽展增加。（　　）

（7）任何断面形状的柱体，当压缩量足够大时，最后都将变成圆形断面。（　　）

（8）宽展沿变形区长度的分布中，宽展主要集中在后滑区的非拉应力区，在拉应力区和前滑区都很小。（　　）

（9）摩擦系数 f 值越大，不均匀变形越严重，此时滑动宽展越大。（　　）

（10）平辊或沿宽度上有很大富余的扁平孔型内轧制时可看作自由宽展。（　　）

（11）椭圆形轧件进孔轧制时，孔型没有充满，轧件不圆，说明宽展量预定过大，或来料宽度选择小了。（　　）

（12）椭圆形轧件进孔轧制时如果孔型过充满，轧件出耳子，说明宽展量预定得大或来料宽度选择小了。（　　）

（13）根据金属沿横向流动的自由程度，宽展可分为自由宽展、限制宽展和滑动宽展。（　　）

（14）立轧孔内轧制钢轨、轧制扁钢时采用的"切展"孔型属于限制宽展。（　　）

（15）型钢正常轧制时，其他条件不变的情况下，如果将轧辊材质由锻钢改为球磨铸铁，则轧件在孔型中会产生过充满。（　　）

（16）前张力对宽展有很大影响，后张力对宽展影响不大。（　　）

（17）其他条件相同的情况下，热轧时，合金钢与碳素钢相比，合金钢的宽展量小。（　　）

（18）其他条件相同，总压下量相同的情况下，轧制道次越多，总的宽展量越大。（　　）

（19）随着轧件宽度的增加，变形区的金属向横向流动的阻力增大。（　　）

（20）强迫宽展条件下的宽展量要比自由宽展小。（　　）

（21）在其他因素不变的情况下，轧辊直径增大，宽展增大。　　　　　（　　）

三、名词解释

（1）宽展。
（2）最小阻力定律。
（3）体积不变定律。
（4）滑动宽展。
（5）翻平宽展。
（6）鼓形宽展。
（7）强迫宽展。
（8）限制宽展。
（9）自由宽展。

四、简答题

（1）轧制线材时，为什么有时出现头部充不满而尾部又有耳子？
（2）宽展主要产生在变形区长度上什么部位？说明原因。
（3）为什么任何轧制情况下的绝对宽展量较延伸量小得多？
（4）轧制时影响宽展的因素有哪些？列举五个。
（5）宽展沿宽度方向怎样分布？
（6）什么是宽展，宽展有几种类型？
（7）为什么镦粗任何形状的截面，其变形的最终结果会是圆形截面？
（8）利用最小阻力定律分析小辊径轧制的优点。
（9）在下列几种情况下，型钢轧制时孔型充满情况将发生什么变化？
1）轧制温度较正常情况降低 50 ℃；
2）把辊径为 500 mm 的轧机上轧制成功的孔型照搬到 800 mm 轧机上；
3）把在同一轧机上轧制低碳钢合适的孔型用来轧制高合金钢；
4）轧辊材质由锻钢改为球墨铸铁，孔型尺寸未变化。
（10）若在某轧机上轧制扁钢，六道次轧成，中间不翻钢，在正常轧制温度为 1100~900 ℃ 范围内正好得到符合要求的成品尺寸，变形区尺寸 $l < \overline{B}$。试说明：
1）若轧制温度增加或减小 50 ℃，成品宽度尺寸将如何变化？
2）在总压下量及轧制道次不变条件下，因轧制温度变化，应如何调整各道次的压下量来获得合格产品尺寸？并说明其原因（提示：主要考虑热轧碳钢时轧制温度对摩擦系数的影响）。
（11）在宽度上压下均匀时，解释宽度很大的板带轧制时，实际宽展量很小的原因，以及当板带塑性差时形成裂边的原因。
（12）若总压下量为 200 mm，轧制道次分别为 8 道和 3 道，哪种情况下总宽展量大些，为什么？
（13）已知轧辊直径为 600 mm，轧件轧前断面尺寸为 $H \times B = 120 \text{ mm} \times 150 \text{ mm}$，$\Delta h = 30 \text{ mm}$，轧制温度 1000 ℃，钢轧辊。试用巴赫契诺夫公式、艾克隆德公式、彼德诺夫-齐别尔公式计算轧后断面尺寸。

模块 5　轧制压力问题

📋 任务背景

在轧制过程中，如果轧制压力过大有可能造成轧机断辊或电机被烧的现象，影响生产。因此，轧制压力是解决轧钢设备的强度校核、主电机容量选择或校核、制定合理的轧制工艺规程或实现轧制生产过程自动化等方面问题时必不可少的基本参数。了解轧制压力，掌握生产过程中对轧制压力影响的因素，就可以发现轧制时的状况并及时进行调整，防患于未然，争取做到少出事故，不出事故。

📝 学习任务

认识轧制压力及其测定方法；了解影响平均单位压力的影响因素；掌握变形抗力的概念及测定；掌握变形抗力的影响因素；了解轧制压力的基本计算；会根据参数变化判定轧制压力变化。

📋 关键词

轧制压力；平均单位压力；变形抗力。

任务 5.1　认识轧制压力

轧制过程中通常金属给轧辊的总压力的垂直分量称为轧制压力或轧制力。轧制压力可以通过计算法或直接测量法获得，直接测量法是用测压仪器直接在压下螺丝下对总压力进行实测而得的结果。近代测量轧制压力的技术获得了很大的进步，测量精度也不断提高，这对生产实践和进一步提高轧制压力计算精度的研究，都有很大的作用。

为了确定轧制压力的作用方向，需要分析轧制时轧件上的受力情况。轧制时轧辊对轧件的作用力为一不均匀分布的载荷。为了研究方便，假定在轧件上作用着的载荷均匀分布，其载荷强度为整个变形区接触的平均单位压力 $\bar{p}$，此时可用合力 P'来代替，合力 P' 的作用点在接触弧的中点 C 和 D。按照简单轧制条件绘出图 5-1。由于轧件上仅作用着上下轧辊给予的作用力 P_1' 和 P_2'，因此根据力的平衡条件，P_1' 和 P_2' 为大小相等，方向相反，作用在 CD 直线上的一对平衡力。在简单轧制的情况下，CD 与两轧辊连心线 O_1O_2 平行。

根据作用力与反作用力定律，图 5-2 中轧件作用在上下辊上的力 P_1 和 P_2 即为轧制力。

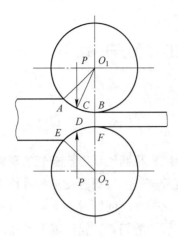　　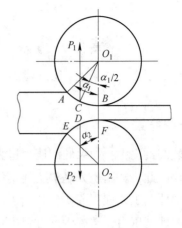

图 5-1　简单轧制时轧辊对轧件的作用力　　　图 5-2　简单轧制时轧件对轧辊的作用

　　由轧制压力的作用方向可知轧制压力 P 与平均单位轧制压力 $\bar{p}$ 及接触面积之间的关系为：

$$P = \bar{p}F \tag{5-1}$$

式中　$\bar{p}$——金属对轧辊的（垂直）平均单位压力；

　　　　F——轧件与轧辊接触面积的水平投影，简称接触面积。

　　由此可知，决定轧制时轧件对轧辊的轧制压力的基本因素：一是平均单位压力 $\bar{p}$，二是轧件与轧辊的接触面积 F。

　　在不同的轧制条件下，轧制压力波动在很大的范围内。表 5-1 中列举了不同轧机的轧制压力范围。

表 5-1　不同类型轧机的轧制压力

轧机名称		轧制温度/℃	轧制速度/m·s⁻¹	轧制压力/t
线材轧机	精轧机	850~950	8~20	5~10
	粗轧机	1000~1200	3~6	20~40
型钢轧机	小型轧机	900~1200	4~7	30~50
	中型轧机	900~1200	3~6	50~100
	大型轧机	900~1200	2~5	200~400
	轨梁轧机	900~1100	3~6	400~800
初轧机		1100~1200	0.5~2	500~1500
连续带钢轧机		800~1100	5~20	500~2000

任务 5.2　接触面积的确定

根据轧制压力的定义可知在一般情况下轧件对轧辊的总压力作用在垂直方向上，而接触面积应与压力垂直。实际生产中，尤其连轧时偶尔也会稍微倾斜，但是倾斜度不大。因此，F 一般情况下不是轧件与轧辊实际接触面积，而是接触面积的水平投影。

5.2.1　平辊轧制矩形断面轧件时的接触面积

5.2.1.1　简单轧制条件下接触面积的确定

简单轧制条件下，金属的变形属于均匀压缩，接触面积可以用下式确定。

$$F = \bar{B}l$$

式中　$\bar{B}$ ——平均宽度，$\bar{B} = (B + b)/2$；

　　　l ——变形区长度，$l = \sqrt{R\Delta h}$。

因此，当上下工作辊径相同时，接触面积可以用式（5-2）确定：

$$F = \frac{B + b}{2}\sqrt{R\Delta h} \tag{5-2}$$

当上下工作辊径不等时，其接触面积可用式（5-3）确定：

$$F = \frac{B + b}{2}\sqrt{\frac{2R_1R_2}{R_1 + R_2}\Delta h} \tag{5-3}$$

式中　R_1，R_2 ——上下轧辊工作半径。

5.2.1.2　考虑轧辊弹性压扁时接触面积的确定

在冷轧板带和热轧薄板时，由于轧辊承受的高压作用，轧辊产生局部的压缩变形，此变形可能很大，尤其是在冷轧板带时更为显著。轧辊的弹性压缩变形一般称为轧辊的弹性压扁，轧辊弹性压扁的结果使接触弧长度增加。另外，轧件在轧辊间产生塑性变形时，也伴随产生弹性压缩变形，此变形在轧件出辊后恢复，这也会增大接触弧长度，如图 5-3 所示。

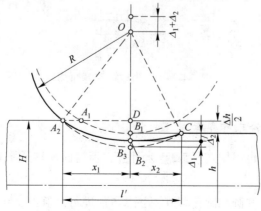

图 5-3　轧辊的弹性变形对变形区长度的影响

若忽略轧件的弹性变形，根据两个圆柱体弹性压扁的公式推得：

$$l' = x_1 + x_2 = \sqrt{R\Delta h + x_2^2} + x_2$$

$$= \sqrt{R\Delta h + (cp\bar R)^2} + cp\bar R \qquad\qquad (5\text{-}4)$$

式中　c——系数，$c = \dfrac{8(1-\nu^2)}{\pi E}$，对钢轧辊，弹性模数 $E = 2.156\times10^5$ MPa，泊松系数 $\nu = 0.3$，则 $c = 1.075\times10^5$ mm^2/N；

$\bar p$——平均单位压力，MPa；

R——轧辊半径，mm。

一般先计算出没有考虑弹性压扁时的轧制压力 P，而后按此压力计算轧辊压扁的变形区长度 l'；再根据 l' 值重新计算轧制压力 P'，用 P' 来验算所求的 l''。若 l' 与 l'' 相差较大，需反复运算，直至其差值较小为止。

此时的接触面积为：

$$F = Bl'$$

5.2.2　孔型中轧制时的接触面积

在孔型中轧制时，由于轧辊上刻有孔型，轧件进入变形区和轧辊接触是不同时的，压下也是不均匀的。可用作图法或近似公式计算法来确定轧制时的接触面积。

5.2.2.1　作图法

可以用作图法把孔型和在孔型中的轧件一起，画出三面投影，得出轧件与孔型相接触面的水平投影，其面积即为接触面积。图 5-4 中俯视图有剖面线的部分为不考虑宽展时的接触面积，虚线加宽部分是根据轧件轧后宽度近似画出的接触面积。

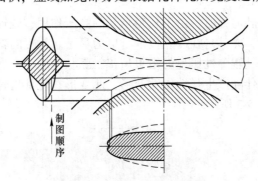

图 5-4　用作图法确定接触面积

5.2.2.2　近似公式计算法

孔型中轧制时，也可用式（5-2）来计算，但这时所取压下量 Δh 和轧辊半径 R 应为平均值 $\overline{\Delta h}$ 和 $\bar R$。

对菱形、方形、椭圆和圆孔型（见图 5-5）进行计算时，可以采用下列经验公式来进行计算。

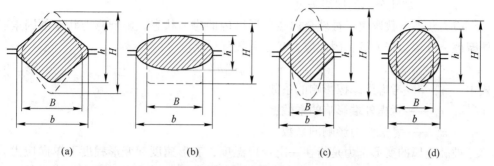

图 5-5 在孔型中轧制时的压下量的计算示意图

（a）菱形轧件进菱形孔型；（b）方形轧件进椭圆孔型；（c）椭圆轧件进方孔型；（d）椭圆轧件进圆孔型

（1）菱形轧件进菱形孔型：

$$\overline{\Delta h} = (0.55 \sim 0.6)(H - h)$$

（2）方形轧件进椭圆孔型：

$$\overline{\Delta h} = H - 0.7h \text{（适用于扁椭圆）}$$

$$\overline{\Delta h} = H - 0.85h \text{（适用于圆椭圆）}$$

（3）椭圆轧件进方孔型：

$$\overline{\Delta h} = (0.65 \sim 0.7)H - (0.55 \sim 0.6)h$$

（4）椭圆轧件进圆孔型：

$$\overline{\Delta h} = 0.85H - 0.79h$$

为了计算延伸孔型的接触面积，可用下列近似公式。

椭圆轧件进方形孔：$\quad F = 0.75B_h \sqrt{R(H - h)}$

方形轧件进椭圆孔：$\quad F = 0.54(B_H + B_h) \sqrt{R(H - h)}$

菱形轧件进菱形或方形孔：$F = 0.67B_h \sqrt{R(H - h)}$

式中　H，h——在孔型中央位置的轧制前、后轧件断面的高度；

　　　B_H，B_h——轧制前、后轧件断面的最大宽度；

　　　R——孔型中央位置的轧辊半径。

任务 5.3 计算平均单位压力

5.3.1 采利柯夫公式

平均单位压力决定于被轧制金属的变形抗力和变形区的应力状态。

$$\overline{p} = mn_\sigma\sigma_\varphi \tag{5-5}$$

式中　m——考虑中间主应力的影响系数，在 1~1.15 范围内变化，若忽略宽展，认为轧件产生平面变形，则 $m = 1.15$；

　　　n_σ——应力状态系数；

σ_φ ——被轧金属的屈服强度。

应力状态系数取决于被轧金属在变形区内的应力状态。影响应力状态的因素有外摩擦、外端、张力等，因此应力状态系数可写成：

$$n_\sigma = n_\sigma' n_\sigma'' n_\sigma''' \qquad (5\text{-}6)$$

式中　n_σ' ——考虑外摩擦影响的系数；

$\quad\quad n_\sigma''$ ——考虑外端影响的系数；

$\quad\quad n_\sigma'''$ ——考虑张力影响的系数。

被轧金属的变形抗力是指在一定变形温度、变形速度和变形程度下单向应力状态时的瞬时屈服极限。不同金属的变形抗力可由实验资料确定。平面变形条件下的变形抗力称平面变形抗力，用 K 表示。

$$K = 1.15\sigma_\varphi \qquad (5\text{-}7)$$

此时的平均单位压力计算公式为：

$$\bar{p} = n_\sigma K \qquad (5\text{-}8)$$

要算出平均单位压力，就要准确地定出应力状态系数。

5.3.1.1　外摩擦影响系数 n_σ' 的确定

$$n_\sigma' = \frac{2(1-\varepsilon)}{\varepsilon(\delta-1)} \cdot \frac{h_\gamma}{h}\left(\frac{h_\gamma}{h} - 1\right) \qquad (5\text{-}9)$$

式中　ε ——本道次变形程度，$\varepsilon = \Delta h/H$；

$\quad\quad \delta$ ——系数，$\delta = 2fl/\Delta h$，$l = \sqrt{R\Delta h}$；

$$\frac{h_\gamma}{h} = \left[\frac{1 + \sqrt{1 + (\delta^2 - 1)\left(\frac{H}{h}\right)^\delta}}{\delta + 1}\right]^{\frac{1}{\delta}} 。$$

为简化计算，将由式（5-9）表示的 n_σ' 与 δ、ε 的函数关系做成曲线，如图5-6所示。从图中可以看出，当 ε、f、D 增加时，平均单位压力急剧增大。当 δ、ε 较小时，可用图5-6（b）所示的局部放大曲线。

5.3.1.2　外端影响系数 n_σ'' 的确定

外端影响系数 n_σ'' 的确定是比较困难的，这是因为外端对单位压力的影响是很复杂的。在一般轧制板带的情况下，外端影响可忽略不计。实验研究表明，当变形区 $l/\bar{h} > 1$ 时，n_σ'' 接近于 1，如在 $l/\bar{h} = 1.5$ 时，n_σ'' 不超过 1.04，而在 $l/\bar{h} = 5$ 时，n_σ'' 不超过 1.005。因此，在轧制板带时，计算平均单位压力可取 $n_\sigma'' = 1$，即不考虑外端的影响。

实验研究表明，对于轧制厚件，由于外端存在使轧件的表面变形引起的附加应力而使单位压力增大，故对于厚件当 $0.5 < l/\bar{h} < 1$ 时，可用经验公式计算 n_σ'' 值，即

$$n_\sigma'' = \left(\frac{l}{h}\right)^{-0.4} \qquad (5\text{-}10)$$

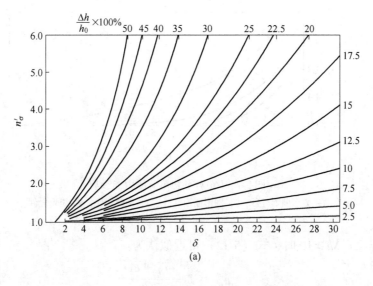

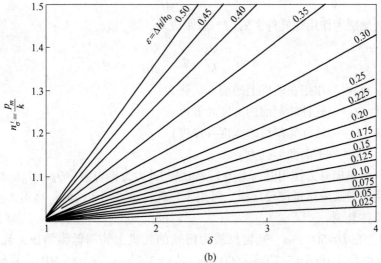

图 5-6 n'_σ 与 δ、ε 的关系曲线

在孔型中轧制时，外端对平均单位压力的影响性质不变，可在图 5-7 的实验曲线上查找。

此外，根据试验资料，采利柯夫提出了如下外端影响系数 n''_σ 的计算公式：

$$n''_\sigma = 1 + 2.6 e^{-3\left(0.4 + \frac{l}{h}\right)^2} \tag{5-11}$$

5.3.1.3 张力影响系数 n'''_σ 的确定

当轧件前后张力较大时，如冷轧带钢，必须考虑张力对单位压力的影响。张力影响系数可用式（5-12）计算：

$$n'''_\sigma = 1 - \frac{\delta}{2K}\left(\frac{q_H}{\delta - 1} + \frac{q_h}{\delta - 1}\right) \tag{5-12}$$

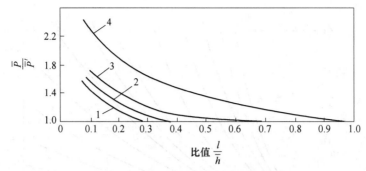

图 5-7　$l/\bar{h}$ 对平均单位压力的影响

1—方形断面轧件；2—圆形断面轧件；3—菱形轧件；4—矩形轧件

在 $\delta = 2fl/\Delta h \geq 10$ 时，式（5-12）可近似认为：

$$n_\sigma''' \approx 1 - \frac{q_H + q_h}{2K} \tag{5-13}$$

q_H、q_h 分别为作用在轧件上的前、后张应力，即

$$q_h = \frac{Q_h}{bh}, \quad q_H = \frac{Q_H}{BH}$$

式中　Q_h，Q_H——作用在轧件上的前、后张力；

　　　B，H——轧件轧制前的宽度和厚度；

　　　b，h——轧件轧制后的宽度和厚度；

　　　K——平面变形抗力。

当轧件无纵向外力作用时，$n_\sigma''' = 1$，如纵向外力为推力时，Q_h、Q_H 取负值。

采利柯夫公式应用范围较广泛，可用于热轧，也可用于冷轧；可用于薄件轧制，也可用于厚件轧制。

例 5-1　在 $D = 500$ mm、轧辊材质为铸铁的轧机上轧制低碳钢板，轧制温度为 950 ℃，轧件尺寸 $H \times B = 5.7$ mm×600 mm，$\Delta h = 1.7$ mm，$K = 86$ MPa，求轧制压力。

解：

$$f = 0.8 \times (1.05 - 0.0005t) = 0.8 \times (1.05 - 0.0005 \times 950) = 0.46$$

$$l = \sqrt{R\Delta h} = \sqrt{250 \times 1.7} = 20.6 \text{ mm}$$

$$\delta = \frac{2fl}{\Delta h} = \frac{2 \times 20.6 \times 0.46}{1.7} = 11$$

$$\varepsilon = \frac{\Delta h}{H} = \frac{1.7}{5.7} = 30\%$$

查图 5-6 得 $n_\sigma' = 2.9$。

因为 $\dfrac{l}{h} = \dfrac{20.6 \times 2}{5.7 + 4} = 4.2 > 1$，所以 $n_\sigma'' = 1$。

又因为无前后张力，所以 $n_\sigma''' = 1$。

故　$P = n_\sigma' KBL = 2.9 \times 86 \times 600 \times 20.6 = 3.08$ MN

5.3.2　斯通公式

斯通在研究冷轧薄板的平均单位压力时，考虑到轧辊直径与轧件厚度之比值很大，而且轧制单位压力很大，轧辊发生显著的弹性压扁现象，轧辊与轧件实际接触弧长度增大，因而可以近似将冷轧薄板看成轧件厚度为 $\bar{h}$ 的平行平板压缩。

直接给出计算平均单位压力的斯通公式：

$$\bar{p} = (\bar{K} - \bar{q})\left(\frac{e^{\frac{f \cdot l'}{\bar{h}}} - 1}{\frac{f \cdot l'}{\bar{h}}}\right) \tag{5-14}$$

应力状态系数 n_σ 为

$$n_\sigma = \frac{e^{\frac{f \cdot l'}{\bar{h}}} - 1}{\frac{f \cdot l'}{\bar{h}}} = \frac{e^x - 1}{x} \tag{5-15}$$

式中　$x = \dfrac{f \cdot l'}{\bar{h}}$；

l' ——考虑弹性压扁后的变形区长度；

$\bar{K}$ ——平面变形抗力的平均值，$\bar{K} = 1.15\,\overline{\sigma_\varphi}$，$\overline{\sigma_\varphi}$ 由积累压下率的平均值 $\bar{\varepsilon}$ 在加工硬化曲线查出。

为了计算方便，表 5-2 给出了 $n_\sigma = \dfrac{e^x - 1}{x}$ 之值，根据 x 便可从表中查出 n_σ 值。

下面给出计算 x 的公式：

$$x^2 = (e^x - 1)y + z^2 \tag{5-16}$$

式中，$y = 2a\dfrac{f}{\bar{h}}(\bar{K} - \bar{q})$，$z = \dfrac{f \cdot l}{\bar{h}}$，$a = cR$。

表 5-2　应力状态系数 $n_\sigma = \dfrac{e^x - 1}{x}$ 的数值表

n_σ	x									
	0	1	2	3	4	5	6	7	8	9
0.0	1.000	1.005	1.010	1.015	1.020	1.025	1.030	1.035	1.040	1.046
0.1	1.051	1.057	1.062	1.068	1.078	1.078	1.084	1.089	1.095	1.100
0.2	1.106	1.112	1.118	1.126	1.131	1.137	1.143	1.149	1.155	1.160
0.3	1.166	1.172	1.178	1.184	1.190	1.196	1.202	1.209	1.215	1.222
0.4	1.229	1.236	1.243	1.250	1.256	1.263	1.270	1.277	1.284	1.290
0.5	1.297	1.304	1.311	1.318	1.326	1.333	1.340	1.347	1.355	1.362
0.6	1.370	1.378	1.336	1.393	1.401	1.409	1.417	1.425	1.433	1.442
0.7	1.450	1.458	1.467	1.475	1.483	1.491	1.499	1.508	1.517	1.525
0.8	1.533	1.541	1.550	1.558	1.567	1.577	1.586	1.595	1.604	1.613
0.9	1.623	1.632	1.642	1.651	1.661	1.670	1.681	1.690	1.700	1.710

n_σ	x									
	0	1	2	3	4	5	6	7	8	9
1.0	1.719	1.729	1.739	1.749	1.750	1.770	1.780	1.790	1.800	1.810
1.1	1.820	1.830	1.840	1.850	1.860	1.871	1.884	1.896	1.908	1.920
1.2	1.935	1.945	1.957	1.968	1.978	1.990	2.001	2.013	2.025	2.037
1.3	2.049	2.062	2.075	2.088	2.100	2.113	2.126	2.140	2.152	2.1615
1.4	2.181	2.195	2.209	2.223	2.237	2.250	2.264	2.278	2.291	2.305
1.5	2.320	2.335	2.350	2.365	2.380	2.395	2.410	2.425	2.440	2.455
1.6	3.470	2.486	2.503	2.520	2.536	2.553	2.570	2.586	2.603	2.620
1.7	2.635	2.652	2.670	2.686	2.703	2.719	2.735	2.752	2.769	2.790
1.8	2.808	2.826	2.845	2.863	2.880	2.900	2.918	2.936	2.955	2.974
1.9	2.995	3.014	3.033	3.052	3.072	3.092	3.112	3.131	3.150	3.170
2.0	3.195	3.170	3.240	3.260	3.282	3.302	3.323	3.346	3.368	3.390
2.1	3.412	3.435	3.458	3.480	3.504	3.530	3.553	3.575	3.599	3.623
2.2	3.648	3.672	3.697	3.722	3.747	3.772	3.798	3.824	3.849	3.876
2.3	3.902	3.928	3.955	3.982	4.009	4.037	4.064	4.092	4.119	4.148
2.4	4.176	4.205	4.234	4.263	4.292	4.322	4.352	4.381	4.412	4.412
2.5	4.473	4.504	4.535	4.567	4.598	4.630	4.663	4.695	4.727	4.761
2.6	4.794	4.827	4.861	4.895	4.929	4.964	4.998	5.034	5.069	5.104
2.7	5.141	5.176	5.213	5.250	5.287	5.324	5.362	5.400	5.438	5.477
2.8	5.516	5.555	5.595	5.634	5.674	5.715	5.556	5.797	5.838	5.880
2.9	5.922	5.964	6.007	6.050	6.093	6.137	6.181	6.226	6.271	6.316

为了计算方便，将式（5-16）中的 x 与 y、z 的关系做成曲线，如图 5-8 所示。使用图 5-8 和表 5-2 可使计算过程简化，其计算步骤如下：

（1）由已知条件计算出 $\bar{h}$、$\bar{q}$、l、f，根据该道次积累压下率 $\bar{\varepsilon}$ 的平均值在加工硬化曲线查出平均变形抗力 $\overline{\sigma_\varphi}$，并由 $\bar{K} = 1.15\overline{\sigma_\varphi}$ 算出平面变形抗力的平均值 $\bar{K}$；

（2）计算出 y 和 z^2 的值，并在图 5-8 上将此两点连成一直线，与曲线之交点即所求之 x 值；

（3）由 $x = \dfrac{f \cdot l'}{\bar{h}}$ 算出弹性压扁后的接触弧长 l'，并由表 5-2 根据 x 值查出 $n_\sigma = \dfrac{e^x - 1}{x}$ 的值；

（4）由式（5-14）算出平均单位压力 $\bar{p}$；

（5）由 $P = \bar{p}Bl'$ 计算轧制压力。

例 5-2 已知冷轧带钢 $H = 1$ mm，$h = 0.7$ mm，$\bar{K} = 500$ MPa，$\bar{q} = 200$ MPa，$f = 0.05$，$B = 120$ mm，在 $D = 200$ mm 的四辊轧机上轧制，求轧制压力 P。

解：
$$l = \sqrt{R\Delta h} = \sqrt{\frac{200}{2} \times (1 - 0.7)} = 5.5 \text{ mm}$$

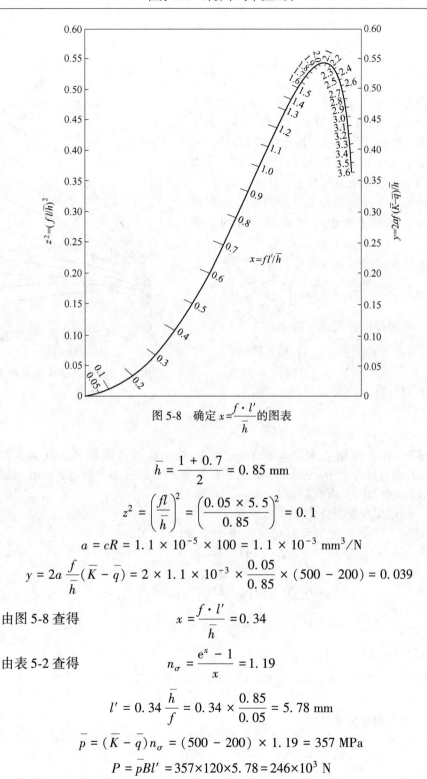

图 5-8 确定 $x = \dfrac{f \cdot l'}{\bar{h}}$ 的图表

$$\bar{h} = \frac{1 + 0.7}{2} = 0.85 \text{ mm}$$

$$z^2 = \left(\frac{fl}{\bar{h}}\right)^2 = \left(\frac{0.05 \times 5.5}{0.85}\right)^2 = 0.1$$

$$a = cR = 1.1 \times 10^{-5} \times 100 = 1.1 \times 10^{-3} \text{ mm}^3/\text{N}$$

$$y = 2a\frac{f}{\bar{h}}(\bar{K} - \bar{q}) = 2 \times 1.1 \times 10^{-3} \times \frac{0.05}{0.85} \times (500 - 200) = 0.039$$

由图 5-8 查得

$$x = \frac{f \cdot l'}{\bar{h}} = 0.34$$

由表 5-2 查得

$$n_\sigma = \frac{e^x - 1}{x} = 1.19$$

$$l' = 0.34\frac{\bar{h}}{f} = 0.34 \times \frac{0.85}{0.05} = 5.78 \text{ mm}$$

$$\bar{p} = (\bar{K} - \bar{q})n_\sigma = (500 - 200) \times 1.19 = 357 \text{ MPa}$$

$$P = \bar{p}Bl' = 357 \times 120 \times 5.78 = 246 \times 10^3 \text{ N}$$

5.3.3 西姆斯公式

西姆斯公式普遍用于热轧板带。本节直接给出计算平均单位压力的西姆斯公式：

$$\overline{p} = n'_\sigma K \tag{5-17}$$

式中，$n'_\sigma = \sqrt{\dfrac{1-\varepsilon}{\varepsilon}} \left(\dfrac{1}{2}\sqrt{\dfrac{R}{h}}\ln\dfrac{1}{1-\varepsilon} - \sqrt{\dfrac{R}{h}}\ln\dfrac{h_\gamma}{h} + \dfrac{\pi}{2}\arctan\sqrt{\dfrac{\varepsilon}{1-\varepsilon}} \right) - \dfrac{\pi}{4}$。

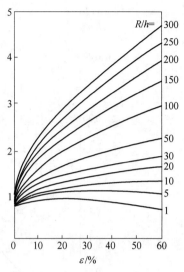

由西姆斯公式（5-17）可知，应力状态系数 n'_σ 仅取决于相对压下量 ε 及比值 R/h。为了便于应用，将公式计算结果做成曲线，如图 5-9 所示。根据 R/h 和 ε 的值便可查出 n'_σ 值，从而就可求出平均单位压力和总压力。

另外，由于西姆斯公式比较复杂，因此很多学者在此基础上发表了西姆斯公式的简化形式。

（1）志田茂公式：

$$n'_\sigma = 0.8 + (0.45\varepsilon + 0.04)\left(\sqrt{\dfrac{R}{H}} - 0.5 \right)$$

（2）美坂佳助公式：

$$n'_\sigma = \dfrac{\pi}{4} + 0.25\dfrac{l}{h}$$

图 5-9　n'_σ 与 ε、R/h 的关系

（3）克林特里公式：

$$n'_\sigma = 0.75 + 0.27\dfrac{l}{\overline{h}}$$

例 5-3　在工作辊直径 $D = 860$ mm 的轧机上轧制低碳钢板，轧制温度 $t = 1100\,℃$，轧前轧件厚度 $H = 93$ mm，轧后轧件厚度 $h = 64.2$ mm，板宽 $B = 610$ mm，此时轧件 $\sigma_\varphi = 80$ MPa，求轧制力。

解：（1）用西姆斯公式计算：

$$K = 1.15\sigma_\varphi = 1.15 \times 80 = 92 \text{ MPa}$$

$$\varepsilon = \frac{\Delta h}{H} = \frac{93 - 64.2}{93} = 30.9\%$$

$$l = \sqrt{R\Delta h} = \sqrt{430 \times (93 - 64.2)} = 111$$

$$\frac{R}{h} = \frac{430}{64.2} = 6.7$$

由图 5-9 查得　　　　　　　　$n'_\sigma = 1.1$

所以　　　　　　　　$\overline{p} = n'_\sigma K = 1.1 \times 92 = 101.2 \text{ MPa}$

$$P = \overline{p}Bl' = 101.2 \times 610 \times 111 = 6852 \text{ kN}$$

（2）用志田茂公式计算：

$$n'_\sigma = 0.8 + (0.45\varepsilon + 0.04)\left(\sqrt{\frac{R}{H}} - 0.5 \right)$$

$$= 0.8 + (0.45 \times 0.309 + 0.04)\left(\sqrt{\frac{430}{93}} - 0.5 \right)$$

$$= 1.1$$

$$\bar{p} = n'_\sigma K = 1.1 \times 92 = 100.8 \text{ MPa}$$

$$P = \bar{p} B l' = 100.8 \times 610 \times 111 = 6824 \text{ kN}$$

（3）用美坂佳助公式计算：

$$n'_\sigma = \frac{\pi}{4} + 0.25 \times \frac{l}{h} = \frac{\pi}{4} + 0.25 \times \frac{111 \times 2}{93 + 64.2} = 1.14$$

$$\bar{p} = n'_\sigma K = 1.14 \times 92 = 104.7 \text{ MPa}$$

$$P = \bar{p} B l' = 104.7 \times 610 \times 111 = 7089 \text{ kN}$$

（4）用克林特里公式计算：

$$n'_\sigma = 0.75 + 0.27 \times \frac{l}{h} = 0.75 + 0.27 \times \frac{111 \times 2}{93 + 64.2} = 1.13$$

$$\bar{p} = n'_\sigma K = 1.13 \times 92 = 104.1 \text{ MPa}$$

$$P = \bar{p} B l' = 104.1 \times 610 \times 111 = 7047 \text{ kN}$$

5.3.4 艾克隆德公式

艾克隆德公式发表于 1927 年，是最早的一个考虑各种因素对单位压力影响的公式，用于计算热轧低碳钢钢坯及型钢的轧制压力，有比较正确的结果。但对轧制钢板和异型钢材，则不宜使用。

艾克隆德公式是用于计算热轧时平均单位压力的半经验公式，该公式的形式为：

$$\bar{p} = (1 + m)(K + \eta \cdot \dot{\bar{\varepsilon}}) \tag{5-18}$$

式中　$1+m$——考虑外摩擦影响的系数；

　　　　K——平面变形抗力，MPa；

　　　　η——金属的黏度，$N \cdot s/mm^2$；

　　　　$\dot{\bar{\varepsilon}}$——轧制时的平均变形速度，s^{-1}。

式中乘积 $\eta \cdot \dot{\bar{\varepsilon}}$ 考虑了轧制速度对变形抗力的影响。公式中的各项分别用如下公式计算：

$$m = \frac{1.6f\sqrt{R\Delta h} - 1.2\Delta h}{H + h} \tag{5-19}$$

式中，轧制时的摩擦系数 f 用式（8-1）计算。艾克隆德利用实验数据得到如下无摩擦平面压缩变形抗力的计算公式：

$$K = (137 - 0.098t)(1.4 + C + Mn + 0.3Cr) \text{ (MPa)} \tag{5-20}$$

式中　C，Mn，Cr——钢中碳、锰、铬的含量（质量分数），%；

　　　　t——轧制温度，℃。

式（5-20）适用于 $t = 800$ ℃、Mn≤1%、Cr<2%~3%的情况。

$$\eta = 0.01(137 - 0.098t)c' \text{ (N} \cdot s/mm^2) \tag{5-21}$$

式中　c'——轧制速度对 η 的影响系数，其数值见表 5-3。

表 5-3　系数 c' 与轧制速度的关系

轧制速度 $v/\mathrm{m} \cdot \mathrm{s}^{-1}$	<6	6~10	10~15	15~20
系数 c'	1	0.8	0.65	0.6

$$\bar{\dot{\varepsilon}} = \frac{2v \sqrt{\dfrac{\Delta h}{R}}}{H + h} \ (\mathrm{s}^{-1}) \tag{5-22}$$

例 5-4　在 $D = 530$ mm、辊缝 $s = 20.5$ mm、轧辊转速 $n = 100$ r/min 的箱形孔型中轧制 45 号钢，轧件尺寸为 $H \times B = 202.5$ mm×174 mm，$h \times b = 173.5$ mm×176 mm，轧制温度 1120 ℃，钢轧辊，求轧制压力。

解：　$R = \dfrac{1}{2}(D - h + s) = \dfrac{1}{2} \times (530 - 173.5 + 20.5) = 188.5$ mm

$$\Delta h = H - h = 202.5 - 173.5 = 29 \text{ mm}$$

$$l = \sqrt{R\Delta h} = \sqrt{188.5 \times 29} = 74 \text{ mm}$$

$$F = \frac{B + b}{2}l = \frac{174 + 176}{2} \times 74 = 12950 \text{ mm}^2$$

$$v = \frac{\pi D n}{60} = \frac{3.14 \times 2 \times 188.5 \times 100}{60} = 1.97 \text{ m/s}$$

$$f = 1.05 - 0.0005 \times 1120 = 0.49$$

$$m = \frac{1.6fl - 1.2\Delta h}{H + h} = \frac{1.6 \times 0.49 \times 74 - 1.2 \times 29}{202.5 + 173.5} = 0.06$$

$$K = (137 - 0.098 \times 1120) \times (1.4 + 0.45 + 0.5) = 64 \text{ MPa}$$

$$\eta = 0.01 \times (137 - 0.098 \times 1120) = 0.27 \text{ N} \cdot \text{s/mm}^2$$

$$\bar{\dot{\varepsilon}} = \frac{2 \times 1.97 \sqrt{\dfrac{29}{188.5}} \times 10^3}{202.5 + 173.5} = 4.1 \text{ s}^{-1}$$

$$\bar{p} = (1 + m)(K + \eta \cdot \bar{\dot{\varepsilon}}) = (1 + 0.06) \times (64 + 0.27 \times 4.1) = 69 \text{ MPa}$$

$$P = \bar{p}F = 69 \times 12950 = 894 \times 10^3 \text{ N}$$

5.3.5　其他公式

5.3.5.1　适用于初轧条件的平均单位压力公式

在初轧条件下，由于轧件厚度很大，大部分轧制道次 $l/\bar{h} < 1$。在这种情况下，外区对单位压力的影响是主要的，而外摩擦的影响可以忽略。我国学者赵志业用滑移线方法得出如下适用于计算初轧时的平均单位压力公式：

$$\bar{p} = K\left(0.14 + 0.43 \frac{l}{\bar{h}} + 0.43 \frac{\bar{h}}{l}\right) \quad 1 \geqslant \frac{l}{\bar{h}} > 0.35$$

和
$$\bar{p} = K\left(1.6 - 1.5\frac{l}{\bar{h}} + 0.14\frac{\bar{h}}{l}\right) \quad \frac{l}{\bar{h}} < 0.35 \tag{5-23}$$

用式（5-23）计算出的结果与采利柯夫提出的公式计算结果相近。

5.3.5.2　在简单断面孔型中轧制时的平均单位压力公式

目前尚缺乏准确计算孔型中轧制时的平均单位压力公式。一般都按平均高度法把轧制前、后的轧件断面积化为矩形，然后再按平辊轧矩形断面轧件的平均单位压力公式来计算，常用的有艾克隆德平均单位压力公式 [见式（5-18）]。此外，日本学者斋藤推荐用下列公式计算孔型中轧制时的平均单位压力：

$$\bar{p} = m\sigma_\varphi\left(0.75 + 0.25\frac{l}{\bar{h}}\right) \quad \frac{l}{\bar{h}} > 1$$

和
$$\bar{p} = m\sigma_\varphi\left(0.75 + 0.25\frac{l}{\bar{h}}\right) \quad \frac{l}{\bar{h}} < 1 \tag{5-24}$$

孔型中轧制时宽展很明显，中间主应力影响系数 $m = 1 \sim 1.15$。l 和 $\bar{h}$ 的值均用平均高度法按平辊轧矩形断面轧件来确定。

对于异型孔型中轧制，目前仍借助于实验数据，用平均高度法按平辊轧矩形断面轧件来计算，然后乘以考虑孔型形状影响的修正系数 n_k。或者把异型断面分为几个简单断面，分别按简单断面来计算单位压力，然后考虑金属整体性而引起的附加应力来加以修正。

总之，对上面这些轧制情况研究还很不充分，资料较少，这方面还需进一步研究。

5.3.6　按实验法确定轧制力

直接在轧机上测定各种条件下的轧制力，从而制成曲线。这种方法无论在实验中或在生产中都在一定程度上得到广泛应用。

测量轧制力的方法主要有两种，即液压法及电测法。此外，也可通过测量轧机牌坊立柱的弹性变形程度来测知轧辊所承受的压力。常见的测压方法有下列两种。

（1）用电阻应变仪测压。测压仪由压头（或称压力传感器、转换器）和电阻应变仪两部分组成，压头贴有电阻片，装在工作机座的压下螺丝下面，轧制时压头受压后产生应变，使电阻片阻值发生变化，应变仪将阻值变化转换成电流大小不同的信号，从而显示出轧制力的大小。

（2）辊面上安装测压仪。将电阻丝应变测压仪嵌在轧辊表面预先钻好的小孔内，测压仪工作面与轧辊表面平齐，轧件通过轧辊时，测压仪就记录下受压力的数据。

电阻丝应变仪的测量原理是：电阻丝贴在压头上，当压头受力变形时它也相应随之变形，因而电阻便发生变化，这变化尽管很小，经放大后以电流的形式输送给示波器进行示波照相。一定的力便有一定的电量变化，便可以知道力的大小。

任务 5.4　认识变形抗力

微课　变形
抗力

5.4.1　变形抗力的概念

由力和变形关系可知，欲使大量的原子定向地由原来的稳定平衡位置移向新的稳定平衡位置，必须在物体内引起一定的应力场以克服力图使原子回到原来平衡位置上去的弹性力，可见，物体有保持其原有形状而抵抗变形的能力。度量物体这种抵抗变形能力的力学指标称为塑性变形抗力，简称变形抗力或称变形阻力。

一般情况下，较软的金属具有较低的变形抗力，即柔软性好；硬金属具有较高的变形抗力。在一定条件下，不一定较软的金属塑性就好，也不一定较硬的金属塑性就差。在一定条件下较硬的金属却可能有很高的塑性。关于硬度这个概念，在日常生活与生产实践中经常碰到，如金刚石刻划玻璃，玻璃被划出了痕，可以说金刚石比玻璃硬。用锉刀锉铜能很容易锉下铜屑，因为铜比锉刀软。可见，这里说的"硬"和"软"是相对的。

如果用一个直径 10 mm 的淬火钢球，施加一定的力分别去压一块铁和一块铜，则铁和铜的表面都被压出压痕，铜表面的压痕比铁的压痕大，因此说铁比铜硬。根据这个道理就可以定量地测出许多材料的硬度。铁和铜出现压痕的过程是依靠金属的塑性变形来实现的，在同样的负荷、同样尺寸的钢球作用下，铁表面的压痕小说明铁的塑性变形抗力较大，而铜的塑性变形抗力较小。因此，硬度实际上反映了金属材料的塑性变形抗力大小。

在热处理生产实践中，常用硬度值来检验零件的质量。因为硬度检验，既不破坏零件，又可测得硬度值，还可近似地估算其强度指标 σ_b。

5.4.2　影响变形抗力的因素

微课　变形
抗力的影
响因素 1

影响变形抗力的因素主要有金属或合金的化学成分、组织结构、变形温度、变形速度及变形程度等。这些影响因素，都是通过改变金属或合金内部性质而使其变形抗力增大或减小的。

5.4.2.1　化学成分的影响

随着钢中合金元素或杂质的含量增加，均使变形抗力增大。

（1）碳。在较低的温度下随着钢中含碳量的增加，钢的变形抗力升高。温度升高时其影响减弱。图 5-10 所示为在不同变形温度和变形速度条件下，压下率为 30%时含碳量对变形抗力的影响。低温时的影响比高温时大得多。

（2）锰。锰对碳钢的力学性能有良好影响，它能提高钢经热轧后的硬度和强度。在碳钢的锰含量范围内，每增加 0.1% Mn，使热轧钢的抗拉强度增加 7.8～12.7 MPa，使屈服强度增加 7.8～9.8 MPa。锰提高热轧钢强度和硬度的原因是它溶入铁素体引起固溶强化，并使钢材在轧后冷却时得到比较细而且强度较高的珠光体，在同样含碳量和同样冷却条件下珠光体的相对量增加。

（3）硅。硅在碳钢中的含量不超过 0.5%。硅也是钢中的有益元素。在碳钢中每增加 0.1% Si，使热轧钢的抗拉强度增加 7.8~8.8 MPa，使屈服强度增加 3.9~4.9 MPa。

（4）铬。对含铬量为 0.7%~1.0% 的铬钢来讲，影响其变形抗力的主要不是铬，而是钢中的含碳量，这些钢的变形抗力仅比具有相应含碳量的碳钢高 5%~10%。对高碳铬钢 GCr6~GCr15（含铬量 0.45%~1.65%），其变形抗力虽稍高于碳钢，但影响变形抗力的也主要是碳。高铬钢 1Cr13~4Cr13、Cr17、Cr23 等在高速下变形时，其变形抗力大为提高。特别对含碳量较高的铬钢（如 Cr12 等）更是如此。

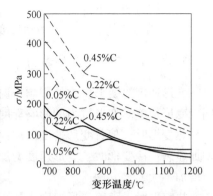

图 5-10 在不同变形温度和变形速度下含碳量对碳钢变形抗力的影响
（实线为静压缩，虚线为动压缩）

（5）镍。镍在钢中可使变形抗力稍有提高。但对 25NiA、30NiA 和 13Ni2A 等钢来讲，其变形抗力与碳钢相差不大。当含镍量较高时，例如 Ni25~Ni28 钢，其变形抗力与碳钢相比有很大的差别。

在许多情况下，在钢中应同时加入几种合金元素，例如同时加入铬和镍，这时钢中的碳、铬和镍对变形抗力都要产生影响。12CrNi3A 钢的变形抗力比 45 号钢高出 20%，Cr18Ni9Ti 钢的变形抗力比碳钢高 0.5 倍。

5.4.2.2 显微组织的影响

一般情况下，晶粒越细小，变形抗力越大；单相组织比多相组织的变形抗力要低；晶粒体积相同时，晶粒细长者较等轴晶粒结构的变形抗力大；晶粒尺寸不均匀时，又较均匀晶粒结构时大；金属中的夹杂物对变形抗力也有影响，在一般情况下，夹杂物会使变形抗力升高；钢中有第二相时，变形抗力也会相应提高。

5.4.2.3 变形温度的影响

微课 变形抗力的影响因素 2

在加热及轧制过程中，温度对钢的变形抗力影响非常大。随着钢加热温度的升高，变形抗力降低。钢的变形抗力和温度的关系如下：1200 ℃时，变形抗力为 1.0 MPa；1100 ℃时，变形抗力为 2.7 MPa；1000 ℃时，变形抗力为 4.0 MPa；800 ℃时，变形抗力为 6.7 MPa；常温时，变形抗力为 20 MPa。从不同温度下变形抗力的大小可以得出，金属温度降低，变形抗力增加；温度升高，金属变形抗力降低。

温度升高，金属变形抗力降低的原因有以下几个方面：

（1）发生了回复与再结晶。回复使变形金属得到一定程度的软化，与冷成型后的金属相比，金属的变形抗力有所降低。再结晶则完全消除了加工硬化，变形抗力显著降低。

（2）临界剪应力降低。温度越高，则原子的动能越大，金属晶体中原子间的结合力就越弱，引起滑移的临界剪应力越低。

（3）金属的组织结构发生变化。这时变形金属可能由多相组织转变为单相组织，变形抗力明显下降。

（4）随温度的升高，新的塑性变形机制参与作用。

5.4.2.4　变形速度的影响

变形速度对变形抗力的影响与温度密切相关，如图 5-11 所示。加工温度范围不同，变形速度对变形抗力的影响程度不同。

热变形时，随着变形速度增加，变形抗力增加显著；冷变形时，变形速度增加，变形抗力增加不大。

热变形时，随着变形速度增加，变形抗力增加显著的原因有两点：其一是由于在热变形时，当达到某一变形程度，则随着变形速度增加，使软化过程（即回复和再结晶过程）不能充分地进行，那么就不能完全消除变形引起的加工硬化，结果使变形抗力升高；其二是由于热加工时温度较高，变形抗力小，热效应也小，由此热量引起的温度升高同该物体本身的温度相比也是较少的。因此，在热加工温度范围内，由塑性变形的热效应使变形抗力下降的影响是次要的，由变形速度上升使变形抗力升高的影响是主要的。因此，在热加工温度范围内，变形速度增加使变形抗力增加比较明显。

冷变形时，一方面，在某一变形程度时，同样随着变形速度增加，软化过程不能充分进行，结果使变形抗力升高；但另一方面，冷变形的温度低，变形抗力大，塑性变形的热效应也大，因此变形温度升高同该物体本身温度相比很明显，有一定程度的软化使变形抗力降低。综合以上两个方面得出冷加工变形速度增加时，变形抗力增加不大。

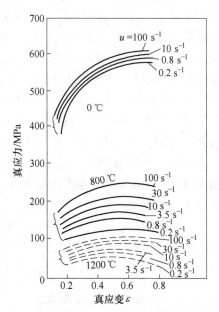

图 5-11　0.15%C 碳钢退火材压缩时的真应力-应变曲线

5.4.2.5　变形程度的影响

变形程度也是影响变形抗力的一个重要因素。在冷状态时，随变形程度增加，变形抗力显著提高。在热状态下，在一定变形程度以内，随着变形程度提高，变形抗力提高，但是当变形程度很大时，变形抗力增加缓慢，甚至有下降的趋势，如图 5-12 所示。

金属的加工硬化通常是由于在塑性变形过程中，金属晶粒产生弹性畸变所引起的。变形抗力随变形程度增大而增加的速度，常用强化强度来度量。

强化强度可用强化曲线（应力应变曲线）在相应点上的切线的斜率表示。在同样的变形程度下，对于不同的金属，强化强度不同。一般纯金属和高塑性金属的强化强度，小于合金和低塑性金属的强化强度。如铜、铅、铝属于高塑性金属；中碳

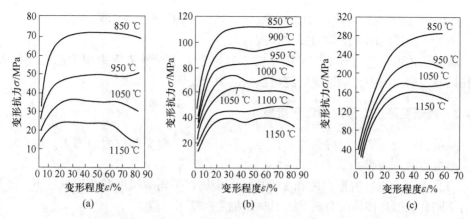

图 5-12　在不同温度下，采用不同的变形速度和变形程度时低碳钢的加工硬化曲线

(a) $\dot{\varepsilon} = 3 \times 10^{-4}\ s^{-1}$；(b) $\dot{\varepsilon} = 3 \times 10^{-2}\ s^{-1}$；(c) $\dot{\varepsilon} = 3 \times 10^{2}\ s^{-1}$

钢、低合金钢是具有中等塑性的金属；而高合金钢、不锈钢、耐热合金等则属于低塑性金属。

实验表明，金属不仅在冷状态下变形过程产生强化，在热状态下亦有强化产生。

在热状态下随变形温度的提高，金属的强化强度逐渐减小（见图 5-12），这是由于随温度提高，软化速度增大的缘故。由图 5-12 可以看出变形抗力与变形程度具有如下关系：变形程度在 20%～30% 以下，随变形程度的增加，变形抗力增加比较显著，即强化强度较大；当变形程度较高时，随变形程度增加，变形抗力增加缓慢，即强化强度减小；有时，由于热效应作用，变形抗力反而有下降趋势。

5.4.2.6　应力状态的影响

由应力状态的知识可以知道，同号应力状态的两个主应力 σ_1 和 σ_3 在斜面上引起的切应力 τ' 和 τ'' 方向相反，而两者合起来的 τ_n 就小，但切应力必须达到极限值 τ_s 时才产生屈服。因此，要使 τ_n 达到 τ_s，必须加大单位变形力（在工具作用方向上单位面积所受的力）。而异号应力状态由于 σ_1 和 σ_3 在斜面上引起的 τ' 和 τ'' 方向相同，合起来 τ_n 就大，这时用较小的单位变形力就可使 τ_n 达到 τ_s。因此，同号应力图示比异号应力图示的变形抗力大。

用相同金属在相同模具上进行挤压和拉拔，其变形抗力是前者远比后者大，这是由于挤压时的应力状态与拉拔时不同。例如，将 10 mm 的红铜圆棒坯采用拉拔或挤压的方法加工成 8 mm 的圆铜棒。采用拉拔生产时，其应力状态为一向拉两向压应力状态 T_2（+ − −），需要的作用力为 10290 N；当采用挤压生产时，应力状态为三向压应力状态 T_1（− − −），需要的作用力为 34594 N。若 σ_1 为拉拔外力所产生的主应力，σ_2、σ_3 为模壁反作用产生的主应力，且一般认为 $\sigma_2 = \sigma_3$。σ_3' 为挤压外力所产生的主应力，σ_1'、σ_2' 为模壁反作用产生的主应力，并认为 $\sigma_1' = \sigma_2'$，实验也证明了这一结论，挤压时的单位压力（变形抗力）为：

$$\sigma_3' = 34594 \div (\pi \times 5^2) \approx 441\ \text{MPa}$$

拉拔时的单位拉力（变形抗力）为：

$$\sigma_1 = 10290 \div (\pi \times 4^2) \approx 205 \text{ MPa}$$

因此，挤压时的变形抗力要比拉拔时大。

综上所述可知，同号主应力图示的变形抗力大于异号主应力图示的变形抗力。而在同号主应力图中，随着应力绝对值的增加，变形抗力也增加。

5.4.3　降低变形抗力常用的工艺措施

从前面讨论可知，要降低变形抗力，就要改变影响变形抗力的因素。生产中减少变形抗力的方法有：

（1）合理地选择变形温度和变形速度。金属在不同的温度和变形速度下，变形抗力不同。根据具体情况分析选择具体的温度和变形速度。

（2）选择最有利的变形方式。从提高金属塑性方面来看，静水压力越高的变形方式（三向压应力状态），对提高金属的塑性越有利。因此，塑性不好的金属要尽可能选择三向压应力状态的塑性加工方式。如果金属塑性良好，当加工件存在着几种实际可行的方案时，从减小变形抗力的角度考虑，选择具有异号主应力状态或静水压力较小的变形方式。

（3）采用良好的润滑。在塑性变形时，尽可能采取措施减小摩擦系数。例如，冷轧时为了降低变形抗力，常加润滑油来降低摩擦；冷挤压时，采用磷化、皂化处理等，都可以大大降低变形抗力。镦粗时，为了避免润滑剂从接触面上被挤出，有时可用高塑性和低变形抗力的塑性垫来代替润滑剂，如图 5-13 所示。试验表明，采用塑性垫后，能大大改善接触面的摩擦条件，使变形抗力降低。图 5-14 为 45 号钢试样镦粗时，用塑性垫和不用塑性垫的单位流动压力曲线。试样直径与高度之比 $D/H = 10$，塑性垫厚度为 0.5 mm 的铝板，从图 5-14 中可以看到，在压缩程度为 45% 处，用塑性垫时的单位流动压力仅为不用塑性垫和润滑剂时的 40%，仅为不用塑性垫而用矿物油润滑时的 65%。

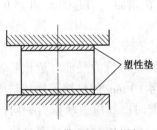

图 5-13　带塑性垫的镦粗

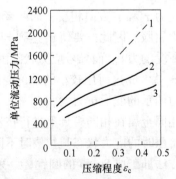

图 5-14　45 号钢镦粗时单位流动压力曲线
1—不用润滑剂及塑性垫；2—用矿物油润滑；
3—用 0.5 mm 厚的铝塑性垫

（4）减小工、模具与变形金属的接触面积（直接承受变形力的面积）。接触面积减小，外摩擦作用降低而使单位压力减小，总变形力也减小。在生产中具体做法很多，如分段模锻；用连续的局部变形代替整体变形；采用直径小的轧辊轧制钢板等。

减小变形抗力的工艺措施也很多，如设计合理的工具，使金属具有良好的流动条件；改进操作方法以改善变形的不均匀性；带张力轧制，改变应力状态等，根据具体情况，具体分析选用。

5.4.4　金属变形抗力的确定

金属及合金的实际变形抗力 σ_φ（简单拉、压条件下）取决于金属及合金的本性（屈服极限 σ_s）、轧制温度、轧制速度和变形程度的影响，当确定金属的实际变形抗力时，必须综合考虑上述因素的影响。下面对冷轧和热轧条件分别予以讨论。

5.4.4.1　热轧时的变形抗力

热轧时的变形抗力根据变形时的温度、平均变形速度和变形程度的值，由实验方法得到的变形抗力曲线来确定。图 5-15 为低碳钢 Q235 的变形抗力曲线，图中的各条曲线是不同变形温度下，压下率为 30% 时的变形抗力随平均变形速度变化的曲线。在知道某个轧制道次的平均变形速度和轧制温度后，可由曲线找出 $\varepsilon = 30\%$ 时的变形抗力 $\sigma_{\varphi,30}$，对于其他的变形程度可按图 5-15 中左上角的修正曲线，由实际变形程度找出修正系数 C。这样该道次的变形抗力为：

$$\sigma_\varphi = C \cdot \sigma_{\varphi,30}$$

式中　$\sigma_{\varphi,30}$——压下率为 30% 时的变形抗力；

　　　　C——与实际压下率有关的修正系数。

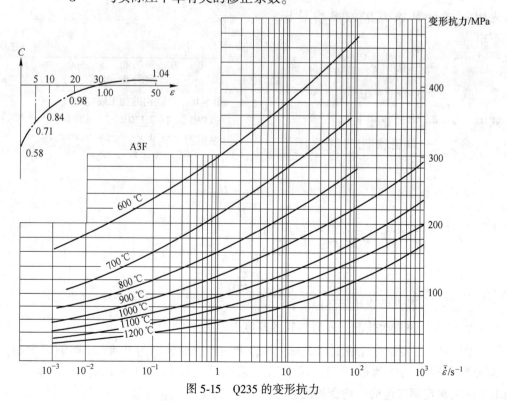

图 5-15　Q235 的变形抗力

例 5-5　若某轧制道次轧前轧件厚度 $H=5$ mm，轧后厚度 $h=4$ mm，轧制温度 $t=$ 1100 ℃，平均变形速度 $\bar{\dot{\varepsilon}}=20.1$ s^{-1}，钢种为 Q235，计算该道次的变形抗力。

解：$\varepsilon=\dfrac{H-h}{H}=\dfrac{5-4}{5}=20\%$

由图 5-15 可知该道次的 $\sigma_{\varphi,30}=117$ MPa。

由图中修正曲线可知当 $\varepsilon=20\%$ 时，$C=0.98$。

故　$\sigma_{\varphi}=C\cdot\sigma_{\varphi,30}=0.98\times117=115$ MPa

5.4.4.2　冷轧时的变形抗力

冷轧时的变形抗力根据各钢种的加工硬化曲线中不同道次的平均压下率来查找，如图 5-16 所示。

冷轧时以退火带坯为原料，要在一个轧程内轧制几道后才退火。一个轧程内各道次的加工硬化被积累起来。而且每道次从变形区入口到出口的变形程度都是逐渐变化的，因而变形抗力 σ_{φ} 也随之变化。一般用以下方法来计算某一道次的平均变形抗力。先用下式计算该道次的平均总压下率：

$$\bar{\varepsilon}=\varepsilon_H+0.6(\varepsilon_h-\varepsilon_H)$$

或　$\bar{\varepsilon}=0.4\varepsilon_H+0.6\varepsilon_h$

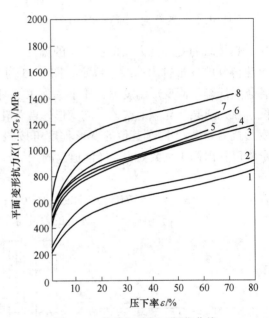

图 5-16　普碳钢的加工硬化曲线
1—0.08%C；2—0.17%C；3—0.36%C；
4—0.51%C；5—0.66%C；6—0.81%C；
7—1.03%C；8—1.29%C

式中　$\bar{\varepsilon}$——平均总压下率；

ε_H——该道次轧前的总压下率，即

$$\varepsilon_H=\frac{H_0-H}{H_0}$$

ε_h——该道次轧后的总压下率，即

$$\varepsilon_h=\frac{H_0-h}{H_0}$$

H_0——退火后原始带坯厚度；

H，h——该道次轧前、轧后的轧件厚度。

例 5-6　在四辊冷轧机上用 3 mm 厚的带坯经四道轧制为 0.4 mm 厚的带钢卷，钢种为含碳 0.17% 的低碳钢，其中第二道次轧前厚度为 1.9 mm，轧后厚度为 1.1 mm，确定第二道的平均变形抗力。

解:
$$\varepsilon_H = \frac{H_0 - H}{H_0} = \frac{3 - 1.9}{3} = 36.6\%$$

$$\varepsilon_h = \frac{H_0 - h}{H_0} = \frac{3 - 1.1}{3} = 63.3\%$$

故第二道的平均总压下率为

$$\bar{\varepsilon} = 0.4\varepsilon_H + 0.6\varepsilon_h = 0.4 \times 0.366 + 0.6 \times 0.633 = 52.6\%$$

由图 5-16 中的曲线 2 可得第二道的平均平面变形抗力 K（$1.15\sigma_\varphi$）为 $K = 800$ MPa。

任务 5.5　分析影响轧制压力的因素

由轧制力计算公式 $P = \bar{p} \cdot F$ 可知，轧制力的大小主要由轧制时的平均单位压力和接触面积来决定。因此，各种因素对轧制力的影响可通过对这两方面的影响来分析。值得注意的是，实际的轧制变形是极为复杂的，各种对轧制力的影响因素往往是同时对这两个方面均有影响。

5.5.1　轧件材质的影响

轧件材质对变形抗力的影响如任务 5.4 所述。材质不同，变形抗力也不同。含碳量高或合金成分高的材料，因其变形抗力大，轧制时单位变形抗力也大，轧制力也就大。

5.5.2　轧件温度的影响

所有金属都有一个共同的特点，即其屈服点随着温度的升高而下降。因为温度升高后，金属原子的热振动加强、振幅增大，在外力作用下更容易离开原来的位置发生滑移变形，所以温度升高时，其屈服点即下降。在高温时，由于不断产生加工硬化，因此金属的屈服点和抗拉强度值是相同的，即 $\sigma_s = \sigma_b$。此外，温度高于 900 ℃以后，含碳量的多少，对屈服点不产生影响。

轧制温度对碳素钢轧制力的影响比较复杂。一般情况下，随着轧制温度提高，轧制力减小，但在整个温度区域中，200 ~ 400 ℃时轧制力随温度升高而下降，400 ~ 600 ℃时轧制力随温度升高而升高，600 ~ 1300 ℃时轧制力随温度升高而下降，如图 5-17 所示。

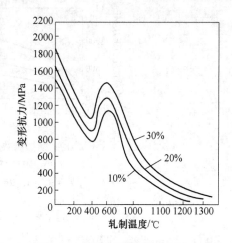

图 5-17　轧制温度与相对压下量对变形抗力的影响

5.5.3　变形速度的影响

根据一些实验曲线（见图 5-18）可以得出，低碳钢在 400 ℃以下冷轧时，变形速度对抗拉强度影响不大，而在热轧时却影响极大，型钢热轧时变形速度一般为 $10 \sim 100 \ \mathrm{s}^{-1}$，与静载变形（变形速度为 $10^{-4} \ \mathrm{s}^{-1}$）相比，屈服点高出 5~7 倍。因此，热轧时，随轧制速度增加变形抗力有所增加，平均单位压力将增加，故轧制力增加。

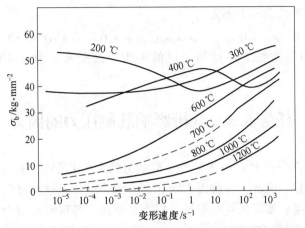

图 5-18　在不同温度下变形速度对低碳钢强度极限的影响

5.5.4　外摩擦的影响

轧辊与轧件间的摩擦力越大，轧制时金属流动阻力越大，单位压力越大，需要的轧制力也越大。在表面光滑的轧辊上轧制比在表面粗糙的轧辊上轧制时所需要的轧制力小，其实验数据如图 5-19 所示。

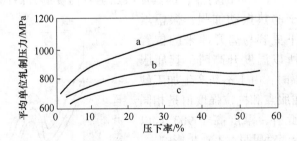

图 5-19　摩擦系数对平均轧制压力的影响

（用铬钢轧辊轧制 0.17% 碳钢时，

$h_1 = 2 \ \mathrm{mm}$，$b_1 = 30 \ \mathrm{mm}$，$D = 184.8 \ \mathrm{mm}$，轧辊转数 = 36 r/min）

a—$f = 0.15$，人为使轧辊表面粗糙，无润滑时；b—$f = 0.09 \sim 0.11$，轧辊表面光滑，无润滑时；

c—$f = 0.07$，轧辊表面光滑且进行润滑时

外摩擦的影响主要表现在两个方面：

（1）摩擦系数的影响。摩擦系数越大，则附加变形抗力越大。

（2）变形区形状的影响。由于轧制时接触面上产生的摩擦力不仅作用在表面上，而且通过金属的质点传递到整个体积中去。如果轧件较高，则摩擦力的影响达不到中间，所以中间部分受到的限制就小，因而附加抗力就小，相反，如果轧件很

薄，则摩擦力的作用向中间逐渐增强，因而附加抗力增大，如图 5-20 所示。

由此可以认为，附加抗力与轧件厚度成反比。当厚度一定时，接触面越大，则金属在变形区中部附近受到的阻力越大。

5.5.5　轧辊直径的影响

轧辊直径对轧制压力的影响通过两方面起作用，当轧辊直径增大，变形区长度增长，接触面积增大，导致轧制力增大。另外，由于变形区长度增大，金属流动摩擦阻力增大（见图 5-20），在长向上的压应力 σ_1 增强，使得三向压应力状态强烈，变形抗力增大，造成单位压力增大，所以轧制力也增大，如图 5-21 所示。

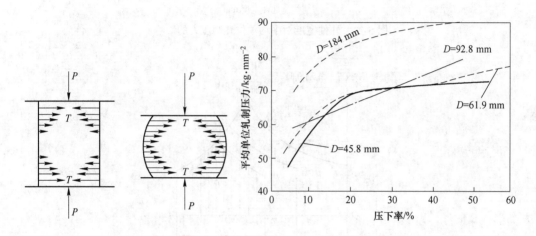

图 5-20　表面摩擦力传递示意图　　　　图 5-21　轧辊直径对单位轧制压力的影响
（用研磨过的铬钢轧辊在无润滑的情况下，冷轧 0.17% 碳钢，
$h_1 = 2$ mm，$b_1 = 30$ mm，轧辊转数 = 10 r/min，$f = 0.10$）

5.5.6　轧件宽度的影响

轧件越宽对轧制力的影响也越大。轧件越宽，接触面积增加，轧制力增大；轧件宽度对单位压力的影响一般是宽度增大，单位压力增大，但当宽度增大到一定程度以后，单位压力不再受轧件宽度的影响，如图 5-22 所示。

5.5.7　压下率的影响

压下率越大，轧辊与轧件接触面积越大，轧制力增大；同时随着压下量的增加，变形抗力增大，造成平均单位压力也增大，轧制力增大，如图 5-23 所示。

5.5.8　前后张力的影响

轧制时对轧件施加前张力或后张力，均使变形抗力降低，如图 5-24 所示。若同时施加前后张力，变形抗力将降低更多，前后张力的影响是通过减小轧制时纵向主应力，从而减弱三向应力状态，使变形抗力减小。

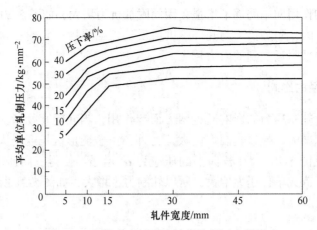

图 5-22　轧件宽度对平均单位轧制压力的影响

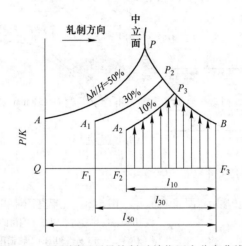

图 5-23　用不同压下量轧制时单位压力分布曲线

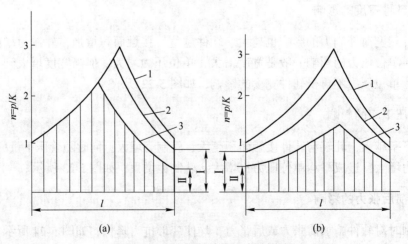

图 5-24　张力对单位压力的影响

（a）前张力的影响；（b）后张力的影响

1~3—不同张力时的轧制压力曲线

任务 5.6 计算轧制力矩及功率

5.6.1 辊系受力分析与轧制力矩

简单轧制情况下，作用于轧辊上的合力方向（见图 5-25），即轧件给轧辊的合压力 P 的方向与两轧辊连心线平行，上下辊的力 P 大小相等、方向相反。

此时转动一个轧辊所需力矩，应为力 P 和它对轧辊轴线力臂的乘积，即

$$M_1 = P \cdot a \qquad (5\text{-}25)$$

或

$$M_1 = P \frac{D}{2} \sin\varphi \qquad (5\text{-}26)$$

式中 φ ——合压力 P 作用点对应的圆心角。

转动两个轧辊所需的力矩为

$$M_z = 2P \cdot a \qquad (5\text{-}27)$$

式中 a ——力臂，$a = \dfrac{D}{2} \sin\varphi$。

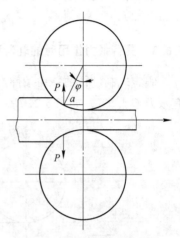

图 5-25 简单轧制时作用于
轧辊上力的方向

如果要考虑轧辊轴承中不可避免的摩擦损失时，转动轧辊所需力矩将会增大。其值为

$$M = 2P(a + \rho) \quad 或 \quad M = P(D\sin\varphi + f_1 d) \qquad (5\text{-}28)$$

式中 d ——轧辊辊径直径；

f_1 ——轧辊轴承中的摩擦系数。

在实际生产中，要保持轧件给轧辊的合压力成垂直方向的简单轧制过程条件，并不是永远都具备的，而多见于非简单轧制的条件。下面讨论的几种常见的典型轧制过程，就是轧件对轧辊的合压力方向与铅垂方向偏离的。

5.6.2 单辊驱动的轧制过程

单辊驱动（见图 5-26）通常用于叠轧薄板轧机。此外，当二辊驱动轧制时，一个轧辊的传动轴损坏，或者两辊单独驱动，其中一个电机发生故障时都可能产生这种情况。

由于作用在轧件上的力只来自轧辊与轧辊的匀速运动条件，显然轧件给上轧辊的合力 P_1 应与给下轧辊的合力 P_2 相互平衡。这种平衡只有当 P_1 与 P_2 的大小相等、方向相反且在同一直线上的情况下才有可能。

由上述的分析可得出结论：如果只有一个轧辊被驱动，而另一个轧辊仅靠轧件或与轧辊间的摩擦力转动时，

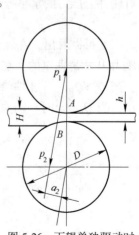

图 5-26 下辊单独驱动时
轧辊上作用力的方向

则轧件给轧辊的两个合压力彼此相等（$P_1 = P_2 = P$），并且在一条直线上，但直线并非垂直方向。被动辊上的合力方向指向其轴心，主动辊上的合力方向在被动辊中心点和金属给轧辊的合压力作用点连线的直线上。

因此，上轧辊的力臂 $a_1 = 0$，故 $M_1 = 0$。

下轧辊，即主动辊，其转动所需力矩等于力 P 与力臂 a_2 的乘积，即

$$M_2 = Pa_2 \quad \text{或} \quad M_2 = P(D + h)\sin\varphi \tag{5-29}$$

5.6.3　具有张力作用时的轧制过程

假定轧制进行的一切条件与简单轧制过程相同，只是在轧件入口及出口处作用有张力 Q_H、Q_h，如图 5-27 所示。

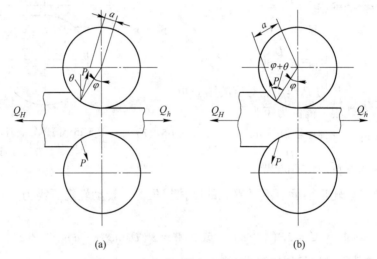

图 5-27　有张力时轧辊上作用力的方向
(a) $Q_h > Q_H$；(b) $Q_h < Q_H$

如果前张力 Q_h 大于后张力 Q_H，此时作用于轧件上的所有力为了达到平衡，轧辊对轧件合压力的水平分量之和必须等于两个张力之差，即

$$2P\sin\theta = Q_h - Q_H \tag{5-30}$$

由此可以看出，在轧件上作用有张力轧制时，只有当 $Q_H = Q_h$ 时，轧件给轧辊的合压力 P 才是垂直的，在大多数情况下 $Q_h \neq Q_H$，因而合压力的水平分量不可能为零，当 $Q_h > Q_H$ 时，轧件给轧辊的合压力 P 朝轧制方向偏斜一个 θ 角，如图 5-27（a）所示；当 $Q_h < Q_H$ 时，则力 P 向轧制的反方向偏斜一个 θ 角，θ 角可根据式（5-30）求出：

$$\theta = \arcsin \frac{Q_h - Q_H}{2P} \tag{5-31}$$

可以看出，此时（即当 $Q_h > Q_H$ 时），转动两个轧辊所需力矩（轧制力矩）为

$$M = 2Pa = PD\sin(\varphi - \theta) \tag{5-32}$$

由式（5-32）也可看出，随 θ 角的增加，转动两个轧辊所需的力矩减小，当 θ 角增加到 $\theta = \varphi$ 时，则 $M = 0$，在此情况下力 P 通过轧辊中心，且整个轧制过程仅靠

前张力（更确切些是靠 Q_h-Q_H 的值）来完成，即相当于空转辊组成的拉拔过程。

5.6.4　四辊轧机轧制过程

四辊式轧机辊系受力情况有两种，即由主电机驱动两个工作辊或由主电机驱动两个支撑辊。下面仅研究驱动两个工作辊的受力情况。

如图 5-28 所示，工作辊要克服下列力矩才能转动。首先为轧制力矩，它与二辊式情况下完全相同，是以总压力 P 与力臂 a 之乘积确定，即 Pa。

其次为使支撑辊转动所需施加的力矩，因为支撑辊是不驱动的，工作辊给支撑辊的合压力 P_0 应与其轴承摩擦圆相切，以便平衡与同一圆相切的轴承反作用力。如果忽略滚动摩擦，可以认为 P_0 的作用点在两轧辊的连心线上 [见图 5-28（a）]，当考虑滚动摩擦时，力 P_0 的作用点将离开两轧辊的连心线，并向轧件运动方向移动一个滚动摩擦力臂 m 的数值。

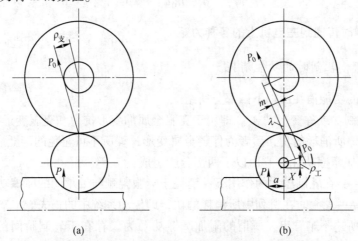

图 5-28　驱动工作辊时四辊轧机受力情况
（a）忽略滚动摩擦时的受力；（b）考虑滚动摩擦时的受力

使支撑辊转动的力矩为 P_0a_0。

而
$$a_0 = \frac{D_{\text{工}}}{2}\sin\lambda + m$$

式中　$D_{\text{工}}$——工作轧辊辊身直径；

λ——力 P_0 与轧辊连心线之间的夹角；

m——滚动摩擦力臂，一般 $m = 0.1\sim0.3$ mm。

$$\sin\lambda = \frac{\rho_{\text{支}} + m}{\dfrac{D_{\text{支}}}{2}}$$

式中　$D_{\text{支}}$——支撑辊辊身直径；

$\rho_{\text{支}}$——支撑辊轴承摩擦圆半径。

因此

$$P_0a_0 = P_0\left(\frac{D_{\text{支}}}{2}\sin\lambda + m\right) = P_0\left[\frac{D_{\text{工}}}{D_{\text{支}}}\rho_{\text{支}} + m\left(1 + \frac{D_{\text{工}}}{D_{\text{支}}}\right)\right] \tag{5-33}$$

式（5-33）中的第一项为支撑辊轴承中的摩擦损失，第二项为工作辊沿支撑辊滚动的摩擦损失。

另外，消耗在工作辊轴承中的摩擦力矩为工作辊轴承反力 X 与工作辊摩擦圆半径 $\rho_{\text{工}}$ 的乘积。因为工作辊靠在支撑辊上，且其轴承具有垂直的导向装置，轴承反力应是水平方向的，以 X 表示。

从工作辊的平衡条件考虑，P、P_0 和 X 三力之间的关系可用力三角形图示确定出来，即

$$P_0 = \frac{P}{\cos\lambda}$$

$$X = P\tan\lambda$$

显然，要使工作辊转动，施加的力矩必须克服上述三方面的力矩，即

$$M = Pa + P_0 a_0 + X\rho_{\text{工}} \tag{5-34}$$

5.6.5　轧制时传递到主电机上的各种力矩

5.6.5.1　轧制时的功能消耗

轧制时的功能消耗由以下四部分所组成。

（1）轧制功或称变形功 A_z。即用于克服金属的变形抗力和克服变形过程中金属与辊面间摩擦所消耗的功，后者为伴随金属变形过程所不可避免的消耗。

（2）附加摩擦功 A_f。它由以下两部分所组成：

1）A_{f1}——在轧制压力的作用下，消耗于克服辊颈与轴承间的摩擦功；

2）A_{f2}——轧制时在机列中所消耗的功，即传动系统中的损失。

按以上所述不难看出，所谓的附加摩擦功乃为仅存在于轧制瞬间的机械损失，而不存在于轧机的空转过程之中。

（3）空转功 A_k。即在非轧制时间内，机列空转所消耗的机械摩擦功（包括空气的摩擦阻力）。

（4）动力功 A_d。克服轧辊不均匀转动时的惯性力所消耗的功，在轧辊转速不变的轧制过程中，$A_d = 0$。

5.6.5.2　轧制时的各种力矩

根据动力学可知，在转动的条件下，功（A）、转矩（M）与角位移（θ）之间的关系为

$$A = M\theta \tag{5-35}$$

因此，轧制时主电机所付出的力矩，必须克服以下反抗力矩，轧制过程才能正常进行。

与上述的功消耗相对应的各种力矩是：

（1）轧制力矩 M_z，为克服轧件的变形抗力及轧件与辊面间的摩擦所需的力矩。

（2）附加摩擦力矩 M_f，也由两部分所组成，即：

1）M_{f1}——在轧制压力作用下，发生于辊颈轴承中的附加摩擦力矩；

2）M_{f2}、M_{f3}——轧制时由于机械效率的影响，在机列中所损失的力矩。

（3）空转力矩 M_k，仅存在于轧机空转时间内的摩擦损失。

（4）动力矩 M_d，克服轧辊及机列不均匀转动时的惯性力所需的力矩，对不带飞轮或轧制时不进行调速的轧机，$M_d = 0$。

由此，主电机所输出的力矩为

$$M_{电} = \frac{M_z}{i} + M_f + M_k + M_d \tag{5-36}$$

5.6.5.3 静力矩 M_j 与轧制效率 η

A 静力矩 M_j

主电机轴上的轧制力矩、附加摩擦力矩与空转力矩三项之和称为静力矩 M_j。M_k 与 M_f 为已归并到主机轴上的力矩。M_z 则为轧辊轴线上的力矩，若换算到电机轴上，需除以减速比 i，即

$$M_j = \frac{M_z}{i} + M_f + M_k \tag{5-37}$$

B 轧制效率 η

静力矩是任何轧机工作所不可缺少的，它是轧辊做匀速转动时所需的力矩。一般情况下，三者之中的轧制力矩为最大，只有在个别情况下（如二辊叠板轧机），才有可能发生附加摩擦力矩大于轧制力矩的现象。上述三项力矩中仅有轧制力矩直接用于使金属产生塑性变形，可认为是有用的力矩，而附加摩擦力矩和空转力矩皆为伴随轧制过程而发生的不可避免的损失。故轧制力矩（换算到主电机轴上的）与静力矩之比，称为轧制效率，即

$$\eta = \frac{\dfrac{M_z}{i}}{\dfrac{M_z}{i} + M_f + M_k} \tag{5-38}$$

对不同类型的轧机，上述效率波动于很宽的范围内，这主要以轧制方式，设备结构，轴承形式等设备条件而定，通常约为：

$$\eta = 0.5 \sim 0.95$$

对轧辊而言，轧制力矩与发生于轧辊轴承中的附加摩擦力矩之和称为辊径上的扭矩，即为 $M_z + M_{f1}$。

5.6.6 各种力矩的计算

轧制时为克服各种反抗力矩，主电机轴上所必须付出的各种力矩计算方法如下。

5.6.6.1 轧制力矩

A 按金属对轧辊的作用力计算轧制力矩

简单轧制条件下，轧制压力 P 的作用方向垂直于轧件（见图 5-25），故为使金

属变形，轧辊轴线上的轧制力矩应为

$$M_z = 2Pa \quad 或 \quad M_z = PD\sin\varphi \qquad (5-39)$$

如换算到主电机轴上，则需除以减速比 i。

式中　a——轧制力 P 与轧辊中心连线 O_1O_2 间距离，即轧制力臂；

　　　φ——轧制压力作用点与连线 O_1O_2 所夹圆心角。

上述圆心角 φ 与咬入角 α 的比值，称为轧制力作用位置系数 ψ，为简化轧制力臂的计算，通常近似认为：

$$\psi = \frac{\varphi}{\alpha} \approx \frac{a}{l}$$

故　　　　　　　　　　　　$a = \varphi \cdot l = \varphi\sqrt{R\Delta h} \qquad (5-40)$

将式（5-29）代入式（5-28）中得到计算轧制力矩的公式为：

$$M_z = 2P\psi\sqrt{R\Delta h} \quad 或 \quad M_z = 2\psi\bar{p} \cdot \bar{b} \cdot R\Delta h \qquad (5-41)$$

轧制力作用位置系数 ψ 值，见表 5-4 和表 5-5。

表 5-4　热轧时的轧制力作用位置系数

轧　制　条　件	系　数　ψ
热轧厚度较大时	0.5
热轧薄板	0.42~0.45
热轧方断面	0.5
热轧圆断面	0.6
在闭口孔型中轧制	0.7
在连续式板带材轧机第一架轧机上	0.48
在连续式板带材轧机最后一架轧机上	0.39

表 5-5　冷轧时的轧制力作用位置系数的取值

轧件材质	厚度 H/mm	轧辊表面状态	系　数　ψ
碳钢：0.2%C	2.54	磨光表面	0.40
0.2%C	2.54	普通光表面	0.32
0.2%C	2.54	普通光表面无润滑	0.33
0.11%C	1.88	磨光表面	0.36
0.07%C	1.65	磨光表面	0.35
高强度铜	2.54	磨光表面	0.40
高强度铜	1.27	普通光表面	0.40
高强度铜	1.9	普通光表面	0.32
高强度铜	2.54	普通光表面	0.33

B　按能耗曲线计算轧制力矩

在许多情况下按轧制时的能耗曲线确定轧制力矩是比较方便的，这是因为在这方面积累了许多实验资料，如果轧制条件相同时，其计算结果也比较可靠。例如，在轧制非矩形断面时，由于确定接触面积和平均单位压力比较复杂，就常用这种方法来计算轧制力矩。

在一定的轧机上由一定规格的坯料轧制产品时，随着轧制道次的增加轧件的延伸系数增大。根据实测数据，按轧材在各轧制道次后得到的总延伸系数和 1 t 轧件由该道次轧出后累积消耗的轧制能量所建立的曲线，称为能耗曲线。

轧制所消耗的功 $A(\mathrm{kW} \cdot \mathrm{s})$ 与轧制力矩 M 之间的关系为

$$M = \frac{A}{\theta} = \frac{A}{\omega \cdot t} = \frac{AR}{vt} \qquad (5-42)$$

式中　　θ——轧件通过轧辊期间轧辊的转角：

$$\theta = \omega \cdot t = \frac{v}{R}t \qquad (5-43)$$

　　ω——角速度；

　　t——时间；

　　R——轧辊半径；

　　v——轧辊圆周速度。

利用能耗曲线确定轧制力矩，对于型钢和钢坯等轧制时其单位能耗曲线一般表示为每吨产品的能耗与累积延伸系数的关系，如图 5-29 所示。而对于板带材轧制一般表示为每吨产品的能量消耗与板带厚度的关系，如图 5-30 所示。第 $n+1$ 道次的单位能耗为 $(a_{n+1}-a_n)$，如轧件重量为 G，则该道次总能耗为：

$$A = (a_{n+1} - a_n)G \quad (\mathrm{kW} \cdot \mathrm{h}) \qquad (5-44)$$

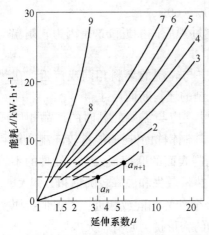

图 5-29　开坯、型钢和钢管轧机的典型能耗曲线

1—1150 板坯机；2—1150 初轧机；3—250 线材连轧机；

4—350 布棋式中型轧机；5—700/500 钢坯连轧机；

6—750 轧梁机；7—500 大型轧机；

8—250 自动轧管机；9—250 穿孔机组

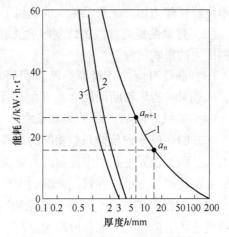

图 5-30　板带钢轧机的典型能耗曲线

1—1700 连轧机；

2—三机架冷连轧低碳钢；

3—五机架冷连轧铁皮

因为轧制时的能量消耗一般是按电机负荷测量的，故按上述曲线确定的能耗包括轧辊轴承及传动机构中的附加摩擦损耗。但除去了轧机的空转损耗，并且不包括

与动力矩相对应的动负荷的能耗。因此，按能量消耗确定的力矩是轧制力矩 M_z 和附加摩擦力矩 M_f 总和。

根据式（5-42）和式（5-44）推导得

$$\frac{M_z}{i} + M_f = 1.8(a_{n+1} - a_n)(1 + S_h)G \cdot \frac{D}{L_1} \quad (MN \cdot m) \tag{5-45}$$

如果用轧件断面积和密度来表示 G/L_1 值时，且取钢的密度 $\gamma = 7.8 \text{ t/m}^3$，在忽略前滑 S_h 的影响时，则

$$\frac{M_z}{i} + M_f = 1.323(a_{n+1} - a_n)F_n \cdot D \quad (MN \cdot m) \tag{5-46}$$

式中　F_n——该道次轧后的轧件断面积，m^2。

如果能耗曲线单位能耗为 $kW \cdot h/t$，则有

$$\frac{M_z}{i} + M_f = 1.323(a_{n+1} - a_n)(1 + S_h)G \cdot \frac{D}{L_1} \quad (MN \cdot m)$$

或　　　　$$\frac{M_z}{i} + M_f = 10.32(a_{n+1} - a_n)F_h \cdot D \quad (MN \cdot m) \tag{5-47}$$

由于能耗曲线是在一定轧机、一定温度和一定速度条件下，对一定规格的产品和钢种测得的。因此，在实际计算时，必须根据具体的轧制条件选取合适的曲线。在选取时，通常要注意下述几个方面的问题：

（1）轧机的结构及轴承的型式应该相似。如用同样的金属坯料，轧制相同的断面产品，在连续式的轧机上，单位能耗较横列式的轧机小；在使用滚动轴承的轧机上单位能耗较使用普通滑动轴承的轧机上低 10%~60%。

（2）选取的能耗曲线的轧制温度及其轧制过程应该接近。这是因为轧制温度对轧制压力的影响很大。

（3）曲线对应的坯料原始断面积尺寸，应与轧制的坯料相同或接近。在热轧时，曲线对应的坯料断面尺寸，可大于所需轧制的坯料断面尺寸。

（4）曲线对应的产品种类和最终断面尺寸，应与需要轧制时的产品相同或接近。如在断面尺寸和延伸系数相同的条件下，轧制钢轨消耗的能量较轧制圆钢和方钢的大。因为在异型孔型中轧制时，金属与轧制表面的摩擦损失大，轧件的不均匀变形要消耗附加能量，并且钢轨的表面积大，热量散失和温降较圆钢和方钢大。

（5）曲线对应的合金种类应与欲轧制的合金种类相同或相近，以保证金属变形时的变形抗力值相近。如一般的碳钢与合金钢的变形抗力是有很大差异的。

（6）对于冷轧的情况，曲线对应的工艺润滑条件、张力数值等应与所需轧制过程相近似。不同的润滑剂造成的轧件与轧辊表面间的摩擦损失是不同的；张力增大会导致轧件的变形抗力降低等。

在实际计算时，要找到坯料尺寸和成品尺寸完全对应的能耗曲线往往是很困难的。在热轧时可选用断面尺寸范围较大的，包括坯料及成品的断面尺寸的能耗曲线。如用 90 mm^2 轧 40 mm^2 时，可选用 100 mm^2 轧 30 mm^2 的能耗曲线。这时 90 mm^2 在能耗曲线上，可视为一中间断面积。

5.6.6.2　附加摩擦力矩

当主机列仅有一架轧机时，每一道轧制过程中的各种附加摩擦力矩，按设备顺序将由以下五部分组成（机组见图5-31）：

（1）M_{f1}——发生于辊颈轴承中的附加摩擦力矩；

（2）M_{f2}——发生于主联接轴中的附加摩擦力矩；

（3）M_{f3}——发生于齿轮机座中的附加摩擦力矩；

（4）M_{f4}——发生于减速箱中的附加摩擦力矩；

（5）M_{f5}——发生于主电机联接轴中的附加摩擦力矩。

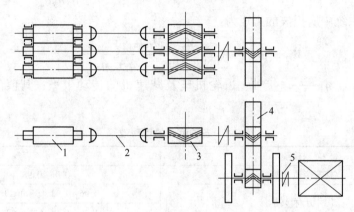

图 5-31　主机列示意图

1—轧机；2—联接轴；3—齿轮机座；4—减速箱；5—主电机联接轴

各种附加摩擦力矩的计算方法如下：

对于普通二辊式轧机，M_{f1}为每一轧制道次中，主电机所必须克服的发生于四个轧辊轴承中的附加摩擦力矩。其值为：

$$M_{f1} = P \cdot d \cdot f \tag{5-48}$$

对于四辊轧机，其附加摩擦力矩应为

$$M_{f1} = P \cdot d \cdot f \frac{D}{D'} \tag{5-49}$$

式中　d——轧辊的辊颈直径；

　　　f——轧辊轴承中的摩擦系数，见表5-6；

　　　P——轧制压力；

　D/D'——工作辊与支撑辊的辊径比。

表 5-6　辊颈轴承中的摩擦系数

轴承的种类与工作条件		摩擦系数 f
滚动轴承		0.005~0.01
滑动轴承	塑性材料	0.005~0.01
	青铜（热辊颈，沥青润滑）	0.07~0.1
	青铜（冷轧）	0.04~0.08

轴承的种类与工作条件		摩擦系数 f
特殊的封闭 滑动轴承	液体摩擦轴承	0.003~0.005
	半液体摩擦轴承	0.006~0.01

$M_{f2}+M_{f3}+M_{f4}$ 为传动系统中所损失的总附加摩擦力矩（忽略 M_{f5} 不计），可根据传动效率来确定。当已知传递到辊颈上的扭矩（M_z 和 M_{f1}）和各有关设备的传动效率时，主电机轴上所付出的全部扭矩与辊颈所需克服的扭矩间关系为：

$$M_z + M_{f1} + M_{f2} + M_{f3} + M_{f4} = \frac{M_z + M_{f1}}{i} \times \frac{1}{\eta_2 \eta_3 \eta_4} \tag{5-50}$$

故传动系统中所损失的力矩为：

$$M_{f2} + M_{f3} + M_{f4} = \frac{M_z + M_{f1}}{i}\left(\frac{1}{\eta_2 \eta_3 \eta_4} - 1\right) \tag{5-51}$$

式中　η_2，η_3，η_4——联接轴、齿轮机座及减速机的传动效率，其值的确定见表 5-7。

表 5-7　各种装置的传动效率

联接轴：	η_2
梅花接轴（两端）	0.96~0.98
万向接轴	0.96~0.98（倾角≤3°）
	0.94~0.96（倾角>3°）
齿轮机座：	η_3
滑动轴承（巴氏合金）连续注油	0.92~0.94
减速装置：	η_4
多级齿轮减速	0.92~0.94
单级齿轮减速	0.95~0.98
皮带减速	0.80~0.90

因此，推算至电机轴上的总附加摩擦力矩为：

$$M_f = \frac{M_{f1}}{i} + \frac{M_z + M_{f1}}{i}\left(\frac{1}{\eta'} - 1\right) = \frac{M_{f1}}{\eta' i} + \frac{M_z}{i}\left(\frac{1}{\eta'} - 1\right) \tag{5-52}$$

对于有支撑辊的四辊轧机，其附加摩擦力矩为：

$$M_f = \frac{M_{f1}}{i\eta'} \times \frac{D}{D'} + \frac{M_z}{i}\left(\frac{1}{\eta'} - 1\right) \tag{5-53}$$

5.6.6.3　空转力矩

机列中各回转部件轴承内的摩擦损失，换算到主电机轴上的全部空转力矩应为：

$$M_k = \sum \frac{G_n f_n d_n}{2i_n \cdot \eta'_n} \tag{5-54}$$

式中　G_n——机列中某轴承所支撑的重量；

　　　f_n——该轴承中的摩擦系数；

d_n——该轴颈的直径；

i_n——与主电机间的减速比；

η'_n——电机到所计算部件间的传动效率。

这种计算非常复杂，通常采用经验数据。根据实际生产经验资料数据统计，空转力矩为电机额定力矩的3%~6%，或为轧制力矩的6%~10%。

在现有的轧机上，也可以根据实测的主电机空转电流与电压计算空转功率，然后再换算成空转力矩，空转功率计算方法如下。

（1）直流电机：

$$N = E_0 I_0 \ (\text{N} \cdot \text{m/s}) \qquad (5\text{-}55)$$

（2）交流电机：

$$N = 1.73 E_0 I_0 \cos\varphi \ (\text{N} \cdot \text{m/s}) \qquad (5\text{-}56)$$

式中　E_0，I_0——空转电压和空转电流；

　　　　$\cos\varphi$——功率因数。

5.6.6.4　动力矩

动力矩只发生在某些轧辊不匀速转动的轧机上，如在每个轧制道次中进行调速的可逆轧机。动力矩的大小可按式（5-57）确定：

$$M_{\text{d}} = J \frac{\text{d}\omega}{\text{d}t} \qquad (5\text{-}57)$$

式中　$\dfrac{\text{d}\omega}{\text{d}t}$——角加速度，$\text{r} \cdot \text{min}^{-1} \cdot \text{s}^{-1}$；

　　　　J——惯性力矩，通常用回转力矩 GD^2 表示：

$$J = mR^2 = \frac{GD^2}{4g}$$

　　　　D——回转体直径；

　　　　G——回转体重量；

　　　　R——回转体半径；

　　　　m——回转体质量；

　　　　g——重力加速度。

于是，动力矩可以表示为：

$$M_{\text{d}} = \frac{GD^2}{4g} \cdot \frac{2\pi}{60} \cdot \frac{\text{d}n}{\text{d}t} = \frac{GD^2}{38.2} \cdot \frac{\text{d}n}{\text{d}t} \ (\text{N} \cdot \text{m}) \qquad (5\text{-}58)$$

式中　n——回转体转速。

应该指出，式（5-58）中的回转体力矩 GD^2，应为所有回转体零件的力矩之和。

5.6.7　主电机容量校核

5.6.7.1　轧制图表与静力矩图

为了校核或选择主电机的容量，必须绘制出表示主电机负荷随时间变化的静力矩图，而绘制静力矩图时，往往要借助于表示轧机工作状态的轧制图表。

图 5-32 所示的上半部分，表示一列两架轧机，经第一架轧 3 道，第二架轧 2

道，并且无交叉过钢的轧制图表。图 5-32 中的 t_1、t_2、$\cdots$、t_5 为道次的轧制时间，可通过计算确定，即为轧件轧后的长度 l 与平均轧制速度 v 的比值；t_1'、t_2'、$\cdots$、t_5' 为各道次轧后的间隙时间，其中 t_3' 为轧件横移时间，t_5' 为前后两轧件的间隔时间。对各种间隙时间，可以进行实测或近似计算。

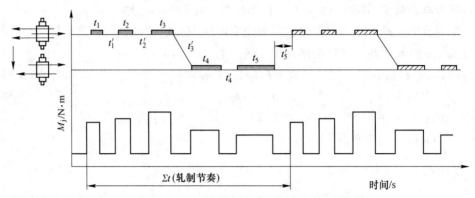

图 5-32　单根过钢时轧制图表与静力矩图（横列式轧机）

图 5-32 的下半部分，表示轧制过程主电机负荷随时间变化的静力矩图；在轧制时间内，主电机的反抗力矩为该道的静力矩，即 $M_j = M_z/i + M_f + M_k$，在间隙时间内则只有 M_k。主电机负荷变化周而复始的一个循环，即轧件从进入轧辊到最后离开轧辊并送入下一轧件为止的过程，称为轧制节奏（或轧制周期）。

在上述的轧机上，如轧制方法稍加改变，使每架轧机可轧制一根轧件，其轧制图表的形式如图 5-33 所示。由于两架轧机由一个主电机传动，因此，静力矩图就必须在两架轧机同时轧制的时间内进行叠加，但空转力矩不叠加。显然，在该情况下的轧制节奏时间缩短了，而主电机的负荷加重了。

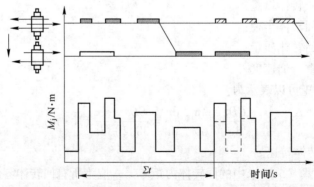

图 5-33　交叉过钢时的轧制图表与静力矩图（横列式轧机）

根据轧机的布置、传动方式和轧制方法的不同，其轧制图表的形式是有差异的，但绘制静力矩图的叠加原则不变，图 5-34 所示为不同传动方式的静力矩形式。

5.6.7.2　可逆式轧机的负荷图

在可逆式轧机中，轧制过程是轧辊在低速咬入轧件，然后提高轧制速度进行轧制，之后再降低轧制速度，实现低速抛出。因此，轧件通过轧辊的时间由三部分组成，即加速期、稳定轧制期、减速期。

由于轧制速度在轧制过程中是变化的，所以负荷图必须考虑动力矩 M_d，此时负荷图是由静负荷与动负荷组合而成，如图 5-35 所示。

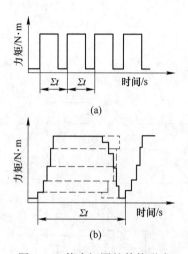

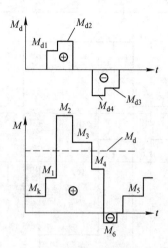

图 5-34　静力矩图的其他形式　　　　　　图 5-35　可逆式轧机的轧制速度与负荷图
（a）纵列式或单独传动的连轧机；
（b）集体传动的连轧机

如果主电机在加速期的加速度用 a 表示，在减速期用 b 表示，则在各期间内转动的总力矩如下。

（1）加速轧制期：

$$M_2 = M_j + M_d = M_j + \frac{GD^2}{38.2}a \qquad (5-59)$$

（2）等速轧制期：

$$M_3 = M_j = \frac{M_z}{i} + M_f + M_k \qquad (5-60)$$

（3）减速轧制期：

$$M_4 = M_j - M_d = M_j - \frac{GD^2}{38.2}b \qquad (5-61)$$

同样，可逆式轧机在空转时也分加速期、减速期和等速期。在空转时各期间的总力矩如下。

（1）空转加速期：

$$M_1 = M_k + M_d = M_k + \frac{GD^2}{38.2}a \qquad (5-62)$$

（2）空转减速期：

$$M_5 = M_k - M_d = M_k - \frac{GD^2}{38.2}b \qquad (5-63)$$

（3）空转等速期：

$$M_6 = M_k \qquad (5-64)$$

加速度 a 和 b 的数值取决于主电机的特性及其控制线路。

另外，图 5-36 中给出了当 $n<n_H$（主电机额定转速）时的力矩图的绘制，图 5-37 中给出了当 $n>n_H$（主电机额定转速）时的力矩图的绘制。

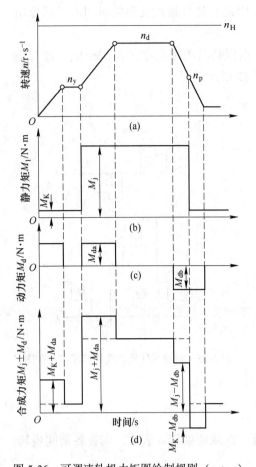

图 5-36　可调速轧机力矩图绘制规则（$n<n_H$）　　图 5-37　可调速轧机力矩图绘制规则（$n>n_H$）

(a) 转速图；(b) 静力矩图；

(c) 动力矩图；(d) 合成力矩图

5.6.7.3　主电机容量的核算

为了保证主电机的正常工作，在轧制时，主电机必须同时满足不过载、不过热两个要求。当一个轧制周期内主电机的传动负荷确定后，就可对主电机的功率进行校核。

如果是新设计的轧机，则对主电机就不是校核，而是要根据等效力矩和所要求的主电机转速来选择主电机。

A　主电机容量校核

a　发热校核

保证主电机正常运转的条件之一是稳定运转时不过热，即主电机的温升不超过允许温升。这就要控制主电机在一个轧制周期内，反映主电机发热状态的等效力矩（或称均方根力矩）不超过额定力矩。主电机不过热的条件可表示为：

$$M_K \leqslant M_H \tag{5-65}$$

而
$$M_K = \sqrt{\frac{\sum M_i^2 t_i + \sum M_i'^2 t_i'}{\sum t_i + \sum t_i'}} \qquad (5\text{-}66)$$

式中　M_K——等效力矩；

　　　M_H——主电机的额定力矩；

　　　$\sum t_i$——在一个轧制周期内各段纯轧时间的总和；

　　　$\sum t_i'$——在一个轧制周期内各段间歇时间的总和；

　　　M_i——各段轧制时间所对应的力矩；

　　　M_i'——各段间歇时间所对应的力矩。

b　过载校核

主电机允许在短暂时间内，在一定限度内超过额定负荷进行工作。即主电机负荷力矩中的最大力矩不超过电机额定力矩与过载系数的乘积，电机即能正常工作。校核主电机的过载条件为：

$$M_{max} \leqslant K_G \cdot M_H$$

式中　M_H——主电机的额定力矩；

　　　K_G——主电机的允许过载系数，直流电机 $K_G = 2.0 \sim 2.5$，交流同步主电机 $K_G = 2.5 \sim 3.0$；

　　　M_{max}——轧制周期内的最大力矩。

另外，主电机达到允许最大力矩 $K_G \cdot M_H$ 时，其允许持续时间在 15 s 以内，否则主电机温升将超过允许范围。

B　主电机功率计算

对于新设计的轧机，需要根据等效力矩计算主电机的功率，即：

$$N = \frac{1.03 M_K n}{\eta} (\text{kW}) \qquad (5\text{-}67)$$

式中　n——主电机转速；

　　　η——由主电机到轧机的传动效率。

C　超过主电机基本转速时的力矩

超过主电机基本转速时，应对超过基本转速部分对应的力矩加以修正，如图 5-38 所示，即乘以修正系数。

如果此时力矩图形为梯形，如图 5-38 所示，则等效力矩为：

$$M_K = \sqrt{\frac{M_1^2 + M_1 M + M^2}{3}} \qquad (5\text{-}68)$$

式中　M_1——转速未超过基本转速时的力矩；

　　　M——转速超过基本转速时乘以修正系数后的力矩，即：

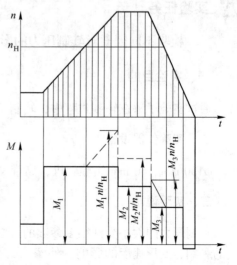

图 5-38　超过基本转速时的力矩修正图

$$M = M_1 \frac{n}{n_{\mathrm{H}}} \qquad (5\text{-}69)$$

式中　n——超过基本转速时的转速；

　　　　n_{H}——主电机的基本转速。

校核主电机的过载条件为：

$$\frac{n}{n_{\mathrm{H}}} M_{\max} \leqslant K M_{\mathrm{H}} \qquad (5\text{-}70)$$

⚙ 钢铁名人

荣彦明，首钢京唐钢铁联合有限责任公司钢轧作业部 MCCR 作业区精轧操作工，高级技师。曾先后荣获北京市劳动模范、"国企楷模·北京榜样"十大人物、首都市民学习之星、全国五一劳动奖章、全国钢铁行业技术能手、全国技术能手、全国机冶建材行业工匠等多项荣誉。

2009 年，他怀着一颗钢铁报国的梦想来到首钢京唐公司，恰逢首钢搬迁调整、走出北京，他成为了京津冀协同发展先锋队中的一员。工作中，他勤学苦练提本领，铸就轧钢"活词典"，熟读专业书籍 50 多本，工作笔记 29 本。

2014 年，他夺得北京市轧钢比武状元；2018 年，夺得全国钢铁行业职业技能竞赛第二名，成为全国钢铁行业技术能手和全国技术能手。他先后参与了 2250 mm 热轧板带生产线、自主集成 1580 mm 热轧板带生产线、世界首条多模式连铸连轧生产线（MCCR）的调试、热试、达产等工作，优化程序控制 65 项，攻克 10 多项技术难题，编写了 130 余项操作方法，申报专利 13 项，培养了 14 名徒弟。他每天奋战在生产一线，为世界首条多模式连铸连轧生产线顺稳运行，为京津冀协同发展，为钢铁强国梦成为金牌轧钢工。

作为首钢京唐一名精轧操作工，轧最好的钢，以自己的技能报国，是荣彦明矢志不渝的追求。

⚗ 实验任务

检验不同因素对轧制压力的影响，预防轧机断辊或过载烧电机

一、实验目的

通过实验了解在轧制过程中，轧制工艺参数变化时，轧制压力大小的变化情况。

二、实验仪器设备

$\phi 130$ mm/150 mm 实验轧机，测量尺寸的工具，铅板和铝板试件。

三、实验说明

轧制压力的大小受到很多参数的影响，这些参数是：轧件材质的影响、轧件温度的影响、变形速度的影响、外摩擦的影响、轧辊直径的影响、轧件宽度的影响、压下率的影响、前后张力的影响。

在某些参数确定的情况下，可通过改变一个参数来观察其对轧制压力的影响趋势。

（1）轧件材质的影响；

（2）外摩擦的影响；

（3）变形速度的影响；

（4）轧件宽度的影响；

（5）压下率的影响。

四、实验步骤

1. 轧件材质的影响

（1）准备好一块钢板和一块铝板：尺寸为：1 mm×15 mm×70 mm（1号）；1 mm×15 mm×70 mm（2号）。首先测量其各块试件的原始厚度和宽度，并填入表5-8。

（2）调整轧机辊缝为 0.6 mm。

（3）启动轧机，用木块作为辅助工具将铝板对中送入轧机轧制，并测量轧后的厚度与宽度，填入表5-8，记录轧制压力。用木块作为辅助工具将钢板对中送入轧机轧制，并测量轧后的厚度与宽度，填入表5-8，记录轧制压力。

表 5-8 轧件材质影响记录表

试件编号	H	B	h	b	Δb	P
1 号						
2 号						

2. 外摩擦的影响

（1）准备完全相同的两块钢板。

（2）调整轧机辊缝为 0.5 mm。

（3）用木块将一块钢板对中推入光面轧辊辊缝之中进行轧制，在表5-9中记录轧制压力；用木块将一块钢板推入麻面轧辊辊缝之中进行轧制，在表5-9中记录轧制压力，并加以比较。

表 5-9 轧制压力记录表

试件编号	P
1 号	
2 号	

3. 压下量的影响

（1）准备完全相同的两块钢板。

（2）调整轧机辊缝，其中一块的压下率为 10%，另一块的压下率为 30%。

（3）启动轧机，用木块将一块钢板对中进行轧制，在表 5-9 中记录轧制压力

（压下率为 10%）。

（4）启动轧机，用木块将另一块铅板对中进行轧制，在表 5-9 中记录轧制压力（压下率为 30%）。

4. 轧件宽度的影响

（1）取铝板两块，尺寸分别为：1 mm×15 mm×70 mm（1 号）；1 mm×35 mm×70 mm（2 号）。首先测量各块试件的原始厚度和宽度，并填入表 5-8。

（2）调整轧机辊缝，保证轧制铅板时压下量为 $\Delta h = 0.4$ mm。在其他轧制条件相同的情况下进行轧制。

（3）用木块将 1 mm×15 mm×70 mm 的铅板对中推入光面轧辊辊缝之中进行轧制，并测量轧后的厚度与宽度，填入表 5-8，记录轧制压力。

（4）用木块将 1 mm×35 mm×70 mm 的铅板对中推入光面轧辊辊缝之中进行轧制，并测量轧后的厚度与宽度，填入表 5-8，记录轧制压力。

五、注意事项

（1）操作前，要检查轧机状态是否正常，排查实验安全隐患。

（2）每块试件前端（喂入端）形状应正确，各面保持 90°，无毛刺，不弯曲。

（3）喂入料时，切不可用手拿着喂入轧机，需手持木板轻轻推入。

完成实验后，撰写实验报告。

📋 本章习题

一、单选题

（1）碳素钢热轧最适合的加工温度范围是（　　）。

    A. 800~900 ℃   B. 700~800 ℃   C. 1000~1200 ℃   D. 800~1000 ℃

（2）金属的柔软性可以是金属（　　）的一种表示。

    A. 塑性   B. 变形抗力   C. 韧性   D. 脆性

（3）张力对平均单位压力的影响以（　　）最为显著。

    A. 前张力   B. 后张力   C. 中间张力   D. 微张力

（4）在轧制薄板时，为了降低轧制压力，一般采用（　　）直径轧辊。

    A. 较大   B. 较小   C. 都可以

（5）摩擦系数增加，平均单位压力（　　）。

    A. 增加   B. 减小   C. 不变   D. 不确定

（6）在相同轧制条件下，轧辊的直径越小，轧制压力（　　）。

    A. 越大   B. 不变   C. 越小   D. 不确定

（7）可近似认为轧制压力是轧件变形时金属作用于轧辊上总压力的（　　）分量。

    A. 垂直   B. 水平

    C. 任意方向   D. 沿着轧辊切线方向

（8）在轧钢生产实践中得知，用表面光滑的轧辊轧制比用表面粗糙的轧辊轧制时，所需要的轧制力（　　　）。

　　　　A. 大　　　　　　　B. 小　　　　　　　C. 相等　　　　　　D. 无法比较

二、判断题

　　（1）钢中有第二相，变形抗力降低。　　　　　　　　　　　　　　　（　　）

　　（2）冷状态时，随变形程度的增加，产生加工硬化，使得变形抗力显著提高。
　　　　　　　　　　　　　　　　　　　　　　　　　　　　　　　　（　　）

　　（3）热变形时，变形速度增加，变形抗力增加显著；冷变形时，变形速度增加，变形抗力增加不大。　　　　　　　　　　　　　　　　　　　　　（　　）

　　（4）回复使变形金属得到一定程度的软化，再结晶则完全消除了加工硬化，变形抗力显著降低。　　　　　　　　　　　　　　　　　　　　　　　　（　　）

　　（5）金属中含夹杂物，变形抗力升高。　　　　　　　　　　　　　　（　　）

　　（6）晶粒体积相同，晶粒细长者较等轴晶粒结构，变形抗力大。　　　（　　）

　　（7）金属"软"说明该金属的变形抗力小。　　　　　　　　　　　　（　　）

　　（8）合金元素溶于固溶体中，使铁原子的晶体点阵发生不同程度的畸变而使变形抗力提高。　　　　　　　　　　　　　　　　　　　　　　　　　　（　　）

　　（9）随着 Mn 含量增高，变形抗力增大。　　　　　　　　　　　　（　　）

　　（10）通常纯金属的变形抗力要比其合金的变形抗力小。　　　　　　（　　）

　　（11）热加工时，随着金属变形速度的增加，变形抗力增大。　　　　（　　）

　　（12）连轧生产中，前后张力增加，则平均单位压力也增加。　　　　（　　）

　　（13）一般情况下钢在高温时的变形抗力都比冷状态时小。　　　　　（　　）

　　（14）前后张力都使单位压力减小，而且后张力的影响最为显著。　　（　　）

　　（15）在其他条件不变时，随着相对压下量增大，平均单位压力增大。（　　）

　　（16）在其他条件不变的情况下，轧辊直径越大，轧制压力越大。　　（　　）

　　（17）热轧时，其他条件不变，轧件温度越低，轧制力越大。　　　　（　　）

　　（18）轧件宽度越宽，轧制力越大。　　　　　　　　　　　　　　　（　　）

　　（19）冷轧带钢生产中，必须考虑张力对单位压力的影响。　　　　　（　　）

　　（20）采利柯夫公式中平均单位压力决定于被轧制金属的变形抗力和变形区的应力状态。　　　　　　　　　　　　　　　　　　　　　　　　　　　（　　）

　　（21）可以近似认为轧制压力就是金属对轧辊总压力的水平分量。　　（　　）

　　（22）计算轧制压力时，接触面积指的就是轧件与轧辊的实际接触面积。
　　　　　　　　　　　　　　　　　　　　　　　　　　　　　　　　（　　）

　　（23）相对压下量一定时，摩擦系数越大，平均单位压力越小。　　　（　　）

　　（24）在相对压下量一定的情况下，当轧辊的直径增大或轧件的厚度减小时，都会引起单位压力的减小。　　　　　　　　　　　　　　　　　　　　　（　　）

　　（25）由于摩擦力的作用，改变了轧件的应力状态，使单位压力和总压力降低。
　　　　　　　　　　　　　　　　　　　　　　　　　　　　　　　　（　　）

　　（26）一般来讲，晶粒越细小，变形抗力越大。　　　　　　　　　　（　　）

（27）在金属压力加工过程中，随着金属变形温度的降低，变形抗力也相应降低。

（　　）

（28）晶粒尺寸均匀时比不均匀晶粒结构的变形抗力大。　　　　　（　　）

（29）加工同尺寸的工件，同号应力图示比异号应力图示的变形抗力大。

（　　）

（30）合金元素与钢中的碳形成脆而硬的碳化物，使钢的变形抗力降低。

（　　）

（31）随着 Cr 含量增高，变形抗力降低。　　　　　　　　　　　（　　）

（32）变形抗力是金属和合金抵抗其产生弹性变形的能力。　　　　（　　）

（33）一般情况下，钢的塑性越好，说明变形抗力越大。　　　　　（　　）

（34）在压力加工过程中，变形和应力的不均匀分布将使金属的变形抗力降低。

（　　）

（35）合金元素使钢中组织出现多相，提高变形抗力。　　　　　　（　　）

三、名词解释

（1）轧制压力。

（2）变形抗力。

四、简答题

（1）前后张力对轧制力有什么影响？

（2）压下率对轧制力有什么影响？

（3）轧制过程中对轧制力影响的因素有哪些？列举五个。

（4）在同样的工具条件下，采用 40%的压下率压缩直径相同（均为 20 mm），高度分别为 40 mm、20 mm、10 mm、5 mm 的圆柱体，问所需的压力相同吗，为什么？

（5）在实际轧钢的操作规程中，规定不轧黑头钢、低温钢，为什么？

（6）变形抗力越大，说明变形越困难，故其塑性亦越差，对吗，为什么？

（7）作用在电机轴上的传动力矩由哪几部分组成？

（8）空转力矩的实质是被传动部件所产生的摩擦力矩，对吗，为什么？

（9）电机的过载条件是什么，电机为什么要同时进行过载和发热校核？

模块 6   轧制厚度问题

📋 **任务背景**

在轧制过程中，轧机由于受到轧制压力的作用会发生弹性变形（弹跳 ΔS）。因为轧制钢坯前在预定空载辊缝时，要考虑到过钢轧制时的轧机弹跳，所以轧机空载辊缝的设定值 $S_{设定} = S_{实际} - \Delta S$，而成品的厚度尺寸 $S_{实际} = S_{设定} + \Delta S$，其中的弹跳值 ΔS 与轧制压力成正比。随着轧制条件的不断变化，弹跳数值也在变化，因此轧出的厚度尺寸有可能出现偏差，超出成品公差范围，成为废品。这就要求轧钢工了解轧制压力及弹跳的影响因素，能够通过及时调整轧机辊缝，生产出厚度尺寸合格的产品。

📝 **学习任务**

了解变形、弹性变形、塑性变形的概念；会画轧辊、机架、轧机的弹性曲线；会画轧件的塑性曲线；会定性分析不同因素下塑性曲线的变化；了解辊缝转换函数；当轧制条件发生变化时，轧出厚度出现偏差，能通过弹塑性曲线用调整压下的方法（定性地）消除。

🔖 **关键词**

变形；弹性变形；塑性变形；弹性曲线；刚度；塑性曲线；弹塑性曲线；辊缝转换函数。

任务 6.1   认识金属的变形

金属是通过原子间的作用力把原子紧密结合在一起的。为了使金属产生变形，所加的外力必须克服原子间相互作用的力和能。两原子间相互作用的力和能同原子间距离的关系，如图 6-1 所示。当两个原子相距无穷远时，它们相互作用的引力和斥力都为零。当把它们从无穷远处移近时，在没有达到相当于几个原子大小的距离以前，引力和斥力的变化非常小；继续移近时斥力仍然很小，但引力增加较快；再进一步靠近时斥力就迅速增加。某一原子间距 $r = r_0$ 处引力和斥力相等，即原子间相互作用的合力（P），也就是内力（引力与斥力的合力）等于零。即 $r = r_0$ 处原子间势能最低。因此，原子间距为 r_0 的位置是原子最稳定的位置，也称为平衡位置。

理想晶体中的原子排列及其势能曲线如图 6-2 所示，AB 线上的原子处在 A_0、A_1、A_2 等位置最为稳定。若要从 A_0 跳到 A_1 位置上去，必须要越过高为 h 的势垒。

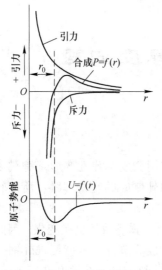

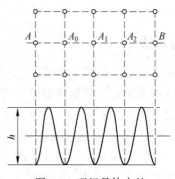

图 6-1　原子间的作用力和能
同原子间距（r）的关系

图 6-2　理想晶体中的
原子排列及其势能曲线

综上所述可以得出：

（1）$r=r_0$ 时，原子的斥力和引力相等。内力为零，原子势能最低，原子处于最稳定位置。

（2）$r>r_0$ 时，原子间作用的内力表现为引力。若拉开原子使 $r>r_0$，所加力或能必须克服原子间的引力或吸引能。

（3）$r<r_0$ 时，原子间作用的内力表现为斥力。若压缩原子使 $r<r_0$，所加力或能必须克服原子间的斥力或排斥能。

6.1.1　弹性变形

当所加外力或能不足以克服势垒，仅使原子被迫离开平衡位置处于不稳定状态时产生弹性变形。此时原子间距改变、原子间势能升高，去掉所加的力后，原子回到原来的平衡位置，变形消失。与此同时，在弹性变形过程中，物体内所蓄积的势能释放了出来。

当物体处于弹性状态时，由于原子间距的改变，物体的体积也会发生变化。但是在弹性变形过程中大多数金属的体积变化不大。例如，受各向压缩时（压力为 1000 MPa），铁的体积减小 0.6%，铜的体积减小 1.3%。在弹性变形时，原子间距的变化（Δr）和 r_0 相比很小，此时可认为应力（σ）和应变（ε）成正比关系，这就是大家熟知的胡克定律，即：

$$\sigma = E\varepsilon \tag{6-1}$$

式中　E——弹性模量。

E 的大小主要取决于原子间作用力的性质，而同晶粒的粗与细、均匀与不均匀等结构因素关系不大。

6.1.2　塑性变形

当所加的外力或能足以克服势垒，而使大量的原子多次地、定向地从一个平衡位置转移到另一个平衡位置，这样在宏观上就产生了不能复原的永久变形，也就是塑性变形。

由于塑性变形后原子间距和原来一样，所以纯塑性变形时虽然物体的形状和尺寸改变了，但体积不变（金属的空隙被压实或出现微裂纹时例外）。在塑性变形过程中所加的能不断转变成热，此热量一方面向周围空间散失，另一方面可使变形物体温度升高。

实际上，原子并非在平衡位置静止不动，而是以平衡位置为中心作热振动，振动的振幅随温度的升高而加大。可见，随温度升高原子的振动动能增加，会有助于使原子越过势垒而达到新的平衡位置。仅从这一点看，也说明金属的强度随温度升高而减弱。

6.1.3　弹塑性共存定律

当物体受外力作用时，使物体呈现了应力状态，并使原子位能升高而导致物体几何形状和尺寸的变化，即所谓变形。大量实验证明，所有的变形都是由弹性变形和塑性变形两部分组成。为了说明在塑性变形过程中，有弹性变形存在，通过拉伸实验为例来说明这个问题。

图 6-3 为拉伸实验的变化曲线（OABC），当应力小于屈服极限时，为弹性变形的范围，在曲线上表现为 OA 段，随着应力的增加，即应力超过屈服极限时，则发生塑性变形，在曲线上表现为 ABC 段，在曲线的 C 点，表明塑性变形的终结，即发生断裂。

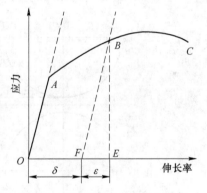

图 6-3　拉伸时应力与变形的关系

从图 6-3 中可以看出，在弹性变形的范围内，应力与变形的关系成正比，可用胡克定律近似表示。但是，在塑性变形的范围内，由于应力与变形关系是曲线形的变化。因此，不能像弹性变形那样有具体的计算公式，但可以根据曲线的变化进行分析。

如在拉伸时，随着拉应力的增加（大于屈服极限），当加载到图 6-3 中曲线的 B 点时，则变形在图中为 OE 段，即为塑性变形 δ 与弹性变形 ε 之和，如果加载到 B 点后，立即停止并开始卸载，则保留下来的变形为 OF(δ)，而不是有载时的 OE 段，它充分说明卸载后，其弹性变形部分 EF(ε) 随载荷的消失而消失，这种消失使变形物体的几何尺寸多少得到了一些恢复，由于这种恢复，往往在生产实践中不能很好控制产品尺寸。

以上的分析过程可以从宏观现象说明弹性变形与塑性变形的关系。根据曲线的变化，还可以说明弹性变形与塑性变形的关系，由曲线可知 A 点为弹性变形与塑性变形的临界（交接）点，要使物体产生塑性变形，必须先有弹性变形或者说在弹性变形的基础上，才能开始产生塑性变形，只有塑性变形而无弹性变形（或痕迹）的现象在金属塑性变形加工中，是不可能见到的。因此，把金属塑性变形在加工中一定会有弹性变形存在的情况，称为弹塑性共存定律。

6.1.4　弹塑性共存定律在压力加工中的实际意义

弹塑性共存定律在轧钢生产中具有重要的实际意义，可以用于指导轧钢生产。

6.1.4.1　选择工具

在轧制过程中工具和轧件是两个相互作用的受力体，而所有轧制过程的目的是使轧件具有最大程度的塑性变形，而轧辊则不允许有任何塑性变形，并使弹性变形越小越好。因此，在设计轧辊时应选择弹性极限高，弹性模数大的材料；同时应尽量使轧辊在低温下工作。相反地，对钢轧件来讲，其变形抗力越小，塑性越高越好。

6.1.4.2　预估轧后尺寸

由于弹塑性共存，轧件的轧后高度总比预先设计的尺寸要大。

如图 6-4 所示，轧件轧制后的真正高度 h 应等于轧制前事先调整好的辊缝高度 h_0，轧制时轧辊的弹性变形 Δh_n（轧机所有部件的弹性变形在辊缝上所增加的数值）和轧制后轧件的弹性变形 Δh_M 之和，即：

$$h = h_0 + \Delta h_n + \Delta h_M \tag{6-2}$$

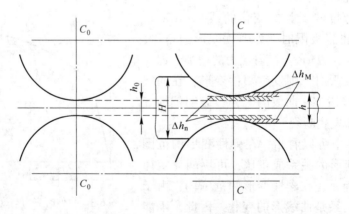

图 6-4　轧辊及轧件的弹性变形图

因此，轧件轧制以后，由于工具和轧件的弹性变形，使得轧件的压下量比所期望的值小。为使轧制成品能获得准确的尺寸，对于轧机的弹性变形所造成的影响可采取一些有效措施加以消除。例如，型材孔型设计时，针对不同类型的轧机和孔型要选取适当小一些的辊缝值。在轧制过程中，轧辊、机架、轴承、压下螺丝和螺母等在轧制压力的作用下发生弹性变形，使辊缝增大，这种现象称为辊跳。各种轧机的辊跳值相差很大，选取的辊缝值不应小于辊跳与孔型允许磨损量之和。辊缝较大时，轧槽浅，孔型共用性好，调整比较方便；但辊缝过大，使开口孔型轧槽过浅，将起不到限制金属流动的作用及其他弊端。辊缝值一般取孔型高度的 10%～20%。

大中型开坯机一般取 8~15 mm，大中型轧机的粗轧孔型可取 6~10 mm，成品孔型可取4~6 mm。又比如，轧制钢板时，特别是厚度越小的钢板，Δh_n 的值较 Δh_M 的值大得多，因此，希望轧辊等的强度和刚性要大，使其在轧制时所产生的弹性变形尽可能减小。因此，钢板轧机上的轧辊是高强度的合金辊或锻辊，以及小工作辊径和大的支撑辊，都是为了减小轧辊弹性变形的影响。在生产中就是采用上述方法来减小弹性恢复和工具弹性变形的影响，就是弹塑性共存定律的指导作用。

任务 6.2　轧制时的弹塑性曲线绘制及应用

　　轧机在轧制过程中，轧制力的作用使轧机整个机座产生弹性变形，轧件产生塑性变形。这两种变形是轧制过程中相互影响的一对矛盾。它们的相互关系，可以用轧制时的弹塑性曲线来说明轧件对于轧机的轧制力及其实际意义。

6.2.1　轧制时的弹性曲线

　　在轧制压力作用下轧辊产生弹性压扁和弯曲，把它相加起来就构成轧辊的弹性变形。用来表示轧辊弹性变形与轧制压力关系的曲线称为轧辊的弹性曲线，它们之间近似地呈直线关系，如图 6-5 所示。

　　同样，机架和轧辊轴承等在轧制压力作用下也会产生弹性变形，对于机架和轧辊轴承，也可以像轧辊一样，相对于轧制压力做一条弹性曲线，由于装配表面的不平及公差存在，使得它们之间存在着间隙，在机座受力的开始阶段，将是各部件因公差所产生的间隙随压力的增加而消失的过程；也有可能是因为换辊，使辊径发生变化以及部分零部件的公差等，都会引起实际曲线的开始段不是直线（见图 6-6），过后则可视为直线。虽然机架断面很大，有足够的刚度，但由于机架立柱很高，即使单位变形不大，立柱的总变形量也比较可观。一般来说，一个中型四辊轧机在 400~500 t 轧制压力作用下的机架变形一般为 1 mm，如果弹性变形小于此值，就被称为刚度良好的轧机。

　　考虑了轧辊和轧机机架的弹性变形曲线后，整个轧机的弹性曲线则为它们的总和，图 6-7 所示为轧机的弹性曲线。如果把此曲线近似地视为直线，那曲线的斜率对已知轧机则为常数，而这个斜率则称之为轧机的刚度系数，通常用 K 来表示。

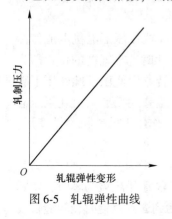

图 6-5　轧辊弹性曲线

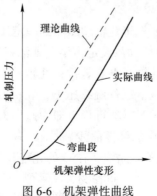

图 6-6　机架弹性曲线

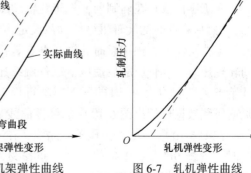

图 6-7　轧机弹性曲线

　　刚度系数 K 的物理意义是指机座产生单位弹性变形时的压力。因此，对某一轧机其刚度系数 K 可通过弹性曲线的斜率计算出来。由于曲线下部有一弯曲段，那所给的直线已不相交于坐标原点，而在横坐标轴上相交于 s_0 处，如图 6-8 所示。

　　此时

$$轧机变形 = s_0 + P/K \qquad\qquad (6\text{-}3)$$

　　如果把轧机的辊缝也考虑进去，那曲线将不再从零开始（见图 6-9），曲线可直接读出在一定辊缝和一定负荷下所能轧出的轧件厚度为

$$h = s + s_0 + P/K \qquad\qquad (6\text{-}4)$$

式中　　h——轧件轧后厚度；

　　　　s——轧辊辊缝；

　　　　s_0——弹性曲线弯曲段的辊缝值；

　　　　P——轧制压力；

　　　　K——轧机刚度系数。

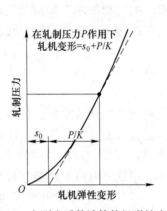
图 6-8　由刚度系数计算轧机弹性变形

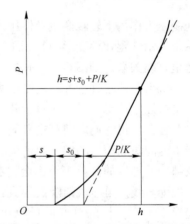
图 6-9　轧件尺寸在弹性曲线上的表示

　　由于轧机零部件间存在的间隙和接触不均匀是一个不稳定因素，弹性曲线的非线性部分是经常变化的，每次换辊后都有不同，因此辊缝的实际零位很难确定，式（6-3）和式（6-4）在实际生产中很难应用。但用人工零位法可以消除非线性段的不稳定性。

　　人工零位法是在轧制前，先将轧辊预压靠到一定压力（或按压下电机电流作标准），然后将此时的轧辊辊缝仪读数设定为零（即清零）。此时轧辊辊缝的位置即为人工零位。注意：预压靠时轧辊间没有轧件，轧辊一面空转一面使压下螺丝压下直到轧辊压靠。轧辊压靠后使压下螺丝继续压下，轧机便产生弹性变形。由轧辊压靠开始点到轧制力为 P_0 时的压下螺丝行程，即为此压力 P_0 作用下的轧机弹性变形，根据所测数据可绘出图 6-10 中的弹性曲线。

　　在图 6-10 中，$Ok'l'$ 为预压靠曲线，在 O 处轧辊开始接触受力变形，当压靠力为 P_0 时，辊缝 Of' 是一个负值。以 f' 点作为人工零位，当压靠力由 P_0 减为零时，实际辊缝为零，而辊缝仪读数为 $f'O = S$。然后继续抬辊，当抬到 g 点位置时，辊缝仪读

数为 $f'g = S_0' = S + S_0$。由于曲线 gkl 和 $Ok'l'$ 完全对称，$Of' = gF = S$，所以 OF 段就是轧制力为 P_0 时人工零位法的轧辊辊缝仪读数 S_0'。当轧制压力为 P 时，轧出的轧件厚度为：

$$h = S_0' + \frac{P - P_0}{K} \qquad (6\text{-}5)$$

式中　S_0'——人工零位辊缝仪显示的辊缝值（考虑预压变形后的空载辊缝）；

　　　P_0——清零时轧辊预压靠的压力。

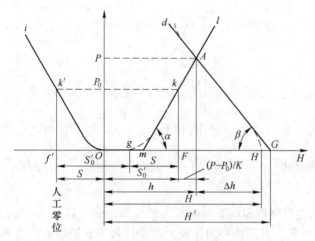

图 6-10　人工零位法的弹性

式（6-5）即人工零位法的弹跳方程。用人工零位法可以消除非线性段的不稳定性，使弹跳方程便于实际应用。

弹跳方程对轧机调整有重要意义。它可用来设定轧辊原始辊缝；弹跳方程表示了轧出厚度与辊缝及轧机弹跳的关系，它可作为间接测量轧件厚度的基本公式。

但是，弹跳方程中的刚度系数 K 没有考虑轧制过程中某些因素的影响，需知轧机刚度不仅是轧机结构固有的特性，而且与轧制条件有关。首先，在轧制过程中，轧辊和机架温度升高，产生热膨胀，同时轧辊磨损逐渐增大，从而使轧辊辊缝发生变化，也即改变了轧机刚度。其次，在支持辊采用油膜轴承时，油膜厚度与轧辊转速有关，在轧辊加减速过程中，油膜厚度的变化使辊缝发生变化，从而影响轧机刚度。再有，在轧板带时，轧件的宽度变化也会引起轧机刚度的变化。这是因为当轧件宽度增大时，在同样的轧制压力下，轧辊辊身长度上的单位压力减小，轧辊的弹性变形量减小；反之，当轧件很窄时，就相当于集中载荷作用，轧辊的弹性变形量增加。

考虑上述因素的影响，则弹跳方程中的刚度系数需进行修正。

6.2.2　轧件的塑性曲线

影响轧制负荷的因素也将影响轧机的压下能力，也就影响了轧件轧制的厚度，由于问题复杂，用公式表示十分困难，如果用图表的形式来描述，则可以表现得清楚一些。用来表示轧制力与轧件厚度关系变化的图示叫作塑性曲线（见图 6-11），

微课　塑性
曲线

纵坐标表示轧制压力，横坐标表示轧件厚度。

如图 6-12 所示，当轧制的金属变形抗力较大时，则塑性曲线较陡（由 1 变为 2）。在同样轧制压力下，所轧成的轧件厚度要厚一些（$h_2 > h_1$）。

图 6-13 为摩擦系数的影响，摩擦系数越大（由 f_1 到 f_2），轧制时变形区的三向压应力状态越强烈，轧制压力越大，曲线越陡，在同样轧制压力下，轧出的厚度越厚（$h_2 > h_1$）。

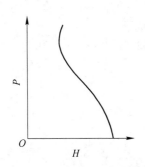

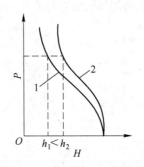

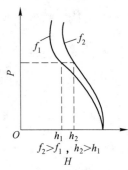

图 6-11 轧件的塑性曲线　　　　图 6-12 变形抗力的影响　　　　图 6-13 摩擦系数的影响

图 6-14 为张力对塑性曲线的影响。由图可知，张力越大（由 q_2 到 q_1），变形区三向压应力状态减弱，甚至使一向压应力改变符号变成拉应力，从而减小轧制压力，曲线斜率变小，使轧出厚度减薄（$h_1 < h_2$）。

图 6-15 为轧件原始厚度对塑性曲线的影响。同样负荷下，轧件越厚，则轧制压下量越大；轧件越薄，则轧制压下量越小。当轧件原始厚度薄到一定程度，曲线将变得很陡，当曲线变为垂直时，说明在这个轧机上，无论施以多大压力，也不可能使轧件变薄，也就是达到最小可轧厚度的临界条件。塑性曲线的斜率为轧件的塑性刚度系数，以 M 表示。

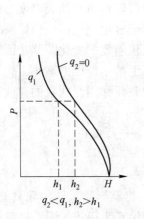

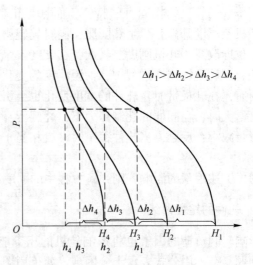

图 6-14 张力的影响　　　　　　　图 6-15 轧件厚度的影响

6.2.3　轧制时的弹塑性曲线

把塑性曲线与弹性曲线画在同一个图上，这样的曲线图称为轧制时的弹塑性曲线，如图 6-16 所示。

图 6-17 为已知轧机轧制带材时的弹塑性曲线，图中实线所示为在一定负荷 P 下将厚度为 H 的轧件轧制成 h 的厚度，如由于某种原因，使摩擦系数增加，原来的塑性曲线将变为虚线所示。如果辊缝未变，由于压力的改变将出现新的工作点，此时负荷增高为 P'，而轧出的厚度由 h 变为 h'，因而摩擦的增加使压力增加而压下量减小，如果仍希望得到规定的厚度 h，就应当调整压下，使弹性曲线平行左移至虚线处，与塑性曲线交于新的工作点，此时厚度为 h，但压力将增至 P''。

图 6-18 为冷轧时的弹塑性曲线，图中实线所示为在一定张应力 q_1 的情况下轧制工作情况，此时轧制压力为 P，轧出厚度 h，假如张力突然增加，达到 q_2，塑性曲线将变为虚线所示，在新的工作点轧制压力降低至 P'，而出口厚度减薄至 h'，此时辊缝并未改变，说明了张力的影响，如欲使轧出厚度仍保持 h，就需要调整压下使辊缝稍许增加，即弹性曲线右移至虚线，达到新的工作点以维持 h 不变，但由于张力的作用，轧制压力降低至 P''。

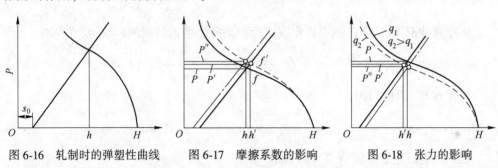

图 6-16　轧制时的弹塑性曲线　　图 6-17　摩擦系数的影响　　图 6-18　张力的影响

图 6-19 为轧件材料性质的变化在弹塑性曲线上的反映。正常情况下，在已知辊缝 s 的条件下轧出厚度为 h，工作点为 A。如由于退火不均，一段带材的加工硬化未完全消除，此时变形抗力增加，这种情况下轧制压力将由 P 增至 P'，轧出厚度由 h 增至 h'，工作点由 A 变为 B。欲保持轧出厚度 h 不变，就需进一步压下，使辊缝减小，但轧制压力将进一步增大至 P''，此时，工作点由 B 变为 C。因而坯料厚度变化时，在弹塑性曲线上的反映如图 6-20 所示。如果来料厚度增加，此时由于压下量增加而使压力 P 增加，结果轧机弹性变形增加，因而不能达到原来的轧出厚度 h，而为 h'，这时应调整压下，使辊缝减小至虚线，才能保持轧出厚度 h 不变，但压力将增大至 P''。

任何轧制因素的影响都可用弹塑性曲线反映出来。而且一般来说，处于稳定状态的轧制过程是暂时的、相对的，而各种轧制因素的影响是绝对的、大量存在的。因此，利用弹塑性曲线分析轧制过程很方便。

上面仅仅从质上做了简要的说明，实际上弹塑性曲线在已知条件下，完全可以定量地表示出来，这样它就会有更大的用途。

　　熟练的轧钢调整工都知道，要想改变带材厚度，比如说使轧出厚度减薄 0.1 mm，调整压下（辊缝）的距离就要大于 0.1 mm，如果带材比较软，那么稍大一些就可以了，如果带材比较硬，就需要多压下一些，这个轧机的弹性效果称为辊缝转换函数，以 $\Theta = \dfrac{\partial h}{\partial s}$ 表示。

　　辊缝转换函数的大小和它的变化，可借助弹塑性曲线来说明。图 6-21 为这种情况，当厚度轧到 h，需压力 P（A 点），如果以压下来改变轧出厚度，当压下一个 ∂s 距离时，此时弹性曲线与塑性曲线交于 B 点，而负荷由 A 至 B 增加 ∂P。

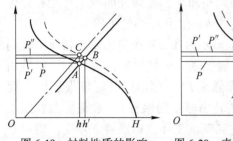　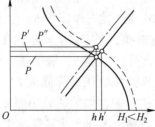　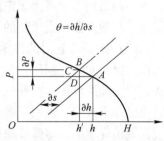

图 6-19　材料性质的影响　　　图 6-20　来料厚度变化的影响　　　图 6-21　辊缝转换函数

　　在微量情况下，AB 曲线可看作直线段，则此塑性曲线段的斜率为 M，则

$$\frac{\partial P}{\partial h} = M \tag{6-6}$$

从图 6-21 中还可知：

$$\partial s = \frac{\partial P}{K} + \partial h \tag{6-7}$$

把式（6-6）代入式（6-7）得：

$$\partial s = \frac{M\partial h}{K} + \partial h \quad 或 \quad \frac{\partial s}{\partial h} = \frac{M}{K} + 1 = \frac{M + K}{K} \tag{6-8}$$

所以辊缝转换函数为：

$$\Theta = \frac{\partial h}{\partial s} = \frac{K}{K + M} \tag{6-9}$$

如辊缝转换函数为 1/4，即：

$$\Theta = \frac{\partial h}{\partial s} = \frac{1}{4}$$

或

$$\partial s = 4\partial h$$

或者说，压下调整的距离应为所需变更厚度 ∂h 的 4 倍。

　　每一个轧钢调整工都知道，对于厚而软的轧件，压下移动较少就可调整轧出厚度的尺寸偏差，换言之，此时辊缝转换函数 $\Theta \approx 1$。另外，当轧制薄而硬的轧件，压下调整必须有相当的量，才能校正轧出厚度尺寸变化的偏差，当到一定值后，不管如何调整压下螺丝使其压下，轧出厚度不再变化，此时 $\Theta \to 0$。

如果用弹塑性曲线表示，图 6-22（a）为厚软轧件轧制情况，此时 $\partial h \approx \partial s$，塑性曲线的斜率 M 很小；但当轧制薄硬轧件时，则相应于图 6-22（b）的情况，此时虽然 ∂h 很小，而相应的 ∂s 则很大，这种情况较难调整。

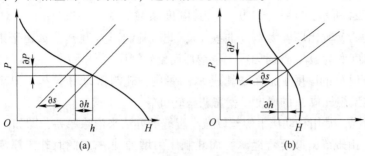

图 6-22　轧制软硬不同金属的情况

（a）厚软金属；（b）薄硬金属

轧机刚度对产品尺寸影响很大。若轧机是一个理想的完全刚性的轧机，那么当调整好辊缝 s 后，不管来料或工艺有什么变化，轧件轧出的厚度 h 都应该与辊缝 s 完全相等。

在刚度较小的轧机上 K 值较小［见图 6-23（a）］，若来料厚度有一个 ∂H 的变化，那么产品厚度就相应地有一个 ∂h 的变化。而刚度较大的轧机［见图 6-23（b）］，K 值较大，如果也有相同的来料厚度变化 ∂H，但轧出厚度变化 ∂h 却比第一种情况小得多，从这里就可看出刚度不高的轧机的缺点，即当轧制参数有稍微的波动，立刻就会在成品尺寸上反映出来。

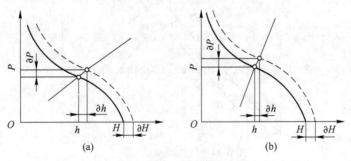

图 6-23　不同刚度轧机轧制情况

（a）轧机刚度小；（b）轧机刚度大

6.2.4　轧制弹塑性曲线的应用

轧制时的弹塑性曲线以图解的方式，直观地表达了轧制过程的矛盾，因此它已日益获得广泛的应用。

6.2.4.1　通过弹塑性曲线分析轧制过程中造成厚差的各种原因

由式（6-4）可知，只要使 s 和 $s_0 + P/K$ 变化，就会造成厚度的波动。前面已分析过，当来料厚度波动、轧件材质有变化、张力变化、摩擦条件变化、温度波动等都会影响轧出厚度的波动。

6.2.4.2　通过弹塑性曲线说明轧制过程中的调整原则

如图 6-24 所示，在一个轧机上，其刚度系数为 K ［曲线（1）］，坯料厚度为 H_1，辊缝为 s_1，轧出厚度为 h_1（曲线 1），此时轧制压力为 P_1。如由于来料厚度波动，轧前厚度变为 H_2，此时因压下量增加而使轧制压力增至 P_2 ［曲线（2）］，这时就不能再轧到 h_1 的厚度了，而是轧成 h_2 的厚度，轧制压力增至 P_2，出现了轧出厚度偏差。如果想轧成 h_1 的厚度，就需调整轧机。

一般情况，常用移动压下螺丝以减小辊缝的办法来消除厚差，即如图 6-24 曲线（2）所示，由辊缝 s_1 减至辊缝 s_2，而轧制压力增加到 P_3，此时轧出厚度可仍保持为 h_1。

在连轧机及可逆式带材轧机上，还有一种常用的调整方法，就是改变张力（见图 6-24），当增加张力，轧件塑性曲线由曲线 2 变成曲线 3 的形状，这时轧出厚度仍为 h_1，轧制压力也保持 P_1 不变。

此外，利用弹塑性曲线还可探索轧制过程中轧件与轧机的矛盾基础，寻求新的途径，例如近来采用液压轧机，就可利用改变轧机刚度系数的方法，以保持恒压力或恒辊缝。如图 6-24 中曲线（3），即为改变轧机刚度系数 K 到 K'，以保持轧后厚度不变。

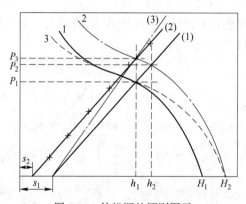

图 6-24　轧机调整原则图示

6.2.4.3　弹塑性曲线给出厚度自动控制的基础

根据 $h = s + s_0 + P/K$，如果能进行压下位置检测以确定辊缝 s，测量压力 P 以确定 P/K（可视 K 为常值），那么就可确定 h。这就是所谓的间接测厚法，如果所测得的厚度与要求给定值有偏差，就可调整轧机，直到维持所要求厚度值为止。最早的厚度自动控制（也称 AGC）就是根据这一原理设计的。另外式（6-8）也可写成：

$$\partial s = \left(\frac{M}{K} + 1 \right) \partial h \tag{6-10}$$

此即反馈 AGC 的基本方程式。再有，根据图 6-25：

$$\partial h = \frac{gc}{K}$$

$$\partial H = \frac{gc}{K} + \frac{gc}{M} = \left(\frac{M + K}{KM}\right)gc$$

而
$$gc = K\partial h$$

$$\partial s = \frac{M + K}{M}\partial H \tag{6-11}$$

将式（6-10）代入式（6-11），即得：

$$\partial s = \frac{M}{K}\partial H \tag{6-12}$$

式（6-12）即为前馈 AGC 的基本方程。

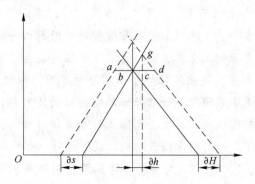

图 6-25　辊缝调整与原料尺寸偏差的关系

⚛ 科技前沿

"蝉翼钢"也被称作"5G 钢"，主要为 5G 基站信号接收器、信号发射滤波器、集成电路板等用钢，因厚度薄如蝉翼而得名。

"薄"和"光"，是"蝉翼钢"系列产品的最大特点，也是科研攻关的难点，它的秘密藏在了轰鸣的生产线之中。轧制时，原料板形、厚度、张力控制的轻微波动都可能导致瞬间断带，"蝉翼钢"对钢质纯净度、稳定轧制和表面质量等要求苛刻。"蝉翼钢"生产流程包含炼铁、炼钢、热轧、冷轧等四大主流程，包含 300 多个小工序、上千个质量控制点。

2022 年 10 月，在党的二十大的北京团分组会上，来自首钢集团的青格勒吉日格乐代表展示了外形为明信片的"蝉翼钢"。"蝉翼钢"是首钢集团京唐公司生产的 5G 设备用钢，代表着首钢的科研实力和锻造水平。

🏅 钢铁名人

2022 年，北京冬奥会主题的明信片受到收藏爱好者好评。薄如蝉翼、光似镜面，每一片用精钢雕刻的明信片中，都凝结着北京冬奥的美好记忆。这是国家邮品中第一次使用钢材，而生产这种"蝉翼钢"的是来自首钢京唐公司的金属材料高级工程师莫志英和他的团队。

2022 年 3 月，莫志英带领团队成功轧制 0.07 mm 极薄规格"蝉翼钢"，大幅度超过 0.12 mm 的机组设计能力极限。"生产这种钢材，最大的挑战就在于既薄又宽。一般来说，宽厚比达到 4000，生产难度就很大，而生产的这种 0.07 mm 厚、800 mm 宽的薄料，宽厚比达到 11428，难度可想而知。"

2021 年 7 月，莫志英带领团队成功将板材厚度降至 0.08 mm，已达国内先进水平，再减薄 0.01 mm，就像优秀的百米运动员冲刺到极限后，再提高 0.1 s 的成绩一样，难度极大。然而，对极薄规格钢板而言，厚度每降低 0.01 mm，就意味着吨钢可以节约将近千元的成本。"我们就是要挑战极限、追求极致，力争'低成本生产高附加值产品'。"莫志英说。从 0.08 mm 到 0.07 mm，0.01 mm 的减薄是他和团队用了将近 1 年时间的攻关成果。

作为"蝉翼钢"全流程研发、生产的负责人，莫志英必须对炼钢、热轧、冷轧等各个主流程的 300 多个小工序、上千个质量控制点做到心中有数。为了确保钢水的洁净度，每次他都要对钢水全流程氧含量、钢水温度及生产节奏等重点指标进行监督指导。由于带钢太薄，超出了轧机自动调整的范围，加之生产过程轧制力大、张力波动大，极易发生断带问题。如何保证轧制过程稳定可控，更是莫志英必须解决的一道难题。那段时间他经常晚上查阅国内外相关技术资料，白天带领团队建模论证、试验模拟。为了第一时间掌握最准确的数据资料，他总是在控制室、检查台、设备点之间转个不停，忘记吃饭是常事。"蝉翼钢"明信片用钢从接受任务到产出成品只用了不到一个月的时间，莫志英全程指导工艺调整，累了就靠着椅子坐会儿，困了就在操作台上趴会儿。

一次，在脱脂机组生产时，操作人员发现纠偏辊入口带钢有轻微"起筋"，有断带风险，请求停车。守在现场的莫志英马上来到辊子旁边，仔细检查带钢的状态。凭借十几年的轧钢经验，他迅速判定带钢只是发生了弹性变形，不会影响继续生产。于是，果断要求操作员对机组张力、烘干温度等一系列参数进行调整，最终带钢顺利通过纠偏辊。

功夫不负有心人。莫志英带领团队摸索出了一整套极薄规格宽幅带钢的生产工艺和技术参数，不仅圆满完成了冬奥明信片"蝉翼钢"的生产任务，也为企业生产工艺水平的提高积累了经验。

莫志英说，能够以制作精美主题邮品的方式参与冬奥，他感到很荣幸。"'减薄、高强'是'蝉翼钢'极薄系列的极致追求，我们还将朝着更高目标不断前进。"

🧪 实验任务
当轧制条件发生变化时，轧件的厚度（硬面）尺寸出现偏差，通过调整轧机消除误差

一、实验目的

通过实验了解影响轧机弹跳的参数，模拟实际的轧制过程，当轧制参数出现变

化时，产品尺寸出现偏差，通过轧机调整，消除产品的尺寸偏差。

二、实验仪器设备

φ130 mm/150 mm 实验轧机，测量尺寸的工具，铅板和铝板。

三、实验说明

当材质变形抗力增加时，轧制的金属变形抗力增大，轧制压力增加，所轧成的轧件厚度要厚一些；当摩擦系数增加，轧制压力增加，轧出的厚度越厚；随着张力增加，轧制压力减小，轧出厚度减薄；原料越薄，则轧件变形抗力就越大，轧制压力就越大，使轧出厚度增加。轧件原始厚度薄到一定程度，轧件的变形抗力就会无穷大，说明在这个轧机上，无论施以多大压力，也不可能使轧件变薄，也就是达到最小可轧厚度的临界条件。

四、实验步骤

1. 材质的不同

（1）准备好一块铝板和多块钢板，尺寸为：1 mm×15 mm×70 mm（1号）；1 mm×15 mm×70 mm（2号、3号、4号、5号）。首先测量其各块试件的原始厚度和宽度，并填入表6-1。

（2）把辊缝调整为0.6 mm。

（3）启动轧机，用木块作为辅助工具将铝板对中送入光面轧机轧制，并测量轧后的厚度与宽度，填入表6-1。用木块作为辅助工具将钢板对中送入光面轧机轧制，并测量轧后的厚度与宽度，填入表6-1。铝板的轧后高度是所要求的尺寸，而钢板的高度尺寸是当轧制条件变化后轧件不符合要求的尺寸，学生们要通过调整轧机使得铝板轧制后的高度尺寸为铅板轧后的那个尺寸。

表6-1　试件参数记录表（一）

试件编号	H	B	h	b	P
1号					
2号					
3号					
4号					
5号					

（4）对轧机进行相应的压下调整，然后用木块作为辅助工具将钢板对中送入光面轧机轧制，并测量轧后的厚度与宽度，直到钢板的厚度符合要求为止。

2. 摩擦的不同

（1）准备好多块钢板，尺寸为：1 mm×15 mm×70 mm（1号、2号、3号），首先测量其各块试件的原始厚度和宽度，并填入表6-2。

表 6-2　试件参数记录表（二）

试件编号	H	B	h	b	P
1 号					
2 号					
3 号					

（2）用木块作为辅助工具将 1 号钢板对中送入光面轧机轧制，并测量轧后的厚度与宽度，填入表 6-2 内。然后用木块作为辅助工具将 2 号钢板送入麻面轧机轧制，并测量轧后的厚度与宽度，填入表 6-2 内。光面轧辊轧制钢板的轧后高度是所要求的尺寸，而麻面轧辊轧制钢板的高度尺寸是当轧制条件变化后轧件的不符合要求的尺寸，学生们要通过调整轧机压下使得麻面轧辊轧制后的高度尺寸为光面轧辊轧后的那个尺寸。

（3）对轧机进行相应的压下调整，然后用木块作为辅助工具将钢板送入麻面轧辊轧制，并测量轧后的厚度与宽度，直到钢板的厚度符合要求为止。

3. 厚度的不同

（1）准备好多块铅板，尺寸为：1 mm×15 mm×70 mm（1 号），1.1 mm×15 mm×70 mm（2 号、3 号），首先测量其各块试件的原始厚度和宽度，并填入表 6-2。

（2）用木块作为辅助工具将 1 号钢板对中送入光面轧辊轧制，并测量轧后的厚度与宽度，填入表 6-2 内。然后用木块作为辅助工具将 2 号钢板对中送入光面轧辊轧制，并测量轧后的厚度与宽度，填入表 6-2 内。光面轧辊轧制 1 号钢板的轧后高度是所要求的尺寸，而光面轧辊轧制 2 号钢板的高度尺寸是当轧制条件变化后轧件的不符合要求的尺寸，学生们要通过调整轧机压下使得光面轧辊轧制 2 号钢板后的高度尺寸为光面轧辊轧制 1 号钢板的轧后的那个尺寸。

（3）对轧机进行相应的压下调整，然后用木块作为辅助工具将钢板送入光面轧辊轧制，并测量轧后的厚度与宽度，直到钢板的厚度符合要求为止。

五、注意事项

（1）操作前，要检查轧机状态是否正常，排查实验安全因素。

（2）每块试件前端（喂入端）形状应正确，各面保持 90°，无毛刺，不弯曲。

（3）喂入料时，切不可用手拿着喂入轧机，需手持木板轻轻推入。

完成实验后，撰写实验报告。

本章习题

一、单选题

（1）当轧制压力为 1000 kN，刚度系数为 400000 N/mm 时，理想状态下轧机的弹跳应是（　　）。

　　　A. 0.25 mm　　　　B. 2.5 mm　　　　C. 0.4 mm　　　　D. 4 mm

（2）轧件变形抗力增大，则轧件塑性曲线变（　　），其他条件不变的情况下，轧制压力变（　　）。

　　　　A. 陡 小　　　　B. 陡 大　　　　C. 缓 小　　　　D. 缓 大

　　（3）摩擦系数增大，则轧件塑性曲线变（　　），其他条件不变的情况下，轧制压力变（　　）。

　　　　A. 陡 大　　　　B. 陡 小　　　　C. 缓 大　　　　D. 缓 小

　　（4）某机架前后张力增大，则轧件塑性曲线变（　　），其他条件不变的情况下，轧制压力变（　　）。

　　　　A. 陡 大　　　　B. 陡 小　　　　C. 缓 大　　　　D. 缓 小

　　（5）某道次轧件厚度增大，则轧件塑性曲线变（　　），辊缝及其他条件不变的情况下，轧制压力变（　　）。

　　　　A. 陡 大　　　　B. 陡 小　　　　C. 缓 大　　　　D. 缓 小

　　（6）冷轧带材时，其他条件不变，由于润滑效果不好使得摩擦增大，则塑性曲线变（　　），需要调（　　）辊缝才能够轧出规定厚度的产品。

　　　　A. 陡 大　　　　B. 陡 小　　　　C. 缓 大　　　　D. 缓 小

　　（7）要想改变带材厚度，比如说使轧出厚度减薄 0.1 mm，调整压下的距离就要（　　）0.1 mm。

　　　　A. 等于　　　　B. 大于　　　　C. 小于　　　　D. 无法确定

　　（8）其他条件相同，轧辊刚度系数越大，则轧件轧后厚度（　　）。

　　　　A. 不变　　　　B. 越大　　　　C. 越小　　　　D. 无法确定

二、判断题

　　（1）其他条件不变，张力增大的情况下，需要减小辊缝，使得轧制出同样厚度的产品。　　　　　　　　　　　　　　　　　　　　　　　　　　（　　）

　　（2）其他条件不变，轧件厚度增加，则需要通过减小辊缝的方式来调整轧机，使得能够轧制出同样厚度的产品。　　　　　　　　　　　　　　　（　　）

　　（3）在轧制的弹塑性曲线中，弹性曲线和塑性曲线的交点称为轧制时的工作点。
　　　　　　　　　　　　　　　　　　　　　　　　　　　　　　　　（　　）

　　（4）把塑性曲线与弹性曲线画在同一个图上，这样的曲线图称为轧制时的弹塑性曲线。　　　　　　　　　　　　　　　　　　　　　　　　　　（　　）

　　（5）张力越大，轧制时轧出的厚度越厚。　　　　　　　　　　　　（　　）

　　（6）同样负荷下，轧件越厚，则轧制压下量越大；轧件越薄，则轧制压下量越小。　　　　　　　　　　　　　　　　　　　　　　　　　　　　　（　　）

　　（7）轧机的弹跳值越大，说明轧机抵抗弹性变形的能力越差。　　（　　）

　　（8）其他条件不变，摩擦增大，则需要增大辊缝来获得同样厚度的产品。
　　　　　　　　　　　　　　　　　　　　　　　　　　　　　　　　（　　）

　　（9）其他条件不变，轧件的变形抗力增大，则需要减小压下量，使之得到同样厚度的产品。　　　　　　　　　　　　　　　　　　　　　　　　（　　）

　　（10）张力越大变形区三向压应力状态越强，从而增大轧制压力，曲线斜率变大，使轧出厚度增大。　　　　　　　　　　　　　　　　　　　　　（　　）

（11）当轧制的金属变形抗力较大时，则塑性曲线较缓。在同样的轧制压力下，所轧成的轧件厚度要薄一些。　　　　　　　　　　　　　　　　（　　）

（12）摩擦系数越大，轧制时变形区的三向压应力状态越强烈，轧制压力越大，曲线越陡，在同样轧制压力下，轧出的厚度越厚。　　　　　　　　（　　）

（13）用来表示轧制力与轧件厚度关系变化的图示叫作塑性曲线。　　（　　）

（14）轧机弹性曲线的斜率称为轧机的刚度系数。　　　　　　　　（　　）

（15）用来表示弹性变形与轧制压力关系的曲线即弹性曲线。　　　（　　）

（16）轧制过程中如果参数发生变化，轧件尺寸就会发生变化，可以通过调整压下螺丝和轧件张力来解决。　　　　　　　　　　　　　　　　（　　）

（17）在实际生产中，要想改变带材厚度，比如要想多压下 0.1 mm，则调整压下的距离就要大于 0.1 mm。　　　　　　　　　　　　　　　　　　（　　）

（18）轧件越厚，同样轧制力的情况下，轧制压下量越大。　　　　（　　）

（19）轧制时，随着变形抗力的增加，在同样的轧制力下，所轧成的轧件厚度要更大。　　　　　　　　　　　　　　　　　　　　　　　　　　（　　）

（20）当塑性曲线变为垂直时，说明在这个轧机上，无论施以多大压力，也不可能使轧件变薄。　　　　　　　　　　　　　　　　　　　　　　（　　）

（21）原子间距为 r_0 的位置既没有引力也没有斥力。　　　　　（　　）

（22）原子间距为 r_0 的位置是原子最稳定的位置，也称为平衡位置。（　　）

（23）当两个原子相距无穷远时，它们相互作用的引力和斥力都为零。（　　）

三、名词解释

（1）工作点。

（2）刚度系数。

（3）辊缝转换函数。

（4）弹性曲线。

（5）塑性曲线。

（6）弹塑性曲线。

四、简答题

（1）塑性曲线的影响因素有哪些，是如何影响的？

（2）冷轧带材时，其他条件不变，张力增加，使得带材厚度超差，如何调整辊缝来解决？

（3）冷轧带材时，其他条件不变，由于润滑效果不好使得摩擦增大，则轧制压力如何变化？带材厚度有何变化？请画图解释，并分步骤说明如何调整辊缝才能够轧出规定厚度的产品。

（4）冷轧带材时，其他条件不变，张力增加，使得带材厚度超差，试利用弹塑性曲线解决。

（5）轧制时若来料厚度增加会造成轧出厚度出现超差，请用弹塑性曲线解决。

模块 7 轧制速度问题

任务背景

连续轧制简称连轧，是应用广泛的轧制方法。一根轧件同时在几架顺序排列的轧机中进行轧制、变形，减少了间隙时间，提升了轧制效率。但是连轧需要满足其特殊规律，否则会产生拉钢或者堆钢，影响生产。连轧过程中各机架的速度匹配也是需要控制的很重要的一环，需要了解轧件出口速度和轧制速度之间的关系才能完成速度的正确设定，顺利实现连续轧制。

学习任务

认识连轧，熟悉变形条件、运动学条件及力学条件；学习轧制速度、变形速度的概念；会进行转速和线速度的换算；会计算变形速度；能准确描述前滑、后滑的概念；能够在实验室测定前滑；了解张力的作用。

关键词

连轧；秒流量相等；轧制速度；变形速度；前滑；后滑；中性角；前滑的影响因素；张力。

任务 7.1 认识连轧

连轧是指轧件同时通过数架顺序排列的机座进行的轧制（见图 7-1），各机座通过轧件而相互联系、相互影响、相互制约。从而使轧制的变形条件、运动学条件和力学条件具有一系列的特点。

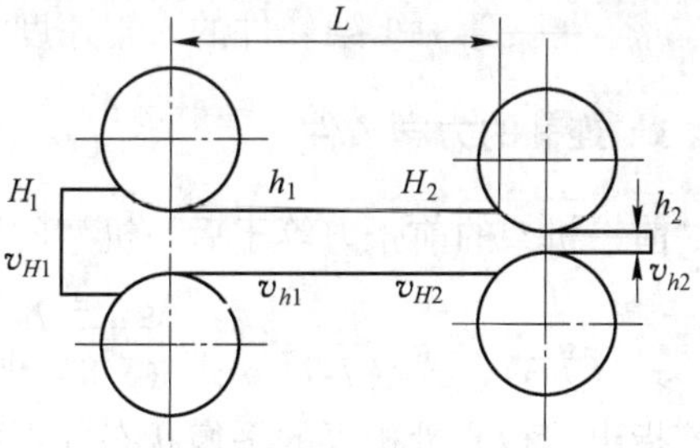

图 7-1 连轧时机架间的速度关系

7.1.1 连轧的变形条件

为保证连轧过程的正常进行，必须使通过连轧机组各个机座的金属秒流量保持相等，此即所谓连轧过程秒流量相等原则，即：

$$F_1 v_{h1} = F_2 v_{h2} = \cdots = F_n v_{hn} = 常数 \tag{7-1}$$

或

$$B_1 h_1 v_{h1} = B_2 h_2 v_{h2} = \cdots = B_n h_n v_{hn} = 常数 \tag{7-2}$$

式中　F_1，F_2，$\cdots$，F_n——通过各机座的轧件断面积；

　　　v_{h1}，v_{h2}，$\cdots$，v_{hn}——通过各机座的轧件出口速度；

　　　B_1，B_2，$\cdots$，B_n——通过各机座轧件的轧出宽度；

　　　h_1，h_2，$\cdots$，h_n——通过各机座的轧件轧出厚度。

　　如以轧辊速度 v 表示，则式（7-1）可写成：

$$F_1 v_1 (1 + S_{h1}) = F_2 v_2 (1 + S_{h2}) = \cdots = F_n v_n (1 + S_{hn}) \tag{7-3}$$

式中　v_1，v_2，$\cdots$，v_n——各机座的轧辊圆周速度；

　　　S_{h1}，S_{h2}，$\cdots$，S_{hn}——各机座轧件的前滑值。

　　在连轧机组末架速度已确定的情况下，为保持秒流量相等，其余各架的速度应按式（7-4）确定，即：

$$v_i = \frac{F_n v_n (1 + S_{hn})}{F_i (1 + S_{hi})} \quad (i = 1, \ 2, \ \cdots, \ n) \tag{7-4}$$

　　如果以轧辊转速表示，则式（7-3）可写成：

$$F_1 D_1 n_1 (1 + S_{h1}) = F_2 D_2 n_2 (1 + S_{h2}) = \cdots = F_n D_n n_n (1 + S_{hn}) \tag{7-5}$$

式中　D_1，D_2，$\cdots$，D_n——各机座的轧辊工作直径；

　　　n_1，n_2，$\cdots$，n_n——各机座的轧辊转速。

　　在带钢连轧机上轧制带钢时，如忽略宽展，则有

$$h_1 v_1 (1 + S_{h1}) = h_2 v_2 (1 + S_{h2}) = \cdots = h_n v_n (1 + S_{hn}) \tag{7-6}$$

　　秒流量相等的条件一旦破坏就会造成拉钢或堆钢，从而破坏了变形的平衡状态。拉钢可使轧件横断面收缩，严重时造成轧件断裂；堆钢可造成轧件折叠，引起设备事故。

7.1.2　连轧的运动学条件

　　前一机架轧件的出辊速度等于后一机架的入辊速度，即：

$$v_{hi} = v_{Hi+1} \tag{7-7}$$

式中　v_{hi}——第 i 架轧件的出辊速度；

　　　v_{Hi+1}——第 $i+1$ 架轧件的入辊速度。

7.1.3　连轧的力学条件

　　前一机架的前张力等于后一机架的后张力，即：

$$q_{hi} = q_{Hi+1} = q = 常数 \tag{7-8}$$

　　式（7-3）、式（7-7）、式（7-8）即为连轧过程处于平衡状态下的基本方程式。应该指出，秒流量相等的平衡状态并不等于张力不存在，即带张力轧制仍可处于平衡状态，但由于张力作用各架参数从无张力的平衡状态改变为有张力条件下的平衡状态。在平衡状态破坏时，上述三式不再成立，秒流量不再维持相等，前机架轧件的出辊速度也不等于后机架的入辊速度，张力也不再保持常数，但经过一过渡过程又进入新的平衡状态。

　　实际上连轧过程是一个非常复杂的物理过程，当连轧过程处于平衡状态（稳态）时，各轧制参数之间保持着相对稳定的关系。然而，一旦某个机架上出现了干

扰量（如来料厚度、材质、摩擦系数、温度等）或调节量（如辊缝、辊速等）的变化，则不仅破坏了该机架的稳态，而且还会通过机架间张力和出口轧件的变化，瞬时地或延迟地把这种变化的影响顺流地传递给前面的机架，并逆流地传递给后面的机架，从而使整个机组的平衡状态遭到破坏。随后通过张力对轧制过程的自调作用，上述扰动又会逐渐趋于稳定，从而使连轧机组进入一个新的平衡状态。这时，各参数之间建立起新的相互关系，而目标参数也将达到新的水平。

由于干扰因素总是会不断出现，所以连轧过程中的平衡状态（稳态）是暂时的、相对的，连轧过程总是处于稳态→干扰→新的稳态→新的干扰这样一种不断波动着的动态平衡过程中。这种动态平衡过程是非常复杂的，要进行探索，必须深入研究以下两个问题：

（1）在外扰量或调节量的变动下从一个平衡状态到另一新的平衡状态时，参数变化的规律及其大小；

（2）从一个平衡状态向另一平衡状态过渡的动态特性。

任务 7.2　计算连轧时的张力

张力是连轧过程中一个很活跃的因素，必须给以足够的重视。

7.2.1　连轧张力微分方程

（1）切克马廖夫公式为：

$$\frac{\mathrm{d}q}{\mathrm{d}t} = \frac{E}{L}(v_{2H} - v_{1h})\left(1 + \frac{q}{E}\right)^2 \tag{7-9}$$

（2）费因别尔格推出的公式为：

$$\frac{\mathrm{d}q}{\mathrm{d}t} = \frac{E}{L}\left[v_{2H} - v_{1h}\left(1 + \frac{q}{E}\right)\right] \tag{7-10}$$

（3）张进之推出的公式为：

$$\frac{\mathrm{d}q}{\mathrm{d}t} = \frac{E}{L}(v_{2H} - v_{1h})\left(1 + \frac{q}{E}\right) \tag{7-11}$$

式中　E——钢轧辊的弹性模数，其值为 2.156×10^5 MPa；

　　　L——机架间的距离；

　　　v_{2H}——下一机架的速度；

　　　v_{1h}——前一机架的速度；

　　　q——单位前张力或前后单位张力差。

这些公式推导的基本思路是一样的，都是基于轧件受到弹性拉伸时，利用力学条件导出的。它们之间的一些微小差别，对实际应用来说没有太大的意义，因为式中的 $\left(1 + \frac{q}{E}\right)$ 近似为 1，所以实际应用的公式为：

$$\frac{\mathrm{d}q}{\mathrm{d}t} = \frac{E}{L}(v_{2H} - v_{1h}) \tag{7-12}$$

7.2.2　张力公式

直接给出张力方程：

$$q = \frac{A}{B}(1 - e^{-B \cdot t}) \tag{7-13}$$

式中　A，B——系数，$A = \frac{E}{L}(v_{2H} - v_{1h0})$，$B = \frac{E \cdot v_1 \cdot a}{L}$。

张力随时间的变化曲线如图 7-2 所示。这一公式可以说明建张过程。

如有速度差产生，平衡破坏，产生了张力，张力是不稳定而逐渐增加的。同时，它还可以说明张力的"自动调节"作用，即根据上面公式，张力在某一轧制参数变化下而产生速度差的情况下发生，此时张力增加，而张力增加又使前滑发生变化，使张力增加变缓，这样，直到某一时间，轧制过程又在一定张力条件下达到新的平衡，这就是通常所说的张力"自动调节"作用。

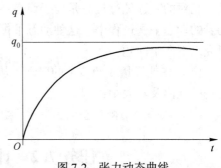

图 7-2　张力动态曲线

但应指出，这种"调节"作用是有条件的，并不是在任何状态下都可达到新的平衡的。

首先，如图 7-2 所示，当 $t = \infty$ 时：

$$q_0 = \frac{A}{B} = \frac{v_{2H} - v_{1h0}}{v_1 \cdot a} \tag{7-14}$$

显然，式（7-14）为一直线，它是式（7-13）的渐近线。

这条渐近线表示达到新的平衡时新的张力值，此值应小于轧件的屈服极限，即：

$$q_0 < \sigma_s$$

否则，尚未达到新的平衡之前，轧件已经屈服甚至拉断，这种情况在生产中是经常发生的。从这里也可以看出，张力在一定范围内，可以起到"自动调节"作用，使轧制过程达到新的平衡，但是由于参数变化过大而引起张力过大时，则可能达不到新的平衡。

例 7-1　设初始状态为 $v_1 = 10$ m/s，$\sigma_s = 500$ MPa，$S_{1h0} = 5\%$，$L = 4.2$ m，$E = 21 \times 10^4$ MPa，$a = 0.0002$。当 v_{2H} 做 1% 阶跃增加时，求张力动态变化。

解：

$$v_{1h0} = v_1(1 + S_{1h0}) = 10 \times (1 + 0.05) = 10.5 \text{ m/s} = 10.5 \times 10^3 \text{ mm/s}$$

$$\Delta v = v_{2H}(1 + 0.01) - v_{1h0}$$

因为　　　　　　　　　　　$v_{2H} = v_{1h0}$

所以　　　　　$\Delta v = 0.01 v_{1h0} = 0.105 \text{ m/s} = 0.105 \times 10^3 \text{ mm/s}$

$$B = \frac{E}{L}v_1 a = \frac{21 \times 10^4}{4.2 \times 10^3} \times 10^4 \times 0.0002 = 100$$

$$A = \frac{E}{L}(v_{2H} - v_{1h0}) = \frac{21 \times 10^4}{4.2 \times 10^3} \times 0.105 \times 10^3 = 5250$$

$$q = \frac{A}{B}(1 - e^{-B \cdot t}) = 52.5(1 - e^{-100t})$$

根据上式可画出张力的动态过程，由计算可知，在这种条件下，张力是可达到新的平衡的，新的平衡状态下的张力值为 52.5 MPa。

轧制时运动学、变形、力学条件三方面是相互共存和互为因果的，速度差和流量差是同一问题的不同方面的表现，不能把它割裂开来。如果轧制参数瞬时变化，引起速度差产生，而产生张力或引起张力变化，那么同时也必然有流量差出现。反之亦然。速度差、流量差、张力差是在连轧平衡状态破坏时，轧制运动学、变形、力学条件变化的表现。

应指出，速度差或流量差引起张力的产生或变化，但是，在具有恒张力的情况下，轧制仍处于平衡状态，此时仍保持秒流量不变，只是这一恒张力平衡状态下与无张力平衡状态下的轧制参数不同。也就是说，轧制在无张力下处于平衡状态，由于某一原因，平衡状态遭到破坏，因而引起张力的产生，经过一段时间，轧制过程又在具有某一张力情况下达到新的平衡状态，此时张力不再变化，保持一定值（也有可能，平衡状态破坏后没有可能恢复到平衡状态，例如发生张力过大而断带，甚至破坏了正常的轧制生产）。

从以上看出，简单地把具有张力轧制看成是一个动态过程是不对的，建张过程是一个动态过程，但当张力达到某值而不再变化后，轧制过程又恢复到稳态，这一概念必须清楚。

任务 7.3　计算堆拉系数和堆拉率

7.3.1　前滑系数

由前滑定义表达式得：

$$S_h = \frac{v_h - v}{v} = \frac{v_h}{v} - 1$$

把式中轧件的出辊速度与轧辊线速度之比称为前滑系数，以 S_v 表示，即：

$$S_v = \frac{v_h}{v} \tag{7-15}$$

对连轧机组来说，就有：

$$S_{v1} = \frac{v_{h1}}{v_1}, \ S_{v2} = \frac{v_{h2}}{v_2}, \ \cdots, \ S_{vn} = \frac{v_{hn}}{v_n}$$

各架前滑值与前滑系数的关系为：

$$S_{h1} = S_{v1} - 1, \ S_{h2} = S_{v2} - 1, \ \cdots, \ S_{hn} = S_{vn} - 1$$

用前滑系数表示，连轧时的流量方程则为：

$$F_1 v_1 S_{v1} = F_2 v_2 S_{v2} = \cdots = F_n v_n S_{vn} \tag{7-16}$$

也可写成为：

$$F_1 D_1 v_1 S_{v1} = F_2 D_2 v_2 S_{v2} = \cdots = F_n D_n v_n S_{vn} \tag{7-17}$$

若令

$$C_1 = F_1 D_1 n_1, \quad C_2 = F_2 D_2 n_2, \quad \cdots, \quad C_n = F_n D_n n_n$$

则有

$$C_1 S_{v1} = C_2 S_{v2} = \cdots = C_n S_{vn} \tag{7-18}$$

7.3.2　堆拉系数和堆拉率

在连轧时，实际上要保持理论上的秒流量相等是相当困难的。为了使轧制过程能够顺利进行，常有意识地采用堆钢或拉钢的操作技术。一般线材在连续式轧机上机组与机组之间采用堆钢轧制，而机组内的机架与机架之间采用拉钢轧制。

拉钢轧制有利也有弊，利是不会出现因堆钢而产生事故，弊是轧件头、中、尾尺寸不均匀，特别是精轧机组内机架间拉钢轧制不适当时，将直接影响到成品质量使轧件的头尾尺寸超出公差。一般头尾尺寸超出公差的长度，与最后几个机架间的距离有关。因此，为减少头尾尺寸超出公差的长度，除采用微量拉钢（也即微张力轧制）外，还应当尽可能缩小机架间的距离。

7.3.2.1　堆拉系数

堆拉系数是堆钢或拉钢的一种表示方法。如以 K_s 表示堆拉系数时：

$$\frac{C_1 S_{v1}}{C_2 S_{v2}} = K_{s1}, \quad \frac{C_2 S_{v2}}{C_3 S_{v3}} = K_{s2}, \quad \cdots, \quad \frac{C_n S_{vn}}{C_{n+1} S_{vn+1}} = K_{sn} \tag{7-19}$$

式中　K_{s1}，K_{s2}，$\cdots$，K_{sn}——各架连轧时每两架间的堆拉系数。

当 K_s 值小于 1 时，表示堆钢轧制。连轧线材时机组与机组之间要根据活套大小通过调节直流主电机的转数，来控制适当的堆钢系数。

当 K_s 值大于 1 时，表示拉钢轧制。线材连轧时粗轧和中轧机组的机架与机架之间的拉钢系数一般控制在 1.02～1.04；精轧机组随轧机结构型式的不同一般控制在 1.005～1.020。

将式（7-19）移项得：

$$C_1 S_{v1} = K_{s1} C_2 S_{v2}, \quad C_2 S_{v2} = K_{s2} C_3 S_{v3}, \quad \cdots, \quad C_n S_{vn} = K_{sn} C_{n+1} S_{vn+1} \tag{7-20}$$

由式（7-20）得出考虑堆钢或拉钢后的连轧关系式为：

$$C_1 S_{v1} = K_{s1} C_2 S_{v2} = K_{s1} K_{s2} C_3 S_{v3} = \cdots = K_{s1} K_{s2} \cdots K_{sn} C_{n+1} S_{vn+1} \tag{7-21}$$

7.3.2.2　堆拉率

堆拉率是堆钢或拉钢的另一表示方法，也是经常采用的方法。以 ε 表示堆拉率时：

$$\varepsilon_1 = \frac{C_1 S_{v1} - C_2 S_{v2}}{C_2 S_{v2}} \times 100$$

$$\varepsilon_2 = \frac{C_2 S_{v2} - C_3 S_{v3}}{C_3 S_{v3}} \times 100$$

$$\vdots$$

$$\varepsilon_n = \frac{C_n S_{vn} - C_{n+1} S_{vn+1}}{C_{n+1} S_{vn+1}} \times 100 \qquad (7\text{-}22)$$

当 ε 为正值时表示拉钢轧制，当 ε 为负值时表示堆钢轧制。

任务 7.4　认识和计算变形速度、轧制速度

7.4.1　变形速度及其计算

在前面曾多次讲到变形速度及其有关问题。应当指出：变形速度与轧制速度是两种截然不同的概念，不得混淆。

变形速度是指最大变形方向上的变形程度对时间的变化率，或者说是单位时间内的单位移位体积，其定义表达式为：

$$\dot{\varepsilon} = \frac{d\varepsilon}{dt} \qquad (7\text{-}23)$$

在实际应用中，通常用最大主变形方向的变形速度来表示各种变形过程的变形速度。例如轧制和锻造时，用高度方向的变形速度表示，即：

$$\dot{\varepsilon} = \frac{d\varepsilon}{dt} = \frac{\dfrac{dh_x}{h_x}}{dt} = \frac{1}{h_x} \cdot \frac{dh_x}{dt} = \frac{v_z}{h_x} \qquad (7\text{-}24)$$

由式（7-24）可以看出，工具的运动速度与变形速度是两个不同性质的概念，不应把它们混为一谈。但两者又有密切的联系，即变形速度与工具的瞬间移动速度 v_z 成正比，同时与变形体的瞬时厚度 h_x 成反比。

为了有利于分析锻压、轧制过程中的变形速度对金属性能的影响，求出平均变形速度 $\bar{\varepsilon}$ 是有益的。

7.4.1.1　锻压

$$\dot{\varepsilon} = \frac{\overline{v_z}}{\overline{h}} \approx \frac{\overline{v_z}}{\dfrac{H + h}{2}} = \frac{2\overline{v_z}}{H + h} \qquad (7\text{-}25)$$

式中　$\overline{v_z}$——工具的平均压下速度。

7.4.1.2　轧制

计算轧制时的平均变形速度的公式很多，下面利用图 7-3 推导几种形式的压下变形速度公式。

如果接触弧的中点压下速度等于平均压下速度 $\overline{v_z}$，即：

$$\overline{v_z} = 2v\sin\frac{\alpha}{2} \approx 2v\frac{\alpha}{2} = v\alpha$$

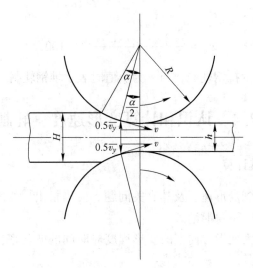

图 7-3　确定轧制时平均变形速度的简图

所以

$$\bar{\dot{\varepsilon}} = \frac{\bar{v_z}}{h} = \frac{v\alpha}{\dfrac{H+h}{2}} = \frac{2v\alpha}{H+h}$$

按几何关系 $\alpha \approx \sqrt{\dfrac{\Delta h}{R}}$ 代入上式得：

$$\bar{\dot{\varepsilon}} = \frac{2v\sqrt{\dfrac{\Delta h}{R}}}{H+h} \tag{7-26}$$

式中　R——轧辊半径；

　　　v——轧辊圆周速度。

如果轧制时按单位时间内的相对变形程度来计算平均变形速度：

$$\bar{\dot{\varepsilon}} = \frac{\dfrac{\Delta h}{H}}{t} \tag{7-27}$$

则式（7-27）中的时间 t 可为变形区内的金属体积 $V_变$ 与单位时间内离开的体积 $V_离$ 的比值，即：

$$V_变 = \frac{1}{2}\sqrt{\Delta h R}\,(HB + hb)$$

$$V_离 = h \cdot b \cdot v$$

故

$$t = \frac{\sqrt{\Delta h R}\,(HB + hb)}{2hbv}$$

将 t 代入到式（7-27）中得：

$$\bar{\dot{\varepsilon}} = \frac{2hbv\sqrt{\dfrac{\Delta h}{R}}}{H(HB + hb)} \tag{7-28}$$

或

$$\overline{\dot{\varepsilon}} = \frac{2Fv\sqrt{\dfrac{\Delta h}{R}}}{H(F_0 + F)} \tag{7-29}$$

如果轧制板带时，当 Δb 很小可以忽略不计（$b = B$）时，式（7-29）就可以写成：

$$\overline{\dot{\varepsilon}} = \frac{2hv\sqrt{\dfrac{\Delta h}{R}}}{H(H + h)} \tag{7-30}$$

如果轧制的板带较薄时，由于每次的压下量 Δh 较小，为了简化计算，可视 $H \approx h$，因此式（7-30）可以写成：

$$\overline{\dot{\varepsilon}} = \frac{2v\sqrt{\dfrac{\Delta h}{R}}}{H + h} \tag{7-31}$$

例 7-2　在某 650 mm 轧机上开坯，已知相邻两个孔型的尺寸为 280 mm×170 mm 与 196 mm×210 mm，轧辊的转数为 82 r/min，当后一孔型的平均工作直径为 ϕ490 mm 时，求其变形速度。

解：

（1）求压下量 Δh。由轧制过程可知，前一孔型轧后进入下道轧制的对应尺寸应为：$H = 280$ mm，$h = 210$ mm，$B = 170$ mm，$b = 196$ mm。

所以　　　　　　　　$\Delta h = H - h = 280 - 210 = 70$ mm

（2）求出根号值，即：

$$\sqrt{\frac{\Delta h}{R}} = \sqrt{\frac{70}{245}} = 0.535$$

（3）求出轧制速度 v，即：

$$v = \frac{\pi n}{60}\overline{D_k}$$

（4）计算出轧制前后的断面积：

$$F_0 = 280 \times 170 = 47600 \ \text{mm}^2$$

$$F = 210 \times 196 = 41160 \ \text{mm}^2$$

（5）将上述计算结果代入到 $\overline{\dot{\varepsilon}} = \dfrac{2Fv\sqrt{\dfrac{\Delta h}{R}}}{H(F_0 + F)}$ 中，则得：

$$\overline{\dot{\varepsilon}} = \frac{2Fv\sqrt{\dfrac{\Delta h}{R}}}{H(F_0 + F)} = \frac{2 \times 41160 \times 2104 \times 0.535}{280 \times (47600 + 41160)} = 3.73 \ \text{s}^{-1}$$

任何轧制过程，都可以用上述方法求出变形速度。如前所述，变形速度对金属的变形抗力及塑性都有一定的影响。当变形程度一定时，在热加工温度范围内，随变形速度的增加，变形抗力有比较明显的增加，而在冷加工时，变形速度对变形抗力的影响不大。变形速度的增加使塑性减小。不同轧机的一般变形速度见表 7-1。

表 7-1　不同轧机轧制时的变形速度

轧机名称	平均变形速度/s^{-1}	轧机名称	平均变形速度/s^{-1}
初轧机	0.8~3	线材轧机	75~300
大型型钢轧机	1~5	厚板和中板轧机	8~15
中型型钢轧机	10~25	连续式宽带钢轧机	7~100

7.4.2　轧制速度及其计算

轧制速度是指轧辊的线速度。在轧制过程中是指与金属接触处的轧辊圆周速度，它不考虑轧辊与轧件之间的相对滑动。它取决于轧辊的转数与轧辊的平均工作直径，即：

$$v = \frac{\pi n}{60} \overline{D_k}$$

式中　v——轧制速度，m/s；

$\overline{D_k}$——轧辊平均工作直径，mm；

n——每分钟轧辊转数。

因为轧制速度越高，轧机产量就越高，所以提高轧制速度是现代轧机提高生产率的主要途径之一。但是轧制速度的提高受到轧机的结构和强度、电机能力、机械化与自动化水平、咬入条件、坯料质量及长度等一系列因素的限制。目前，由于轧制工艺设备条件已有很大改进，如液压传动和油膜轴承，电子计算机的应用、坯料长度的增加以及电机能力的加大等，轧制速度比过去有很大的提高。例如，现代化的带钢冷连轧机的轧制速度已达 45 m/s，无扭转连续式线材轧机的轧制速度最高已达到 140 m/s。因此，提高轧制速度是轧钢生产的发展方向。目前，国内外常用轧机的轧制速度范围见表 7-2。

表 7-2　常用轧机的轧制速度

轧机种类	轧机名称	规格/mm	轧制速度/m·s^{-1}
初轧机	二辊可逆	$D_0 = 750~1350$	2~7
	万能板坯轧机	$D_0 = 1150~1370$	约 6
钢坯轧机	二辊可逆/三辊横列式	$D_0 = 500~850$	3~4
	三辊横列式	$D_0 = 500~650$	2.5~4
	钢坯连轧机	$D_0 = 420~850$	4~5
轨梁及大型轧机	万能式轨梁轧机	$D_0 = 850~1350$	3~5
	横列式	$D_0 = 650~950$	3.5~7
	跟踪式	$D_0 = 550~750$	6~7

续表 7-2

轧机种类	轧机名称	规格/mm	轧制速度/m·s^{-1}
中小型轧机	横列式中型	$D_0 = 400 \sim 650$	2.5~4.5
	连续式中型	$D_0 = 400 \sim 650$	7~12
	横列式小型	$D_0 = 250 \sim 350$	2.5~8
	半连续小型	$D_0 = 250 \sim 350$	5~15
	连续式小型	$D_0 = 250 \sim 350$	7~20
线材轧机	横列式	$D_0 = 180 \sim 280$	3~9
	半连续式	$D_0 = 150 \sim 300$	8~30
	连续式	$D_0 = 150 \sim 300$	15~85
钢板轧钢机	厚板轧机	$L_{辊} = 4200 \sim 5600$	4~7
	中厚板轧机	$L_{辊} = 2500 \sim 3600$	5~7
	三辊劳特中板轧机	$L_{辊} = 2300 \sim 2450$	2.5~4.4
	迭轧薄板轧机	$L_{辊} = 750 \sim 1200$	约1.5
热轧宽带钢轧机	可逆式炉卷	$L_{辊} = 1200 \sim 1700$	约8.5
	四辊连续式	$L_{辊} = 1200 \sim 2300$	15~26.5
	四辊半连续式	$L_{辊} = 1200 \sim 2000$	9~19
冷轧带钢轧机	四辊可逆式	$L_{辊} = 1200 \sim 2300$	6~15
	四辊连续式	$L_{辊} = 1200 \sim 2200$	25~45
	多辊式	$L_{辊} = 1150 \sim 1400$	约15
焊管坯窄带钢轧机	横列式	$\phi = 250 \sim 380$	3~5
	半连续式	$\phi = 250 \sim 400$	3~9
	连续式	$\phi = 350 \sim 450$	7~21
无缝钢管轧机	自动式轧管机组	$\phi = 76 \sim 400$	2~2.5
	连续式轧管机	$\phi = 102 \sim 168$	3.9~6
	周期式轧管机	$\phi = 216 \sim 426$	0.9~3

任务 7.5 认识轧制时的前滑和后滑

7.5.1 前滑和后滑的产生及表示方法

7.5.1.1 前滑和后滑的产生

当轧件在满足咬入条件并逐渐充填辊缝的过程中，由于轧辊对轧件作用力的合力作用点内移、作用角（$\alpha - \delta$）减小而产生剩余摩擦力，此剩余摩擦力和轧制方向一致。在剩余摩擦力的作用下，轧件前端的变形金属获得加速，使金属质点流动速度加快，当变形区内金属前端速度增加到大于该点轧辊辊面的水平速度时，就开始

微课 前滑的产生及表示方法

形成前滑，并形成前滑区和后滑区。在后滑区金属相对辊面向入口方向滑动，故其摩擦力的方向不变，仍是将轧件拉入辊缝的主动力，而在前滑区，由于金属相对于辊面向出口方向滑动，摩擦力的方向与轧制方向相反，即与剩余摩擦力的方向相反，因而前滑区的摩擦力成为轧件进入辊缝的阻力，并将抵消一部分后滑区摩擦力的作用。结果使摩擦力的合力 T 相对减小，使轧制过程趋于达到新的平衡状态。

7.5.1.2　前滑和后滑的定义及表示方法

在轧制过程中，轧件出口速度 v_h 大于轧辊在该处的线速度 v，这种 $v_h > v$ 的现象称为前滑。而轧件进入轧辊的速度 v_H 小于轧辊在该处线速度的水平分量 $v\cos\alpha$ 的现象称为后滑。前滑值用出口断面上轧件速度与轧辊圆周速度之差和轧辊圆周速度比值的百分数表示，即：

$$S_h = \frac{v_h - v}{v} \times 100\% \tag{7-32}$$

式中　v——轧辊圆周速度；

　　　S_h——前滑值。

后滑值用入口断面处轧辊圆周速度的水平分量与轧件入口速度之差和轧辊圆周速度水平分量比值的百分数表示：

$$S_H = \frac{v\cos\alpha - v_H}{v\cos\alpha} \times 100\% \tag{7-33}$$

式中　S_H——后滑值；

　　　其余符号意义同前。

如果将式（7-32）中的分子和分母同乘以时间 Δt，则得：

$$S_h = \frac{v_h \cdot \Delta t - v \cdot \Delta t}{v \cdot \Delta t} = \frac{L_h - L_H}{L_H} \times 100\% \tag{7-34}$$

式中　L_h——在时间 Δt 内轧出的轧件长度；

　　　L_H——在时间 Δt 内，轧辊表面任一点所移动的圆周距离。

如果事先在轧辊表面一个圆周上刻出距离为 L_H 的两个小坑（见图 7-4），则轧制后在轧件表面测量出 L_n，即可用实验方法计算出轧制时的前滑值。

若热轧时测出轧件的冷尺寸 L_h'，则可用式（7-35）换算成轧件的热尺寸：

$$L_h = L_h'[1 + \alpha(t_1 - t_2)] \tag{7-35}$$

式中　L_h'——轧件冷却后测得的长度；

　　　α——轧件热膨胀系数，其值见表 7-3；

　　　t_1，t_2——轧件轧制的温度和测量时的温度。

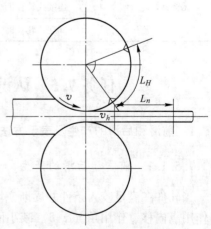

图 7-4　用刻痕法计算前滑

表 7-3　碳钢的热膨胀系数

温度/℃	热膨胀系数 α
0~1200	$(15 \sim 20) \times 10^{-6}$
0~1000	$(13.5 \sim 17.5) \times 10^{-6}$
0~800	$(13.3 \sim 17) \times 10^{-6}$

7.5.2　研究前滑的意义

前滑值虽然不大，然而在轧制理论研究和实际轧钢生产中具有很重要的意义。

（1）从广泛的意义来说，前后滑现象是广义的纵变形。因此，它是纵变形研究的基本内容。

（2）在使用带张力轧制及连轧时必须考虑前滑值。这是因为在轧机调整时必须正确估计前滑值，否则可能造成两台轧机之间的堆钢，或者因 S_h 值估计过大而致使轧件被拉断等现象发生。

（3）研究外摩擦时必须计算前滑值。在轧制时，轧辊与轧件间沿咬入弧的摩擦系数 f，实际上各点是不相同的。这种 f 值的变化，影响压力分布及其性质，从而影响了功率的消耗。但是这种摩擦现象要直接从实验中研究是很困难的。如果从测量前滑值来测定摩擦力，问题就容易解决，这是因为前滑值是受咬入角限制的。

任务 7.6　前滑的计算

式（7-32）是前滑的定义表达式，它没有反映出轧制参数与前滑值的关系，因此无法在已知轧制参数的条件下计算前滑值。忽略轧件的宽展，并由秒流量相等条件，可得出：

$$v_h h = v_\gamma h_\gamma \quad 或 \quad v_h = v_\gamma \frac{h_\gamma}{h} \tag{7-36}$$

式中　v_h，v_γ——轧件出辊和中性面处的水平速度；

h，h_γ——轧件出辊和中性面处的高度。

因为 $v_\gamma = v\cos\gamma$，$h_\gamma = h + D(1 - \cos\gamma)$，由式（7-36）可得出：

$$\frac{v_h}{v} = \frac{h_\gamma \cos\gamma}{h} = \frac{[h + D(1 - \cos\gamma)]\cos\gamma}{h}$$

由前滑的定义得到：

$$S_h = \frac{v_h - v}{v} = \frac{v_h}{v} - 1$$

将前面的式子代入上式得：

$$S_h = \frac{(D\cos\gamma - h)(1 - \cos\gamma)}{h} \tag{7-37}$$

此式即为芬克（Fink）前滑公式。由公式可看出，影响前滑值的主要工艺参数

为轧辊直径 D、轧件厚度 h 及中性角 γ。显然，在轧制过程中凡是影响 D、h 及 γ 的各种因素必将引起前滑值的变化。图 7-5 为前滑值 S_h 与轧辊直径 D、轧件厚度 h 和中性角 γ 的关系曲线。这些曲线是用芬克前滑公式在以下情况下计算出来的。

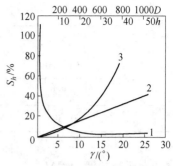

图 7-5 按芬克公式计算的曲线

曲线 1：$S_h = f(h)$，$D = 300$ mm，$\gamma = 5°$；

曲线 2：$S_h = f(D)$，$h = 20$ mm，$\gamma = 5°$；

曲线 3：$S_h = f(\gamma)$，$h = 20$ mm，$D = 300$ mm。

由图 7-5 可知，前滑与中性角呈抛物线关系；前滑与辊径呈直线关系；前滑与轧件轧出厚度呈双曲线关系。

当中性角 γ 很小时，可取 $1 - \cos\gamma = 2\sin^2\dfrac{\gamma}{2} = \dfrac{\gamma^2}{2}$，$\cos\gamma = 1$。

则式（7-37）可简化为：

$$S_h = \frac{\gamma^2}{2}\left(\frac{D}{h} - 1\right) \tag{7-38}$$

式（7-38）即为艾克隆德（Ekelund）前滑公式。因为 D/h 远远大于 1，故式（7-38）括号中的 1 可以忽略不计，则该式变为：

$$S_h = \frac{R}{h}\gamma^2 \tag{7-39}$$

式（7-39）即为德雷斯登（Dresden）前滑公式。此式所反映的函数关系与式（7-37）是一致的。这些都是在不考虑宽展时求前滑的近似公式。当存在宽展时，实际所得的前滑值将小于上述公式所算得的结果。考虑宽展时的前滑值可按柯洛廖夫公式计算：

$$S_h = \frac{R}{h}\gamma^2\left(1 - \frac{R \cdot \gamma}{B_h}\right) \tag{7-40}$$

在一般生产条件下，前滑值波动在 2% ~ 10%，但某些特殊情况也有超出此范围的。

微课　中性角

任务 7.7　中性角的确定

中性角是轧件速度和轧辊速度相同的点和上下轧辊中心线连线组成的圆心角。

由式（7-37）~ 式（7-39）可知，为计算前滑值必须知道中性角 γ。对简单的理想轧制过程，在假定接触面全滑动和遵守库仑干摩擦定律以及单位压力沿接触弧均匀分布和无宽展的情况下，按变形区内水平力平衡条件导出中性角 γ 的计算公式，即：

$$\begin{cases} \gamma = \dfrac{\alpha}{2}\left(1 - \dfrac{\alpha}{2\beta}\right) \\[2mm] \gamma = \dfrac{\alpha}{2}\left(1 - \dfrac{\alpha}{2f}\right) \end{cases} \tag{7-41}$$

式（7-41）为计算中性角的巴甫洛夫公式，式中，α、β、γ 三个角的单位均为弧度。为深入了解，来分析一下式（7-41）的函数关系，主要讨论 β 或 f 为常数时，γ 与 α 的关系。

此时式（7-41）为抛物线方程（见图 7-6）：

$$\gamma = \frac{\alpha}{2} - \frac{\alpha^2}{4\beta} \quad 或 \quad \alpha^2 - 2\beta\alpha - 4\beta\gamma = 0$$

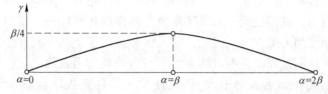

图 7-6　三特征角 α、β、γ 之间的关系

此函数有最大值。为求此最大值，可使 γ 对 α 的一阶导数为零：

$$\frac{\mathrm{d}\gamma}{\mathrm{d}\alpha} = \frac{1}{2} - \frac{2\alpha}{4\beta} = 0$$

由上式可解得 $\alpha = \beta$，将此值代入式（7-41），得中性角的最大值为：

$$\gamma_{\max} = \frac{\alpha}{4} = \frac{\beta}{4}$$

可见，当 $\alpha = \beta$，即在极限咬入条件下，中性角有最大值，其值为 0.25α 或 0.25β；当 $\alpha < \beta$ 时，随 α 增加，γ 增加；当 $\alpha > \beta$ 时，随 α 增加，γ 减小；当 $\alpha = 2\beta$ 时，$\gamma = 0$。

当 α 远远小于 β 时，γ 趋于极限值 $\alpha/2$，这表明由于剩余摩擦力很大，前滑区有很大发展，前滑区长度的最大值可能接近变形区的一半。不过此时咬入角很小，前滑区长度的绝对值是很小的。当咬入角增加时，则剩余摩擦力减小，前滑区占变形区的比例减小，极限咬入时只占变形区的 1/4，如果再增加咬入角（在咬入后带钢压下），剩余摩擦力将更小，当 $\alpha = 2\beta$ 时，剩余摩擦力为零，而此时 $\gamma/\alpha = 0$，$\gamma = 0$。前滑区为零即变形区全部为后滑区，此时轧件向入口方向打滑，轧制过程实际上已不能继续下去。

由上述分析可见，前滑区在变形区内所占比例的大小，即 γ/α 值，与剩余摩擦力的大小有一定关系。当 α 不大时，可认为 $\cos\alpha/2 \approx 1$，$\sin\alpha/2 \approx \alpha/2$，稳定轧制阶段的剩余摩擦力（一个轧辊的）为：

$$P_x \approx fN - \frac{1}{2}\alpha N$$

又设轧制时咬入角与摩擦角之间的关系为 $\alpha = K\beta$，在单位压力和摩擦系数都相同时，$K = 0 \sim 2$。此外，$f = \tan\beta \approx \beta$，由式（7-41）移项得：

$$\frac{\gamma}{\alpha} = \frac{1}{2}\left(1 - \frac{K\beta}{2\beta}\right) = \frac{1}{2}\left(1 - \frac{K}{2}\right)$$

又

$$P_x = \beta N - \frac{1}{2}K\beta N = \beta N\left(1 - \frac{K}{2}\right)$$

故
$$\frac{\gamma}{\alpha}\Big/ P_x = \frac{1}{2\beta N} \tag{7-42}$$

式（7-42）中 $\beta N \approx fN$，为轧制时作用在辊面与轧件接触面之间的摩擦力。当轧制条件一定时，摩擦力应为定值，即比值 $\frac{\gamma}{\alpha}\Big/ P_x$ 为定值，因而可以用 γ/α 来表征该轧制条件下剩余摩擦力的大小。

一般轧制过程都必然存在前滑区和后滑区。前已述及，前滑区的摩擦力是轧件进入变形区的阻力，轧辊是通过后滑区摩擦力的作用将轧件拉入辊缝，故后滑区的摩擦力具有主动作用力的性质。因此，前滑区和后滑区是两个相互矛盾的方面。然而前滑区对稳定轧制过程又是不可缺少的。当由于某种因素的变化，使阻碍轧件前进的水平阻力增大（如后张力增大），或使拉入轧件进入辊缝的水平作用力减小（如摩擦系数减小），前滑区均将会部分地转化为后滑区，使拉入轧件前进的摩擦力的水平分量增大，使轧制过程得以在新的平衡状态下继续进行下去。

任务 7.8　认识前滑、后滑与纵横变形的关系

金属质点在变形区内的纵向流动，即前滑与后滑，构成轧件的延伸变形。根据流经变形区任一截面金属的秒体积不变原则可得：
$$F_H v_H = F_x v_x = F_\gamma v_\gamma = F_h v_h = 常数 \tag{7-43}$$

变换形式有：
$$\frac{v_H}{v_h} = \frac{F_h}{F_H} = \frac{1}{\mu} \quad 即 \quad v_H = \frac{v_h}{\mu}$$

把上式代入式（7-33），可得：
$$S_H = \frac{v\cos\alpha - \dfrac{v_h}{\mu}}{v\cos\alpha} = 1 - \frac{v_h}{v}\frac{1}{\mu\cos\alpha} \tag{7-44}$$

前滑定义表达式（7-32）可改写成：
$$v_h = v(1 + S_h) \tag{7-45}$$

将式（7-35）代入到式（7-44）中得：
$$S_H = 1 - \frac{1 + S_h}{\mu\cos\alpha} \quad 或 \quad \mu = \frac{1 + S_h}{(1 - S_H)\cos\alpha} \tag{7-46}$$

将式（7-35）代入到 $v_H = \dfrac{v_h}{\mu}$，得：
$$v_H = \frac{v}{\mu}(1 + S_h) \tag{7-47}$$

由式（7-45）~式（7-47）可知，当延伸系数 μ 和轧辊圆周速度已知时，轧件进出辊的实际速度 v_H、v_h 取决于前滑值 S_h，或已知前滑值便可求出后滑值。也可看出，当 μ 和咬入角 α 一定时，前滑值增加，后滑值就必然减少。

设 μ_h 为前滑区内的延伸系数，由体积不变条件可得：

$$\mu_h = \frac{F_\gamma}{F_h} = \frac{v_h}{v_\gamma} = \frac{v_h}{v\cos\gamma} \approx \frac{v_h}{v}$$

而由前滑定义表达式得：

$$S_h = \frac{v_h - v}{v} = \frac{v_h}{v} - 1 \approx \mu_h - 1 \tag{7-48}$$

由式（7-48）可见，前滑值与前滑区的延伸系数呈线性关系，因而可以把前滑理解为前滑区的纵变形。

由以上的分析可以看出，前滑、后滑和延伸三者之间存在着联系。因此，必须把三者看作一个整体进行研究，否则将在分析问题时得出错误的结论。例如，轧制时在接触面加入润滑剂，摩擦系数减小，由前面章节所述摩擦系数对宽展的影响可知，此时宽展应减小，在压下量 Δh 不变的前提下，相应的延伸变形应增加。但此时前滑、后滑是否都同时增加？来看另一方面，由于摩擦系数减小，剩余摩擦力减小，中性角减小，即前滑区在整个变形区中所占比例将减小，因此前滑值也将减小。在这种情况下，延伸变形的增大是依靠后滑值的增大而增大的。

芬克前滑公式是在假定宽展为零的条件下导出的。而在很多轧制条件下，宽展均较大而不容忽视。前面已经知道前滑和后滑构成延伸变形，更确切地讲，前滑是前滑区延伸变形的结果，后滑是后滑区延伸变形的结果。然而根据体积不变条件，可得：

$$\mu = \frac{l}{L} = \frac{HB}{hb} = \frac{H}{h} \cdot \frac{1}{\dfrac{b - B + B}{B}} = \frac{H}{h} \cdot \frac{1}{\dfrac{\Delta b}{B} + 1} \tag{7-49}$$

由式（7-49）可看出，随宽展 Δb 增加，轧件的延伸系数 μ 减小，因而有宽展时，实际的前滑值也将比由芬克公式计算出的要小。在其他条件不变时，宽展越大，前滑值越小。

对孔型中轧制时的前滑值计算，要比平辊轧制时复杂得多。这是因为在孔型中轧制时，孔型周边各点的轧辊圆周线速度不同，而由于轧件整体性和外端的作用，轧件横断面上各点又必须以同一速度出辊，因而造成轧件各部分的前滑值不同。工作轧辊辊径越大的地方，前滑越小；反之工作轧辊辊径小的地方，前滑值大。对异型孔型，如果某些部分工作轧辊辊径很大，可能出现 $v > \overline{v_h}$ 的现象，即出现负前滑，这就说明在工作直径较大的部分，金属可能全部为后滑。

由于沿轧件宽度上各点的前滑值不同，且工作辊径不等，由德雷斯登前滑公式可得：

$$\gamma = \sqrt{\frac{S_h \cdot h}{R}}$$

可见中性角沿轧件宽度也不同，这样，中性面是一个曲线。

图 7-7 为方轧件进入椭圆孔型的情况。由于轧件进入变形区时与轧辊不同时接触，变形区的水平投影是图中 *ABCDE* 的形状，可见此时变形区长度 l、咬入角 α 也是变化的，前滑区为 *DEFGH* 内的区域，中性面为 *FGH*。

计算孔型中轧制时轧件的出辊速度目前还没有很好的办法，而随着型钢连轧的

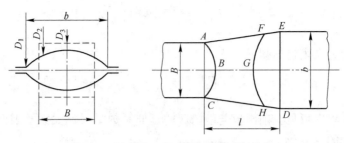

图 7-7　方轧件进入椭圆孔型的变形区

发展，又迫切需要解决这个问题。为了粗略估计孔型中轧制时轧件的出辊速度，目前许多人是用平均高度法（见图 7-6），把孔型和轧前轧件断面化为矩形断面，然后按前面讲过的平辊轧制矩形断面轧件的方法来确定轧辊的平均线速度 $\bar{v}$ 和平均前滑值 $\overline{S_h}$ 并按式（7-50）计算轧件平均出辊速度：

$$\overline{v_h} = \bar{v}(1 + \overline{S_h}) \tag{7-50}$$

还有一种方法，就是把异型孔型和轧件断面划分为几个矩形断面区域，分别计算各区域的轧辊线速度、前滑值和轧件出辊速度，然后再根据各区域面积占整个断面积的比例，来确定轧件的平均前滑值、平均出辊速度。

应指出，这些计算孔型中轧制时的前滑值和轧件出辊速度的方法，是不很精确的，还有待于进一步深入研究。

例 7-3　在 $D = 650$ mm、材质为铸铁的轧辊上，将坯料尺寸为 $H = 100$ mm、$B = 400$ mm 的低碳钢轧件轧成 $h = 70$ mm，轧辊圆周速度 $v = 2$ m/s，轧制温度 $t = 1000$ ℃，计算忽略宽展的前滑值。

解：

（1）求咬入角 α。

由 $\Delta h = D(1 - \cos\alpha)$ 得　　$\cos\alpha = \dfrac{D - \Delta h}{D} = \dfrac{650 - 30}{650} = 0.9538$

求得　　　　　　　　　　$\alpha = 17.48° = 17°28'$

（2）求摩擦系数及摩擦角。

由计算 f 的艾克隆德公式，按已知条件查得 $K_1 = 0.8$，$K_2 = 1$，$K_3 = 1$。

所以　$f = K_1 K_2 K_3(1.05 - 0.0005t) = 0.8 \times (1.05 - 0.0005 \times 1100) = 0.4$

查得　　　　　　　　　　$\beta = \arctan 0.4 = 21.8°$

（3）求中性角。

$$\gamma = \frac{\alpha}{2}\left(1 - \frac{\alpha}{2\beta}\right) = \frac{17.48°}{2} \times \left(1 - \frac{17.48°}{2 \times 21.8°}\right) = 5.24°$$

计算　　　　　　　　$\cos\gamma = \cos 5.24° = 0.9958$

（4）计算前滑值。

$$S_h = (1 - \cos\gamma)\left(\frac{D}{h}\cos\gamma - 1\right) = (1 - 0.9985) \times \left(\frac{650}{70} \times 0.9985 - 1\right)$$

$$= 3.47\%$$

例 7-4　在轧辊直径为 400 mm 的轧机上，将 10 mm 的带钢一道次轧成 7 mm，此时用辊面刻痕法测得前滑值为 7.5%，计算该轧制条件的摩擦系数。

解：（1）由德雷斯登公式计算中性角：

$$\gamma = \sqrt{\frac{S_h \cdot h}{R}} = \sqrt{\frac{0.075 \times 7}{200}} = 0.0512 \, (\text{rad})$$

（2）计算咬入角：

$$\alpha = \arccos\left(\frac{D - \Delta h}{D}\right) = \arccos\left(\frac{400 - 3}{400}\right) = 0.1225 \, (\text{rad})$$

（3）由巴甫洛夫三特征角公式计算摩擦角。由 $\gamma = \dfrac{\alpha}{2}\left(1 - \dfrac{\alpha}{2\beta}\right)$ 可得：

$$\beta = \frac{1}{4}\left(\frac{\alpha^2}{\dfrac{\alpha}{2} - \gamma}\right) = \frac{1}{4} \times \left(\frac{0.1225^2}{\dfrac{0.1225}{2} - 0.0512}\right) = 0.37$$

即

$$f \approx \beta = 0.37$$

任务 7.9　分析前滑的影响因素

微课　前滑的
影响因素 1

前已指出，前滑与后滑的本质是一样的，影响前滑的因素也影响后滑，因此本节只讨论影响前滑的因素。实验证明，前滑是轧制条件的复杂函数：

$$S_h = f\left(D, \frac{\Delta h}{H}, h, f, B, q, \cdots\right)$$

式中　D——轧辊直径；

$\Delta h/H$——该轧制道次的相对压下量；

h——该道次轧件轧后厚度；

f——接触表面的摩擦系数；

B——该道次轧件的轧前宽度；

q——作用在变形区前后的水平外力（张力或推力）。

尽管影响前滑的因素很多，如果能抓住基本的影响因素，并揭示出其影响的物理实质，则其规律是容易掌握的。

凡是研究纵横变形的规律，都应遵循最小阻力定律和体积不变条件（秒流量相等）的原则。下面对各主要影响因素进行介绍。

7.9.1　轧辊直径的影响

图 7-8 为轧辊直径对前滑影响的实验结果。实验条件是辊面经粗磨，无润滑，把 $H = 2.5$ mm 的红铜轧件经一道轧成 $h = 1.5$ mm。实验结果指出：前滑随轧辊直径增大而增大；在轧辊直径小于 400 mm 的范围内，轧辊直径对前滑的影响很大；用芬克公式计算的前滑值与实测值很接近，说明芬克公式正确地反映了轧辊直径对前滑的影响。

此实验结果可从以下两方面解释：

（1）轧辊直径增大，咬入角减小，在摩擦系数不变时，剩余摩擦力增大；而变形区长度随着轧辊直径的增大也增长，所以使得轧件前端流动速度越来越快，即前滑加大。此时若延伸变形不变，后滑值相应减小。

（2）实验中当 D 大于 400 mm 时，随辊径增加前滑增加的速度减慢，是因为辊径增加伴随着轧制速度增加，摩擦系数随之减小，使剩余摩擦力有所减小；同时，辊径增大导致宽展增大，延伸系数相应减小。由这两个因素共同作用，前滑增加速度放慢。

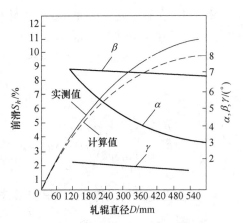

图 7-8　轧辊直径对前滑的影响

7.9.2　摩擦系数的影响

实验证明，摩擦系数 f 越大，在其他条件相同时，前滑值越大，如图 7-9 所示。这是因为摩擦系数增大，剩余摩擦力增加，而变形区长度不变，所以轧件前端流动速度越来越快，即前滑加大。

很多实验都证明，凡是影响摩擦系数的因素，如轧辊材质、轧件化学成分、轧制温度、轧制速度等，都能影响前滑的大小。图 7-10 为轧制温度、压下率对前滑的影响。可见在热轧温度范围内，在 $\varepsilon = \Delta h / H$ 不变时，随温度降低，前滑值增大，这是因为此时摩擦系数增大的缘故。

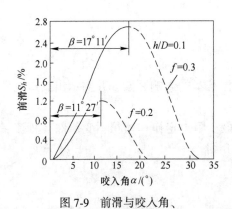

图 7-9　前滑与咬入角、摩擦系数的关系

图 7-10　轧制温度、压下率对前滑的影响

微课　前滑的影响因素 2

7.9.3　相对压下量的影响

由图 7-11 的实验结果可以看出，不论以任何方式改变相对压下量，前滑均随相对压下量增加而增加，而且当 $\Delta h =$ 常数时，前滑增加更为显著。

形成以上现象的原因可由以下几种情况来讨论。

首先相对压下量增加，即高向移位体积增加，分配到宽度方向和纵向的移位体积均应加大，而纵向延伸由前滑、后滑组成，此时前滑值和后滑值均增加是无疑义的。

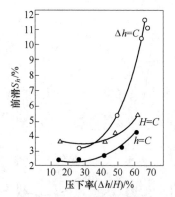

图 7-11　相对压下量对前滑的影响
（1 号钢，$t = 1000$ ℃，$D = 400$ mm）

但对不同情况，前、后滑值增加的比例不同。当 $\Delta h =$ 常数时，相对压下量的增加是靠减小轧件厚度 H 或 h 完成，咬入角 α 并不增大，在摩擦系数不变化时，剩余摩擦力不变化。

前、后滑区在变形区中所占比例不变，即前、后滑值均随 $\Delta h/H$ 值增大以相同的比例增大。而 $h =$ 常数或 $H =$ 常数时，相对压下量增加是由增加 Δh，即增加咬入角 α 的途径完成的，在摩擦系数不变化时，这标志着剩余摩擦力减小，此时虽然延伸变形增加，但主要是由后滑的增加来完成的，前滑的增加速度与 $\Delta h =$ 常数的情况相比要缓慢得多。

7.9.4　轧件厚度的影响

图 7-12 的实验结果表明，当轧后厚度 h 减小时，前滑增大。而当 $\Delta h =$ 常数时，前滑值增加的速度比 $H =$ 常数时要快。因为在 H、h、Δh 三个参数中，不论是以 $H =$ 常数或以 $\Delta h =$ 常数，h 减小都意味着相对压下量增加，因而轧件轧后厚度对前滑的影响，实质上可归结为相对压下量对前滑的影响，这里不再重复。

7.9.5　轧件宽度的影响

用不同宽度而厚度相同的铅试样，在压下量均为 $\Delta h = 1.2$ mm 的试验条件下，将所得的试验数据做成曲线，如图 7-13 所示。由图可见，对不同轧件厚度，前滑随宽度的变化规律均相同，并仍可得出轧后厚度越小、前滑越大的结论。前滑随轧件宽度变化的规律是，当宽度小于一定值时（在此试验条件下是小于 40 mm），随宽度增加前滑值也增加；而宽度超过此值后，宽度再增加，则前滑不再增加。

当讨论轧件宽度对前滑的影响时，也要注意到宽度对宽展的影响。图 7-13 中有一条表示厚度 $h = 4.5$ mm 的轧件，宽展随宽度变化的曲线。可以看出，此时当 $B < 40$ mm 时，随轧件宽度增加，宽展减小，而当 $B > 40$ mm 后，宽展数值基本不变。上述情况可以说明，轧件宽度主要是通过影响纵、横变形分配比来影响前滑的。宽度小于一定值时，宽度增加、宽展减小，延伸变形增加，在 α、f 不变的情况下，前、后滑都应增加。而在宽度大于一定值后，宽度增加、宽展不变，延伸也为定值，在 γ/α 值不变时，前滑值也不变。

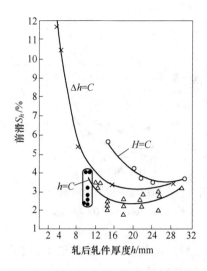

图 7-12　轧件轧后厚度与前滑的关系

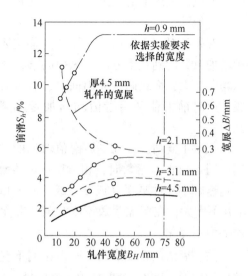

图 7-13　轧件宽度对前滑的影响

7.9.6　张力的影响

实验证明，前张力增加时，使前滑增加、后滑减小；后张力增加时，使后滑增加、前滑减小。这是因为前张力增加时，使金属向前流动的阻力减小，前滑区增大；而后张力 Q_H 增加，使中性角减小（即前滑区减小），故前滑值减小。

图 7-14 清楚地反映出前、后张力使中性角变化和轧件在变形区内各断面水平速度变化的情况，从该图还可看出张力对前滑值和后滑值的影响规律。

图 7-15 所示的实验结果，也完全证实了上述分析的正确性。其实验条件是在辊径 $D = 200$ mm 的轧机上，采用不同的 h 值，用 $\Delta h = 0.44$ mm 轧制铝轧件，分别有前张力和不带前张力两组实验结果。可见有前张力时，前滑值明显增加。

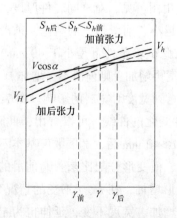

图 7-14　张力改变时速度曲线的变化

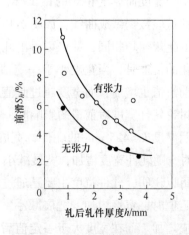

图 7-15　张力对前滑的影响

🏅 钢铁名人

杨延，首钢水钢钢轧事业部主任工程师。

1991 年，23 岁的杨延毕业后成了水钢的一名工艺技术员。进厂之初，杨延被安排在生产一线的加热炉操作工岗位。遇到问题，他不断询问师傅、啃书本寻找答案，很快他便熟练掌握了加热炉的操作技能，成为第一个独立驾驭加热炉设备的"学生娃"。为解决设备备件短缺问题，他主动请缨，从测绘和设计工艺备件入手，不断积累和总结经验，逐渐成为生产线国产化改造的骨干。

1998 年，杨延接到重新设计导卫系统的任务。当时没有计算机作图，杨延只得趴在图纸上一笔一画地演算、推敲。为了与实践相结合，他熬更守夜，蹲守在轧钢现场，日夜观察，与一线工人们不断讨论。在 20 多天的高强度作业后，他最终拿出了令人满意的导卫设计图。

2001 年初，杨延开启自主研发二线切分工艺的"攻坚之旅"。他像个高速旋转的陀螺，白天夜晚连轴转，有时一干就是两三天。从研发到设计，从试轧到工艺改进，从二、三、四切分工艺研发成功到获得国家专利，杨延又向有着"轧钢工艺顶峰"之称的五线切分工艺技术发起挑战，并于 2018 年成功实现常态化批量生产，每年可创直接经济效益 400 万元以上，该工艺技术属国内首创。

2009 年 10 月，首个以杨延命名的创新工作室在水钢成立。在他的带领下，工作室先后自主开发出棒材不同规格二、三、四、五切分轧制技术，并很快实现常态化批量生产。他扎根传承技艺，培养的 3 名高级工程师、4 名工程师、4 名高级技师、7 名技师、6 名优秀同志被选拔到公司管理部门和事业部作业区管理岗位工作。

31 年间，杨延获得国家专利 3 项（二、三、四切分工艺），科技进步奖 4 项。从一线操作工一路成长为轧钢高级工程师、全国劳动模范、贵州省第八届优秀青年科技工作者、首钢工匠、六盘水市第六届道德模范、六盘水市第三届市管专家。

🧪 实验任务

学习连轧知识，能在操作台上设定轧机的电机转速

一、实验目的

用实验验证轧制时前、后滑的现象存在，并测量其数值的大小，分析在不同条件下（摩擦条件、轧件厚度、相对压下量）对前后滑的影响。

二、实验说明

前滑值按下式计算：

$$S_h = \frac{v_h - v}{v} \times 100\%$$

式中　S_h——前滑值；

　　　v_h——轧件出口速度；

v——轧辊圆周线速度。

若用刻痕法计算前滑，前滑可以用长度表示，即：

$$v \cdot t = L$$

则
$$S_h = \frac{v_h \cdot t - v \cdot t}{v \cdot t} = \frac{L_h - L_H}{L_H}$$

式中　L_h——轧件表面留痕长度；

　　　　L_H——轧辊表面刻痕长度。

如果用芬克前滑公式计算前滑，则：

$$S_h = \frac{\gamma^2}{h} R$$

式中　γ——中性角，$\gamma = \frac{\alpha}{2}\left(1 - \frac{\alpha}{2\beta}\right)$；

　　　　α——咬入角，（°）；

　　　　β——摩擦角（根据咬入试验所得数据）；

　　　　h——轧辊轧后的厚度，mm。

三、实验方法和步骤

（1）测量轧辊表面上的两个凹坑刻度距离 L。

（2）宽度不同的影响。取两块宽度不同，其他尺寸相同的试件，量取其原始尺寸，其中一块较宽，一块较窄，两个试件差别大一点。调整一定的压下量，压下量在符合条件的情况下大一些，在其他轧制条件相同的情况下分别对两块轧件在轧辊的刻痕处进行轧制（在测量轧辊表面两个凹坑刻度距离上进行轧制）。分别在表 7-4 中记录两块轧件上刻痕的距离。

表 7-4　实验记录表（一）

试料号	H	B	L_H	h	b	L_h	S_h

（3）摩擦的影响。取两块尺寸相同的试件，量取其原始尺寸，调整一定的压下量，压下量在符合条件的情况下大一些，在其他轧制条件相同的情况下分别将一块轧件在光面辊的刻痕处进行轧制，另一块在麻面辊的刻痕处进行轧制（在测量轧辊表面两个凹坑刻度距离上进行轧制）。分别在表 7-5 中记录两块轧件上刻痕的距离。

表 7-5　实验记录表（二）

轧辊表面状态	H	B	L_H	h	b	L_h	S_h
光面							
麻面							

（4）相对压下量的影响。取两块尺寸相同的试件，量取其原始尺寸，其中一块的压下率为10%，另一块的压下率为50%，在其他轧制条件相同的情况下分别对两块轧件在轧辊的刻痕处进行轧制（在测量轧辊表面两个凹坑刻度距离上进行轧制）。分别在表7-6中记录两块轧件上刻痕的距离。

表 7-6　实验记录表（三）

压下率	H	B	L_H	h	b	L_h	S_h
10%							
50%							

（5）张力的影响。取两块尺寸相同的试件，量取其原始尺寸，调整一定的压下量，压下量在符合条件的情况下大一些，在其他轧制条件相同的情况下分别将一块轧件施加一定的前张力在光面辊的刻痕处进行轧制，另一块在光面辊的刻痕处进行轧制（在测量轧辊表面两个凹坑刻度距离上进行轧制）。分别在表7-7中记录两块轧件上刻痕的距离。

表 7-7　实验记录表（四）

张力情况	H	B	L_H	h	b	L_h	S_h
前张力							
正常轧制							

四、实验用设备及工具

（1）ϕ130 mm/150 mm 二辊实验轧机。

（2）卡尺、板尺、外卡钳。

（3）润滑油、棉纱等。

五、注意事项

（1）操作前，要检查轧机状态是否正常，排查实验安全隐患。

（2）每块试件前端（喂入端）形状应正确，各面保持90°，无毛刺，不弯曲。

（3）喂入料时，切不可用手拿，需手持木板轻轻推入。

（4）做润滑试验时，试验前在轧辊表面上少涂一层润滑油，试验后应用棉纱或汽油将辊面擦净，但不可在开车时用手拿棉纱擦。

完成实验后，撰写实验报告。

📋 本章习题

一、单选题

（1）轧制过程中，轧件在（　　　）内摩擦力的方向与轧件运动方向相反。

A. 前滑区　　　　　B. 后滑区　　　　　C. 中性面处　　　　D. 任意区域

（2）前滑值可以通过在轧辊表面的辊面上预先刻痕的实验方法测定。假设两个刻痕间的弧长为 L，轧制完成后，轧件上出现相应的两个凸起的金属质点的距离为 L'，则前滑值应为（　　　）。

A. $(L-L')/L' \times 100\%$　　　　　　　B. $(L-L')/L \times 100\%$

C. $(L'-L)/L \times 100\%$　　　　　　　D. $(L'-L)/L' \times 100\%$

（3）在前滑区的任意一点，金属质点的水平速度（　　　）轧辊的水平速度。

A. 大于　　　　　B. 小于　　　　　C. 等于　　　　　D. 无法比较

（4）轧制过程中，（　　　）摩擦力的方向与轧件的运动方向相同。

A. 前滑区　　　　　　　　　　B. 后滑区

C. 中性面处　　　　　　　　　D. 轧件水平速度大于轧辊圆周速度区域

（5）在变形区，轧件入口速度小于轧辊圆周速度的水平分量的现象称为（　　　）。

A. 前滑　　　　　B. 后滑　　　　　C. 宽展　　　　　D. 延伸

（6）在其他条件相同时，分别在轧辊直径不同的轧机上进行轧制，问哪种情况下的前滑最大？（　　　）

A. $D=100$ mm　B. $D=200$ mm　C. $D=300$ mm　D. $D=400$ mm

（7）在其他条件相同时，分别轧制不同宽度的轧件，问哪种情况下的前滑最大？（　　　）

A. $B=10$ mm　　B. $B=20$ mm　　C. $B=30$ mm　　D. $B=40$ mm

二、判断题

（1）轧件的出口速度如果小于轧辊圆周速度的水平分量，则整个变形区无前滑区。　　　　　　　　　　　　　　　　　　　　　　　　　　　（　　　）

（2）当 $\alpha > \beta$ 时，随 α 增加，γ 减小。　　　　　　　　　　　（　　　）

（3）当 $\alpha < \beta$ 时，随 α 增加，γ 减小。　　　　　　　　　　　（　　　）

（4）当 $\alpha = \beta$ 时，极限咬入，中性角有最大值为 0.25β。　　　　　（　　　）

（5）前张力增加时，使金属向前流动的阻力减小，剩余摩擦力增加，而变形区长度不变，所以轧件前端流动速度越来越快，即前滑增加。　　　　（　　　）

（6）后张力增加，前滑值增加。　　　　　　　　　　　　　　　　　（　　　）

（7）其他条件不变，当轧前宽度 $B < 40$ mm 时，随轧件宽度增加，宽展减小，而当 $B > 40$ mm 后，宽展数值基本不变。　　　　　　　　　　　（　　　）

（8）其他条件不变，当轧后厚度 h 增大时，前滑增大。　　　　　　（　　　）

（9）前滑随相对压下量增加而减小。　　　　　　　　　　　　　　　（　　　）

（10）摩擦力 f 增大，剩余摩擦力增加，而变形区长度不变，所以轧件前端流动速度越来越快，即前滑加大。　　　　　　　　　　　　　　　（　　　）

（11）其他条件不变，如果轧辊直径增大，咬入角 α 减小，在摩擦力 f 不变的情况下，剩余摩擦力增大。而变形区长度随着轧辊直径的增大也增长，所以使得轧件前端流动速度越来越快，即前滑加大。　　　　　　　　　　（　　　）

（12）前滑随轧辊直径增大而增大。 （　　）

（13）轧制速度指轧件的线速度。 （　　）

（14）由于干扰因素的出现，连轧过程中的平衡状态是暂时的、相对的。连轧过程总是处于稳态→干扰→新的稳态→新的干扰这样一种不断波动着的动态平衡过程中。 （　　）

（15）秒流量相等的平衡状态说明张力不存在。 （　　）

（16）连轧的运动学条件为前一机架轧件的出辊速度等于后一机架的入辊速度。

（　　）

（17）连轧的力学条件为前一机架的前张力等于后一机架的后张力。 （　　）

（18）其他条件不变，前一机架轧件的出辊速度大于后一机架的入辊速度，则有可能出现拉钢。 （　　）

（19）保证连轧过程正常进行的条件要求通过每架轧机的轧件要符合金属秒流量体积相等的原则。 （　　）

（20）轧件通过数架顺序排列的机座进行的轧制称为连轧。 （　　）

（21）被压下的金属，流向纵向的产生宽展，流向横向的产生延伸。 （　　）

（22）轧件的出口速度大于该处轧辊圆周速度的现象称为前滑。 （　　）

（23）前滑区内金属质点的水平速度小于后滑区内金属质点的水平速度。

（　　）

（24）后滑是轧件入口速度大于该处轧辊圆周速度的现象。 （　　）

（25）金属质点相对于轧辊辊面向入口侧的相对滑动是后滑。 （　　）

（26）金属质点相对于轧辊辊面向出口侧的相对滑动是后滑。 （　　）

（27）前滑和后滑的本质是金属质点相对于轧辊辊面的相对滑动。 （　　）

（28）轧件的延伸是被压下金属向轧辊出口方向流动的结果。 （　　）

（29）变形区的中性面处，轧件与轧辊的水平速度相等。 （　　）

三、名词解释

（1）前滑。

（2）连轧。

（3）后滑。

（4）中性角。

四、简答题

（1）连轧过程必须满足哪三个条件？当外扰量或调节量变化时，这三个条件是否继续成立？

（2）影响前滑的因素有哪些？列举五个。

（3）为保证连轧的顺利进行，轧制过程中变形条件需满足什么原则，其运动学条件及力学条件分别是什么？

（4）摩擦系数越大，前滑与宽展均增大是否矛盾，为什么？

（5）咬入角越大，其中性角也越大对吗，为什么？

（6）张力在连轧过程中是如何进行自我调节的？

（7）实际的连轧过程是什么样的？

（8）如何理解连轧过程既是动态的也是稳态的？

（9）如何理解小张力轧制和活套轧制保证了棒材实际连轧过程的顺利进行？

（10）什么是前滑，它是如何产生的？

（11）轧制过程中为什么要讨论前滑而不讨论延伸？

（12）中性角、咬入角和摩擦角三者的关系如何？

（13）前滑是延伸的一部分，能说延伸越大前滑也越大吗，为什么？

（14）咬入角越大，其中性角也越大对吗，为什么？

（15）在轧制时，如何理解前滑区存在的必要性？

（16）延伸越大前滑也越大吗，为什么？

（17）若在轧辊辊面磨光但不加润滑的条件下冷轧薄板，若偶然将一小滴油掉在板面上，问此钢板轧制时会出现什么现象（提示：用摩擦系数对宽展和前滑的影响来说明，并注意上下板面润滑条件、摩擦系数不同）？

（18）试分析轧辊材质、轧件化学成分、轧制温度、轧制速度等因素对前滑的影响规律。

五、计算题

（1）已知轧辊直径为 400 mm，轧辊刻痕距离为 200 mm，轧制后轧件上凸起距离为 210 mm，已知轧辊速度为 30 r/min，求前滑值 S_h 和轧后速度。

（2）在轧辊直径为 400 mm 的轧机上，将 10 mm 的带钢一道次轧成 7 mm，此时用辊面刻痕法测得前滑值为 7.5%，计算该轧制条件的摩擦系数（说明：这是一种测量摩擦系数的方法）。

模块 8 摩擦问题

任务背景

在塑性加工过程中，在工具与变形金属间不可避免地产生相对滑动或有相对滑动的趋势，于是在此接触面上就存在阻碍这种滑动的摩擦。摩擦对金属的变形过程有很大的影响。例如，在轧件咬入阶段，轧辊对轧件的摩擦力增大则促进咬入，因此要适当地提高摩擦系数，便于咬入顺利；而在冷轧时，摩擦增大会使轧制力变得很大，因此在轧制时要合理控制摩擦系数。学习摩擦的相关知识，了解摩擦的定义、特点、作用、种类，了解其影响因素，从而适当地对其进行调整。

学习任务

认识外摩擦的概念，了解外摩擦对加工的影响，会分辨摩擦的类型，了解一些因素对外摩擦的影响规律，会计算不同情况下的摩擦系数。

关键词

外摩擦；干摩擦；液体摩擦；边界摩擦；钢辊；铸铁辊。

任务 8.1　认识外摩擦的特征与影响

在压力加工过程中，不可避免地要在工具与变形金属间产生摩擦力，这种摩擦力对金属的变形过程有很大的影响。

按产生摩擦的部位分，摩擦分为外摩擦和内摩擦。外摩擦就是发生在金属和工具相接触面间，阻碍金属自由流动的摩擦；内摩擦则是在变形金属内晶界面上或晶内滑移面上产生的摩擦。通常提到的摩擦都是外摩擦。

8.1.1　外摩擦对塑性加工的影响

8.1.1.1　改变应力及变形的分布

加工时，由于摩擦的存在而改变了金属在变形时的应力状态，结果导致变形的不均匀。这个情况可以通过图 8-1 所示的镦粗得到说明。

图 8-1（a）为镦粗时接触表面上无摩擦（理想状态）的压缩变形（并认为金属的性能均匀），在这种情况下，金属所受的应力状态为单向压应力状态，其变形状态是均匀的。

当接触表面上存在摩擦时，接触表面层附近的金属质点向外流动受阻碍，产生沿着接触面方向上的压应力。如图 8-1（b）所示，这种情况下的应力状态，不是单向压应力状态，而是三向压应力状态，结果造成金属的侧表面产生不均匀变形，成为鼓形。这种三向应力状态的强弱分布是不均衡的，由中心层向外层逐渐减弱，在外层的边缘，可以认为是单向压应力状态。

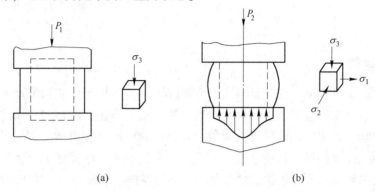

图 8-1　镦粗时摩擦对应力及变形的影响

例如在轧制中厚板时，钢板的两个侧边总是呈现鼓形而不是平直状，就是因为轧制时在接触表面沿着轧辊轴线方向受到接触摩擦的影响导致的。

8.1.1.2　增加变形时的能量

由图 8-1 所示的情况也可以看出，当压缩量相同时，对于图 8-1（a）中所需的外力 P_1，显然小于图 8-1（b）中的 P_2。这是因为图 8-1（b）中的变形力 P_2，不能全部用来使金属产生塑性变形；或者说，P_2 除了使金属发生塑性变形外，还有一部分力要用来克服接触表面的摩擦阻力。而在图 8-1（a）中，因为没有摩擦存在，无须克服接触表面的摩擦阻力。因此，在压缩量相同的条件下，P_2 必然要比 P_1 大。

由此可知，当 P_1 与 P_2 相等时，图 8-1（a）中的变形量一定比图 8-1（b）中的变形量大得多。因此，在塑性加工过程中，如果摩擦的影响越大，则所需要的变形能量也越大，金属的塑性变形就越困难。

实践证明，一般摩擦可使变形力增加 10%～30%。在一般的操作条件下进行冷锻时，由于摩擦力的影响将导致加工负荷增加 30% 左右。

8.1.1.3　降低工具的使用寿命

由于摩擦力使金属的变形抗力增加，因此在保证金属变形量的条件下，必然会导致工具内引起很大的应力；同时还会因摩擦的存在而提高工具表面的温度，使工具的强度降低，特别是对于经过淬火及低温回火处理的工具，强度降低尤为显著；此外，摩擦力还会引起工具的磨损，摩擦系数越大，磨损程度越显著，因此工具的使用寿命也降低了。

8.1.1.4　降低加工产品的质量

摩擦不仅使加工产品表面质量降低，而且也会导致加工产品的内部质量降低。

首先，摩擦使得轧辊表面变粗糙，造成轧件的表面质量变差；其次，当接触表面摩擦增加时，在接触面上阻止金属质点流动的能力也增强，其侧表面产生的鼓形就越严重，金属变形的不均匀程度也将更为显著。

因此，当变形终了时，会使加工产品组织结构不均匀，其结果会导致产品的力学性能也不均匀。

综上所述，减小接触表面的摩擦，对提高表面质量和内在质量是有利的。

8.1.1.5　外摩擦的有益作用

上述几个方面，是外摩擦在金属塑性变形过程中产生的不良影响，应尽可能采取措施来减小。但是，并非在所有塑性加工过程中都希望减小摩擦。很多情况下摩擦也起有益的作用。

就轧制过程来说，如果没有摩擦，轧制过程是不可能建立起来的。为了强化轧辊咬入轧件和轧制过程，通常采取措施来增加摩擦系数。增加摩擦可以改善轧辊咬入条件，以增加每道次压下量。

在压力加工过程中，还可以根据摩擦的特点和分布，达到控制所需要的变形，如，轧制过程中可以根据摩擦系数大小的变化，来控制延伸和宽展变形。采用冲压法制管时，常使冲头上保持相当高的摩擦以负担部分拉应力，减小已冲出管子前端的拉应力，因而可以采用较大的一次变形量进行冲击而不会发生断裂。进行直角挤压时，增加工件与挤压杠和挤压垫间的摩擦可以防止锭坯的不良表皮进入工件中，而使之集于死区以保证产品质量。

8.1.2　外摩擦的特点

金属塑性加工中的摩擦条件与机械运转时的滑动及滚动摩擦条件不同。与机械摩擦相比较，金属压力加工中的摩擦有下述几个方面的重要特征：

（1）摩擦面的单位压力很大。在热加工时，单位压力通常为 50~500 MPa；冷加工时单位压力大，为 500~2500 MPa，甚至更高。例如，冷轧高强度的合金时，轧辊接触表面的单位压力可达 2940~3920 MPa；而重负荷的轴承上，其单位压力不超过 20~50 MPa。

由于接触表面的压力大，弹性压扁严重，造成了摩擦系数增大；另外，大的压力也容易将润滑剂挤出或压成极薄的一层薄膜，或者改变润滑剂的性能，这都不利于加工中的润滑。

（2）表面不断更新和扩大。金属由于变形而使接触表面不断扩大，导致内层金属不断涌出而成为新生的接触表面。这种在变形过程中新表面的不断形成及旧表面的不断破坏，都使塑性变形过程中的摩擦系数不断发生变化。

此外，工具在加工过程中也不断被磨损，使工具的表面在使用过程中不断变化，这也是直接影响摩擦情况改变的因素之一。

（3）摩擦对的性质相差很大。压力加工时的工具，由于强度和刚度很大而只发生弹性变形；被加工的金属相对柔软得多而发生塑性变形。摩擦对的这种性质差别，导致变形金属与工具在接触表面产生很大的滑动，例如在冷轧带材时，由于轧制速度最高可达 40 m/s，而轧辊和轧件之间的相对滑动速度为轧制速度的 15%～20%，可见相对滑动速度最高可达 8 m/s 左右。

（4）接触表面的温度高。变形过程中会产生变形热。在热加工中，与工具接触的变形温度可达 800～1200 ℃。有的难熔金属的热加工温度高达 1200～2000 ℃。冷拉拔与冷轧时一般可达 200～300 ℃，有时可高达 400 ℃。

高温下不仅会改变金属氧化铁皮的厚薄、结构和性能，也会改变工件金属的组织与性能。若有润滑剂，也会改变其状态和性能。

（5）接触面积大。这一特征在大型的热轧生产中尤为明显，其接触面积往往高达几千至几万平方毫米。而球面轴承和滚珠轴承的接触均是点接触，即使有弹性变形，使接触面积有所增大，但最大也不超过几至十几平方毫米。

（6）变形金属表面组织是变化的。在高温下，金属表面迅速生成氧化铁皮层，氧化铁皮对摩擦的影响很复杂。一般的规律是：在钢的热轧温度范围内，高温下的氧化铁皮起着润滑作用，而在低温下氧化铁皮造成摩擦系数的急剧增加。

对于冷加工，由于晶粒的破碎，点阵的歪扭，也引起表面层附近金属组织状态的改变。表面层的这种组织改变，即使加工时的摩擦情况不断发生变化，也说明外摩擦不单是一个表面问题，它还应与表面附近金属晶体结构与状态有关。

任务 8.2　认识摩擦理论

8.2.1　塑性变形时摩擦的分类

根据塑性变形时摩擦对接触的特征，可以把外摩擦分为干摩擦、液体润滑摩擦和边界摩擦三种。

（1）干摩擦。干摩擦是指变形金属与工具表面之间没有任何其他介质和薄膜，两者完全处于直接接触的状态，如图 8-2 所示。实际上，在塑性变形时，由于变形金属的表面总要产生氧化铁皮，或者吸附一些气体和灰尘。因此，在金属压力加工过程中真正的干摩擦是不存在的。通常所说的干摩擦，指的是在接触面间不加润滑剂的状态。

（2）液体润滑摩擦。在变形金属与工具的表面之间，完全被加入的润滑剂隔开，把原来工具与金属之间的摩擦变为润滑剂内部的摩擦，这种摩擦称为液（流）体润滑或液体摩擦，如图 8-3 所示。

液体摩擦的两个表面在相互运动中不产生直接接触，摩擦发生在流体内部之间。不同于干摩擦，由于液体膜较厚，摩擦力的大小与接触面状态无关，而取决于润滑剂的性质（如黏度）、速度梯度等因素；因此液体摩擦的摩擦系数很小。显然这种摩擦状态的阻力最小。

由于这种摩擦的阻力最小，所以往往利用它来改进生产工艺，增加金属的变形量，减小变形力及提高工具的使用寿命等。

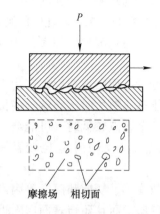

图 8-2　干滑动摩擦时表面接触示意图　　　　图 8-3　液体静压摩擦表面接触示意图

（3）边界摩擦。在液体摩擦的条件下，润滑剂承受接触压力的一部分，并保持较低的摩擦力，随着接触面上压力的增加，被挤走的润滑剂也将增多，使变形金属与工具表面之间，仅保存一层极薄的润滑膜（其厚度在千分之一毫米以下），严重时可能出现局部区域的粘连工具现象，这种摩擦状态，称为边界摩擦。

在这种摩擦条件下，接触面上的摩擦力显然比液体摩擦大，而比干摩擦小。影响边界摩擦的主要因素，是边界润滑膜的性质和它与金属表面的结合强度，若吸附能力越强，则效果将更为显著。若金属表面粗糙，在载荷作用下将发生微凸体的接触，在接触点处压力很高，当两表面相互滑动时接触点处温度也就较高，这将使此部分边界膜破裂，从而导致金属直接接触到出现黏着部分以增加摩擦。因此，接触表面的压力、温度等是选择合适润滑膜的重要条件。

在生产中，以上三种摩擦状态不是截然分开的，常常会出现混合摩擦状态，如干摩擦与边界摩擦混合的半干摩擦、边界摩擦与局部液体摩擦混合的半液体摩擦等。

8.2.2　干摩擦理论

实验指出，相互接触的摩擦对表面，即使是经过精细的加工，从微观上看，也是由无数参差不齐的凸牙与凹坑所构成，如图 8-2 所示。如果使两者相互接触，在整个宏观相接触的范围（摩擦场）内，只有为数极少的点发生直接接触，这些接触点只占摩擦场面积的 1%~10%。由于接触点少，即使外加载荷很轻微，这些接触点承受的负荷仍然很大，并将发生凸牙与凹坑间的相互插入和咬合，同时凸牙与凹坑间的接触也是很不规则的。

图 8-2 所示的干滑动摩擦图形可以看出，随着负荷 P 的增加，相互接触的点就越多，接触的深度也越大，相互间的咬合也就越紧。当负荷 P 足以使摩擦对之间产生相对移动时就不可避免地要引起下列过程：

（1）强度较大的一些凸牙、凹坑，会使强度较小的凸牙和凹坑发生变形和切断。凸牙与凹坑的强度，不仅取决于金属的强度，而且还取决于凸牙和凹坑的大小。可以认为：摩擦对的双方都有强与弱的凸牙和凹坑，因此，在变形金属与工具的接触面上，都会存在不同程度的凸牙与凹坑发生变形和切断的现象。例如轧制时，在轧辊的表面上发现的金属微粒，就是轧件表面的凸牙被切断的结果；而轧辊的磨损，可以认为主要是轧辊表面凸牙被切断而引起的。由于轧辊的强度比轧件大，所以两者凸牙被切断的概率是不相等的。

（2）由于切断不会突然发生，在切断前要先发生变形，而塑性变形要产生变形热，切断也要产生热量。当热量局限在接触表面而不能迅速散失时，必然会使接触表面的温度升高，即产生摩擦热。当摩擦对中的其中一个熔点较低时，可能会发生低熔点的金属焊贴在熔点高且坚硬的工具面上，这在轻金属加工中是比较容易见到的。

（3）由于凸牙与凹坑都具有一定的高度和深度，故变形、切断和温度等因素不只局限于接触表面层中，这就是外摩擦不仅是个表面现象，而且还与表面层附近的金属组织状态有关的原因所在。

总之，金属塑性加工时的外摩擦是个极其复杂的问题，如在连续加工过程中工具的磨损，与上述的每个过程都有密切联系。

任务 8.3 分析影响外摩擦的因素及改善措施

实验和实践证明，影响摩擦系数的因素很多，其中主要有工具的表面状态、变形金属的表面状态、变形金属与工具的性质、单位压力、变形温度、变形速度以及润滑条件等。这些因素在压力加工过程中，有相互联系而又有相互影响，因此，摩擦系数的变化规律是一个很复杂的问题，下面就这些因素各自的影响做一些简述。

8.3.1 工具的表面状态

摩擦系数的大小，与轧辊表面的光洁度有关。表面越光洁，则摩擦系数 f 就越小。

在钢板轧制过程中，刚换上的新轧辊较轧制一段时的轧辊，其表面摩擦系数是不相同的，前者较后者的摩擦系数小，因此，在压下量相同时，旧轧辊较新轧辊容易咬入，而轧后钢材的表面质量，则是新轧辊比旧轧辊好。

另外，新轧辊的表面摩擦大小，在不同的方向是不同的，如轧辊表面的圆周方向摩擦系数较横向摩擦系数一般要小 20%左右，这主要是由于轧辊车削或磨削时，都在轧辊旋转时进行加工，轧辊表面总有环向刀痕（见图 8-4），使其表面的摩擦系数产生了方向性所致。

最后，工具的使用（或磨损）也影响摩擦系数的变化和方向性，如热轧时，轧辊因受冷却和热轧件的交替作用，往往使轧辊表面产生龟裂、环状裂、纵向裂等。裂纹的产生与发展，将明显地引起摩擦的方向性。如果工具表面的清洁程度好，摩擦系数也能明显减小。

8.3.2 变形金属的表面状态

工具表面的光洁度，在压力加工过程中往往是起主导作用，但也不能忽视变形

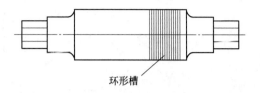

环形槽

图 8-4　切削方向对摩擦系数的影响

金属的表面状态，特别是变形的开始道次，其影响是较显著的。如铸坯的表面凸凹不平较严重时，会因这种粗糙的接触表面使摩擦系数增大。但应该注意，变形金属的原始表面状态只在最初道次的加工时才有明显的作用，随着道次的增加，金属表面的凸凹不平将被压平，而金属表面将呈现工具表面的压痕，因此，变形金属的表面凸凹被压平后，接触表面的摩擦情况将与工具的表面状态有密切的关系。

影响金属表面状态变化的因素有金属的化学成分、氧化铁皮的厚度及状态、变形金属的温度等。一般认为，钢在加热过程中产生的粗而厚的炉生氧化铁皮在加工时的摩擦系数较小。当炉生氧化铁皮经变形而脱落后，再生的细而薄氧化铁皮的摩擦系数较大。钢中含有铬元素形成的氧化铁皮使摩擦系数增大，而钢中含有镍元素形成的氧化铁皮使摩擦系数降低。

8.3.3　变形金属和工具的化学成分

（1）轧辊材质的影响。因为钢轧辊的含碳量比铸铁的低，所以钢轧辊的硬度小，不耐磨，轧制一段时间后表面变得粗糙，使得摩擦系数 f 增加；另外，钢轧辊比铁轧辊易粘钢，本身摩擦系数 f 也大。

（2）钢种的影响。生产过程中，钢种的更换对 f 值影响很大。在编制作业计划时，应尽量避免频繁调换钢种，不同钢种的摩擦系数差异很大。在正常轧制温度（高于 950 ℃）条件下，高碳钢和低合金钢的 f 高于低碳钢。

8.3.4　变形温度

轧制温度对摩擦系数影响的实验曲线如图 8-5 所示。此曲线是用铸铁辊轧制含碳量为 0.5%~0.8% 的钢件时绘制的，由图 8-5 可以看出，在 700 ℃ 之前，随着温度的升高，摩擦系数 f 增加，在 700 ℃ 时 f 达最大值；此后温度升高 f 值逐渐降低。轧制含碳量小于 0.5% 的钢件时，f 达最大值的温度为 800~1050 ℃。

温度对摩擦系数影响的规律可以理解为：在温度较低时，金属表面的氧化铁皮黏附在表面上，质地又较硬，表现出与工具之间的摩擦系数较小。随着温度的升高，氧化铁皮增厚，金属的强度也逐渐降低，因而使摩擦系数增大。当温度升高达一定值后，随温度的升高，氧化铁皮变软或脱离金属的表面，在金属和工具之间形成了一个隔绝层而起到润滑剂的作用，因此，使摩擦系数减小。

在一般热轧过程中轧制温度对摩擦系数的影响规律可以概括为：随着轧制道次的增加，轧件的温度不断降低，因此轧制中的摩擦系数 f 变得越来越大。

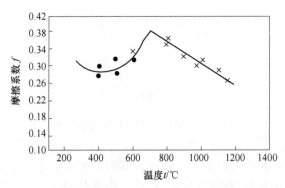

图 8-5　轧制碳钢时摩擦系数与轧制温度的关系

8.3.5　变形速度

实践表明，摩擦系数与轧制速度的关系，总的来说是随轧制速度的增加，其摩擦系数是降低的。这可能是轧制速度增加，使轧件和轧辊的接触时间减少导致彼此机械咬合作用减弱。这种变化规律，图 8-6 所示的曲线变化能清楚地得到说明。

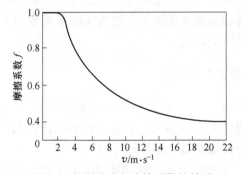

图 8-6　轧制速度与摩擦系数的关系

由图 8-6 中曲线变化可以看出，当轧制速度在 1~2 m/s 时，摩擦系数较稳定；当速度为 2~4 m/s 时，随速度的增加，摩擦系数下降较急剧，当速度超过 4 m/s 时，摩擦系数的下降开始缓慢，当速度达 18 m/s 后，摩擦系数的影响趋于稳定。摩擦系数与速度的这种变化规律，在生产实践中得到了广泛的应用，例如在可调速的可逆式轧机上进行轧制时，为了不使咬入条件恶化，往往采用低速咬入高速轧制的方法，即使轧辊在低转速下将轧件拉入轧辊，一旦轧件被轧辊咬入后，增加轧辊的转速，轧件便迅速获得变形，这种轧制方法，是对摩擦系数的合理利用。

另外，图 8-7 是在连轧机上冷轧薄带钢时（采用工艺润滑）摩擦系数与轧制速度的关系。由图 8-7 可知，轧制速度提高，摩擦系数 f 减小，主要原因是随速度提高被带入变形区的润滑油量增多，油膜厚度增大。在高速区摩擦系数 f 变化不大，甚至略增，原因可能是温度效应明显，油的黏度降低，使带入油的条件恶化等。对其他塑性加工过程也可得到随加工速度增加摩擦系数降低的结论。如锻锤比压力机镦粗其摩擦系数小 20%~25%，采用矿物油润滑锻镍铬不锈钢时高速锻和低速锻摩擦系数分别为 0.05 和 0.18。

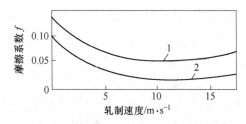

图 8-7 摩擦系数与轧制速度的关系曲线
1，2—分别用矿物油乳化液和棕榈油乳化液润滑

8.3.6 润滑剂种类

采用工艺润滑使摩擦系数明显降低，但润滑剂不同，其差别很大。

在钢板热轧生产中，没有采用什么润滑剂。然而用来冷却轧辊的冷却水，则起到了一定的润滑作用。这是因为冷却水的作用，首先是保证了轧辊的强度和表面硬度，因而使轧辊的磨损率降低，因此，从这个角度来看，水的作用间接地起到了一定的润滑作用。故这种作用既提高了轧辊的使用寿命，又保证了钢板的表面质量。

用水冷却虽然有上述的好处，但必须注意到在热轧时，轧辊与高温的金属相接触中，不仅要承受巨大的轧制力，而且轧辊的表面瞬时温度可达 500~600 ℃。为了保证轧辊的表面硬度和轧辊强度，必须向轧辊喷射大量的冷却水进行冷却。然而由于大量水的冷却，又造成轧辊表面冷热状态的急剧变化，使轧辊表面会产生爆裂，甚至会发生剥落和掉肉等缺陷，从而又导致了轧辊的使用寿命降低。从这一角度出发，轧辊的消耗量将很大，轧辊更换也很频繁，影响轧机的作业率，因此降低了产品的质量和产量。

由此可见，用水冷却既存在有利的一面，又有不利的一面，在生产中要控制冷却水的量是比较困难的。

为了解决生产中不利的一面，在冷轧采用润滑剂的启发下，20 世纪 60 年代后期，在热连轧机的精轧机组上首先应用了工艺润滑剂，并取得了明显的效果。不同的润滑剂所起的效果是不同的，表 8-1 为用不同润滑油作润滑剂时的摩擦系数 f。

表 8-1 用不同润滑油作润滑剂时的摩擦系数 f

润滑油种类	实验次数	摩擦系数 f	
		范 围	平均值
干燥的轧辊	3	0.194~0.231	0.215
变压器油	3	0.101~0.107	0.104
20 号机械油	3	0.082~0.094	0.088
11 号饱和汽缸油	4	0.067~0.069	0.068
24 号饱和汽缸油	4	0.052~0.056	0.055
52 号过热汽缸油	3	0.047~0.050	0.049
棉籽油	4	0.066~0.069	0.067

润滑油种类	实验次数	摩擦系数 f	
		范　围	平均值
氢化葵籽油	7	0.058~0.062	0.060
棕榈油	3	0.058~0.060	0.059
蓖麻油	13	0.040~0.045	0.042
聚合棉籽油№2	2	0.046~0.048	0.047
聚合棉籽油№3	2	0.039~0.040	0.040
聚合棉籽油№4	2	0.034~0.036	0.035
聚合棉籽油№5	4	0.033~0.035	0.034
含5%矿物油的乳化液	6	0.065~0.081	0.071

8.3.7　压下率

热轧时实验表明，随压下率增大，摩擦系数增大，可能是新生接触面增大所致。也有人指出，轧制铅件时压下率对摩擦系数几乎无影响。

带润滑冷轧时，若试样表面光滑，一般随压下率增加摩擦系数增大。这主要是由于进入辊缝的油膜厚度减少引起的。当用磨光轧辊轧表面很粗糙的试件时，随压下率增加摩擦系数减小。这是因为留在凹坑里的润滑油增加，并在大压下率下充分放出而改善润滑。

任务 8.4　认识冷轧工艺润滑

8.4.1　冷轧工艺润滑的作用

冷轧采用工艺润滑的主要作用是减小金属的变形抗力，这不但有助于保证在已有的设备能力条件下实现更大的压下，而且还可使轧机能够经济可行地生产厚度更小的产品。此外，采用有效的工艺润滑也直接对冷轧过程的发热率以及轧辊的温升起到良好影响。在轧制某些品种时，采用工艺润滑还可以起到防止金属粘辊的作用。

8.4.2　对冷轧工艺润滑剂的要求及轧制润滑剂的基本类型

8.4.2.1　对工艺润滑剂的要求

对工艺润滑剂的要求如下：

(1) 能较大幅度地降低摩擦系数，润滑效果好。

(2) 工具和金属表面在高速高压下能够有均匀而良好的润滑层，也就是在带钢表面上形成均匀、致密的一层油膜，而且这层油膜要有足够的强度，以保证稳定的润滑条件。

(3) 润滑剂要有一定的化学稳定性，它不能腐蚀金属及工具表面，而且不至于游离，产生沉淀。

（4）润滑剂要有适当高的燃点，以避免在加工过程中由于变形热导致的温度升高而燃烧。

（5）加工后易于在表面清除，同时含灰分要少，否则退火后在金属表面上留下燃烧油迹，使表面质量变坏。

（6）润滑剂应当具有良好的冷却性能，以便把变形热带走，使轧制稳定，同时还要考虑到资源情况。做到质量好且价格便宜。

其中（1）和（2）更为重要，一般认为润滑剂性能的良好与否，取决于润滑剂中含有一种叫作游离脂肪酸的物质，它的含量越多，则润滑效果越好。一般矿物油比动植物油所含游离脂肪酸要少。润滑剂应当有一定的黏度。黏度是随温度，轧制压力而改变的，轧制压力大则黏度高，温度高则黏度低。

冷轧润滑虽然研究工作很多，但仍然缺乏系统的资料。现在在热连轧机也开始采用润滑剂，可见润滑以及摩擦条件对轧制生产的重要影响。

8.4.2.2　轧制润滑剂的基本类型

轧制润滑剂可按化学成分、聚合状态、用途等进行分类。

按聚合状态，轧制生产中采用的润滑剂可分为油和水-油混合物、乳化液。

（1）油和水-油混合物。在轧机上主要采用便于向轧辊和金属喷涂流动性好的液体油。按其化学成分可将它们分为矿物油、植物脂肪和动物脂肪、以合成脂肪酸为基础的油、矿物油和植物油或合成油的混合物、以植物油生产废料为基础的润滑油。

（2）乳化液。一种液相以细小液滴形式分布于另一种液相中，形成两种液相组织的足够稳定的系统，称为乳化液。形成液滴的液体称为分散相，乳化液的其余部分称为分散（连续）介质。

任务 8.5　计算轧制时摩擦系数

前面讨论了各种因素对摩擦系数的影响，而这些因素在数量上很难个别地、精确地确定它们的影响，同时在变形时因各种条件的变化（如滑动速度、温度、润滑等），使得在计算时必须采用平均值，用它来近似考虑摩擦力。现在主要是用正压力摩擦系数来计算摩擦力。下面仅介绍轧制生产中常用的摩擦系数的计算方法。

8.5.1　计算热轧时摩擦系数

艾克隆德根据影响摩擦系数的因素，提出计算摩擦系数的经验公式，即：

$$f = K_1 K_2 K_3 (1.05 - 0.0005t) \tag{8-1}$$

式中　K_1——轧辊材质影响系数，对于钢轧辊 $K_1 = 1.0$，铸铁轧辊 $K_1 = 0.8$；

　　　K_2——轧制速度影响系数，可按实验曲线图 8-8 确定；

　　　K_3——轧件材质影响系数，可据表 8-2 所列的实验数据选取；

　　　t——轧制温度（适用于 700~1200 ℃）。

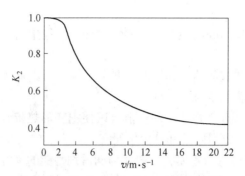

图 8-8　轧制速度的影响系数 K_2 值

表 8-2　轧件材质的影响系数 K_3

钢　种	钢　号	K_3
碳素钢	20~70、T7~T12	1.0
莱氏体钢	W18Cr4V、W9Cr4V2、Cr12、Cr12MoV	1.1
珠光体-马氏体钢	4Cr9Si2、5CrMnMo、5CrNiMo、3Cr13、CrMoMn、3Cr2W8	1.3
奥氏体	0Cr18Ni9、4Cr14NiW2Mo	1.4
含纯铁体或莱氏体的奥氏体钢	1Cr18Ni9Ti、Cr23Ni13	1.47
纯铁体钢	Cr25、Cr25Ti、Cr17、Cr28	1.55
含硫化物的奥氏体钢	Mn12	1.8

应该指出，对表 8-2 中 K_3 的选取要慎重，这是因为当 K_1 与 K_2 不考虑时，利用表 8-2 中的 K_3 值计算的结果将偏高，即为不计 K_1 与 K_2 时的 1.1~1.8 倍。显然这个结果很难说明问题，但由于目前尚缺乏这方面的深入研究，还不能对 K_3 进行修订。

8.5.2　计算冷轧时摩擦系数

冷轧中计算摩擦系数的方法很多，根据生产中的实际效果，采用式（8-2）计算较多，即：

$$f = K\left[0.07 - \frac{0.1v^2}{2(1+v) + 3v^2}\right] \tag{8-2}$$

式中　K——润滑剂的种类与质量的影响系数，其值见表 8-3；

　　　v——轧制速度，m/s。

表 8-3　润滑剂种类对摩擦系数的影响

润滑条件	K
干摩擦轧制	1.55
用机油润滑	1.35
用纱锭油润滑	1.25
用煤油乳化液润滑（含10%）	1.0
用棉籽油、棕榈油或蓖麻油润滑	0.9

◎ 钢铁名人

鞍钢集团钢铁研究院海工用钢研究所船用钢研究室主任严玲,从1994年大学毕业就入职鞍钢。在工作岗位上,她开发出国内首批系列精轧螺纹钢筋,用于三峡大坝岩体锚固、路桥建设等国家重特大工程;她主持研发的易切削钢,填补了市场空白。当建设海洋强国的号角吹响时,严玲又被调入钢铁产品所造船和海工用钢项目组。

从熟悉的钢种领域,调到陌生的海工钢研发,横亘在严玲面前的是一道道技术鸿沟。为实现快速突破,鞍钢开展了耐蚀钢生产关键技术攻关,严玲担起了攻克"油船货油舱用耐腐蚀钢板工业生产技术"的重任。面对困难,她从基础研究入手,寻找破解方法,首次揭示了低碳钢在货油舱环境下的腐蚀机理,探索出全新的耐蚀成分体系和制造工艺;历经实验室近20炉的冶炼,10余轮次、1900多吨的工业化试验和上千件试制样品,最终成功开发出系列国产油船用耐腐蚀钢板,造船工艺性和各项性能指标显著优于国际同类产品,在全球通过多国船级社认证;2014年9月,全部采用鞍钢油船货油舱用耐腐蚀钢板建造的国内首条示范应用油船"大庆435号"顺利交付使用。

严玲从事科研工作25年来,主持研发九大系列200多个船板海工品种,形成20项独有关键技术,53个关键品种填补国内空白;先后承担了科技部"十二五"科技支撑计划、"863"计划、"十三五"重点研发计划及国家级、省部级、集团级重大科研攻关项目40多项,累计创效4.6亿多元;不仅有力解决了我国海洋工程建设和建造各种超大型船舶急需的特种高端钢材,而且大幅度降低建造成本,为我国海工钢从跟跑到并跑再到领跑,为加快建设海洋强国作出了突出贡献。

从"高锰钢"到"船用耐蚀钢",再到"'蓝鲸一号'钻井平台用超高强钢",每一次新钢种的成功研发,都意味着一批"大国重器"从此脱胎换骨,拥有了自立自强的底气和力量。在严玲的心中,面向国家重大需求,就要以服务国家战略为己任,用当代中国科研人员的底气、志气和骨气,挺起中国制造的"钢铁脊梁"。

⚗ 课后任务

分组搜索不同钢厂常用的润滑措施、润滑材料。

⚗ 实验任务

分析摩擦对厚件及薄件轧制压力的影响

一、实验目的

通过实验掌握轧制过程中,相同的摩擦,不同体积的轧件轧制,当给予相同的变形时,越薄的轧件变形抗力越大,轧制压力越大,越难轧。

二、实验仪器设备

ϕ130 mm/150 mm 实验轧机，测量尺寸的工具，铅板。

三、实验说明

工件越薄，变形时接触面积与体积之比越小，说明外摩擦使得工件的三向压应力状态就越强，说明工件的变形抗力就越大，导致在同样变形程度下，所需的压力就越大。

四、实验步骤

（1）准备好两块钢板，尺寸为 0.9 mm×40 mm×70 mm；2.16 mm×40 mm×70 mm。测量其各块试件的原始厚度和宽度，填入表 8-4。

（2）调整轧机的辊缝，使得压下率为 40%。

（3）用木块将 0.9 mm×40 mm×70 mm 的铅板对中推入光面轧辊辊缝之中进行轧制，并测量轧后的厚度与宽度，填入表 8-4。记录轧制压力。

（4）重复步骤（3），计算出真实的压下率，轧制第二块钢板。

表 8-4　实验记录表

试件编号	H	B	h	b	P
1					
2					

五、注意事项

（1）操作前，要检查轧机状态是否正常，排查实验安全因素。

（2）每块试件前端（喂入端）形状应正确，各面保持 90°，无毛刺，不弯曲。

（3）喂入料时，切不可用手拿着喂入轧机，需手持木板轻轻推入。

完成实验后，撰写实验报告。

本章习题

一、选择题

（1）变形金属与工具表面之间没有任何其他介质和薄膜，两者完全处于直接接触的状态，这种摩擦称为（　　　）。

　　A. 外摩擦　　　　　B. 干摩擦　　　　　C. 液体摩擦　　　　　D. 边界摩擦

（2）以下材质的轧辊中，一般摩擦系数最大的为（　　　）。

　　A. 铸铁辊　　　　　　　　　　　　B. 铸钢辊

　　C. 金属陶瓷轧辊　　　　　　　　　D. 淬火钢轧辊

（3）在变形金属与工具的表面之间，完全被加入的润滑剂隔开，把原来工具与金属之间的摩擦变为润滑剂内部的摩擦，这种摩擦称为（　　）。

    A. 干摩擦　　　　B. 液体摩擦　　　　C. 边界摩擦　　　　D. 内摩擦

（4）以下不属于金属压力加工中摩擦特征的是（　　）。

    A. 摩擦面的单位压力很大

    B. 摩擦表面不断更新和扩大

    C. 摩擦使接触表面的温度升高

    D. 摩擦时变形金属表面组织不变化

（5）在压力加工过程中，外摩擦对金属的变形过程有以下影响，以下说法正确的是（　　）。

    A. 摩擦不改变应力及变形的分布

    B. 有摩擦时变形与无摩擦时变形消耗的能量一样

    C. 摩擦降低工具的使用寿命

    D. 摩擦提高加工产品的质量

（6）对于摩擦，以下说法正确的是（　　）。

    A. 工具表面越光洁，摩擦系数越大

    B. 一般轧辊环向的摩擦系数要大于轴向的摩擦系数

    C. 一般新轧辊的摩擦系数要小

    D. 工具表面越粗糙，摩擦系数越小

（7）坯料与工具之间被一层厚度约为 $0.1\ \mu m$ 的极薄润滑油膜分开时的摩擦状态属于（　　）。

    A. 干摩擦　　　　B. 液体润滑摩擦　　C. 边界摩擦　　　　D. 半干摩擦

（8）金属与工具表面之间的润滑层较厚，两摩擦副完全由润滑油膜隔开，摩擦发生在流体内部分子之间，这种摩擦称为（　　）。

    A. 干摩擦　　　　　　　　　　　B. 边界摩擦

    C. 半液体摩擦　　　　　　　　　D. 液体润滑摩擦

（9）不存在任何外来介质时金属与工具的接触表面之间的摩擦称为（　　）。

    A. 边界摩擦　　　　B. 干摩擦　　　　C. 混合摩擦　　　　D. 半干摩擦

（10）以下材质的轧辊摩擦系数最大的是（　　）。

    A. 硬质合金　　　　B. 淬火钢　　　　C. 铸钢　　　　　D. 铸铁

（11）对于轧件摩擦力的方向，以下说法正确的是（　　）。

    A. 摩擦力的方向与轧件运动方向相反

    B. 摩擦力的方向与轧件运动方向相同

    C. 摩擦力的方向与轧件运动趋势方向相反

    D. 摩擦力的方向与轧件运动趋势方向相同

二、判断题

（1）粗而厚的炉生氧化铁皮摩擦系数较大。　　　　　　　　　　　　（　　）

（2）含有铬元素形成的氧化铁皮使摩擦系数增大。　　　　　　　　（　　）

（3）轧辊原始表面状态越粗糙，摩擦越大。　　　　　　　　　　　（　　）

（4）一般随着变形速度增加，摩擦系数减小。　　　　　　　　　　（　　）

（5）一般情况下，轧制温度增加摩擦系数升高。　　　　　　　　　（　　）

（6）轧辊的切削方向为环向时，引起轧辊环向圆周方向摩擦系数比轧辊轴向摩擦系数要大。　　　　　　　　　　　　　　　　　　　　　　　　　　（　　）

（7）淬火钢的摩擦系数比普通钢辊的摩擦系数要大。　　　　　　　（　　）

（8）钢轧辊比铸铁轧辊摩擦系数大。　　　　　　　　　　　　　　（　　）

（9）工具表面越光洁，摩擦系数越小。　　　　　　　　　　　　　（　　）

（10）热轧时，随着轧件温度增高，摩擦系数增大。　　　　　　　（　　）

（11）一般情况下，随着变形速度增加，摩擦系数减小。　　　　　（　　）

（12）粗而厚的炉生氧化铁皮摩擦系数较大，再生的细而薄氧化铁皮的摩擦系数较小。　　　　　　　　　　　　　　　　　　　　　　　　　　　　（　　）

（13）钢中含有铬元素形成的氧化铁皮使摩擦系数增大；钢中含有镍元素形成的氧化铁皮使摩擦系数降低。　　　　　　　　　　　　　　　　　　　（　　）

（14）一般来讲，高碳钢摩擦系数大于低碳钢，合金钢摩擦系数大于碳素钢。
　　　　　　　　　　　　　　　　　　　　　　　　　　　　　　（　　）

（15）热轧时，随压下率增大摩擦系数增大。　　　　　　　　　　（　　）

（16）热轧时，冷却轧辊的冷却水起润滑作用。　　　　　　　　　（　　）

三、名词解释

（1）外摩擦。

（2）干摩擦。

（3）液体摩擦。

（4）边界摩擦。

四、问答题

（1）什么是外摩擦？

（2）在压力加工过程中，外摩擦对金属的变形过程有什么影响？

（3）金属压力加工中摩擦的重要特征有哪些？

参 考 文 献

[1] 袁志学. 塑性变形与轧制原理 [M]. 北京：冶金工业出版社，2014.
[2] 吴爱新. 金属塑性变形与轧制技术 [M]. 北京：冶金工业出版社，2013.
[3] 孙颖. 金属塑性变形技术应用 [M]. 北京：冶金工业出版社，2021.
[4] 赵志业. 金属塑性变形与轧制理论 [M]. 北京：冶金工业出版社，2014.
[5] 杨宗毅. 实用轧钢技术手册 [M]. 北京：冶金工业出版社，1995.
[6] 宋维锡. 金属学 [M]. 北京：冶金工业出版社，1979.
[7] 王廷溥，齐克敏. 金属塑性加工学 [M]. 北京：冶金工业出版社，2012.
[8] 黄守汉. 塑性变形与轧制原理 [M]. 北京：冶金工业出版社，1989.